Wissenschaftliche Taschenbücher WTB

Chemie

Peter Hellmold

Hochtemperaturreaktionen

Eine Einführung

Akademie-Verlag · Berlin

WTB Wissenschaftliche Taschenbücher

Eine Auswahl lieferbarer Bände:

Heinrich Arnold
Physikalische Chemie der Halbleiter

Joachim Auth / Dietmar Genzow
Klaus H. Herrmann
Photoelektrische Erscheinungen

Hans Bandemer / Andreas Bellmann
Wolfhart Jung / Klaus Richter
Optimale Versuchsplanung

Frank Beichelt
Prophylaktische Erneuerung von Systemen

Joachim Bellach / Peter Franken
Elke Warmuth / Walter Warmuth
Maß, Integral und bedingter Erwartungswert

Wolfram Brauer
Hans-Waldemar Streitwolf
Theoretische Grundlagen der Halbleiterphysik

Siegfried Brehmer
Einführung in die Maßtheorie

Siegfried Brehmer
Hilbert-Räume und Spektralmaße

Ernst-Joachim Donth
Glasübergang

Werner Dück
Diskrete Optimierung

Hannelore Fischer / Joachim Piehler
Modellsysteme der Operationsforschung

Gottfried Fritzsche
Grundlagen und Entwurf passiver Analogzweipole
Netzwerke I

Entwurf passiver Analogvierpole
Netzwerke II

Entwurf aktiver Analogsysteme
Netzwerke III

Zeitdiskrete und digitale Systeme
Netzwerke IV

Herbert Goering
Asymptotische Methoden zur Lösung von Differentialgleichungen

Herbert Goering
Elementare Methoden zur Lösung von Differentialgleichungsproblemen

Nina Hager
Modelle in der Physik

Helmut Hess
Der elektrische Durchschlag in Gasen

V. I. Karpman
Nichtlineare Wellen in dispersiven Medien

Ulrich Kausmann
Klaus Lommatzsch
František Nožička
Lineare parametrische Optimierung

Konrad Kreher
Festkörperphysik

Dieter Kress
Theoretische Grundlagen der Signal- und Informationsübertragung

Karl Lanius
Physik der Elementarteilchen

V. S. Letochow
Laserspektroskopie

Wolfgang Meiling
Digitalrechner in der elektronischen Meßtechnik
Teil 1: Meßmethodik
Teil 2: Gerätetechnik und Anwendungen

L. I. Miroschnitschenko
Kosmische Strahlung im interplanetaren Raum

Volker Nollau
Semi-Markovsche Prozesse

Peter Paufler / Gustav E. R. Schulze
Physikalische Grundlagen mechanischer Festkörpereigenschaften
Teil I und II

Ulrich Röseberg
Quantenmechanik und Philosophie

Abrecht Rost
Messung dielektrischer Stoffeigenschaften

J. V. Sačkov
Wahrscheinlichkeit und Struktur

E. M. Sawizki
Perspektiven der Metallforschung

Wolfgang Schäfer
Theoretische Grundlagen der Stabilität technischer Systeme

Ernst Schmutzer
Symmetrien und Erhaltungssätze der Physik

Volkmar Schuricht
Kernexplosionen für friedliche Zwecke

Hubertus Stolz
Supraleitung

Festkörperphysik
Entwicklungstendenzen und Anwendungsmöglichkeiten

Die Schöpfer der physikalischen Optik
Eine Artikelsammlung

Hans-Georg Schöpf
Von Kirchhoff bis Planck

Horst Melcher
Albert Einstein wider Vorurteile und Denkgewohnheiten

I. G. Collee
Angewandte medizinische Mikrobiologie

Helmut Friemel / Josef Brock
Grundlagen der Immunologie

Eberhard Hofmann
Funktionelle Biochemie des Menschen
Band 1 und 2

Lothar Jäger
Grundlagen der Klinischen Immunologie

Karlheinz Lohs / Dieter Martinetz
Entgiftung — Mittel, Methoden und Probleme

Joachim Nitschmann
Entwicklung bei Mensch und Tier

Stephan Schnitzler
Pharmakologische Aspekte von Immunreaktionen

Dieter Spaar / Helmut Kleinhempel
Hans Joachim Müller
Klaus Naumann
Bakteriosen der Kulturpflanzen

Eberhard Teuscher
Pharmakognosie
Teil I—III

Peter Birner / Hans-Jörg Hofmann
Cornelius Weiss
MO-theoretische Methoden in der organischen Chemie

Heinrich Bremer
Klaus-Peter Wendlandt
Heterogene Katalyse

Klaus Dittrich
Atomabsorptionsspektrometrie

Werner Döpke
Dynamische Aspekte der Stereochemie organischer Verbindungen

Falko G. Herrmann
Martina Ch. Herrmann
Das Hämoglobin des Menschen

Helmut Hrapia
Einführung in die Chromatographie

Hans Luppa
Grundlagen der Histochemie
Teil I und II

Dieter Onken
Antibiotika – Chemie und Anwendung

Horst Remane / Rainer Herzschuh
Massenspektrometrie in der organischen Chemie

Ernst Schmitz
Organische Zwischenprodukte

Wolfgang Wagner
Chemische Thermodynamik

Vorschau auf die nächsten Bände:

Hans Bergner
Tierernährung

Roland Glaser
Grundriß der Biomechanik

Peter Hallpap / Dieter Stadermann
Stereochemie organisch-chemischer Reaktionen

Klaus Hübner
Isolatorphysik des SiO_2

Eberhard Jäger / Rolf Perthel
Magnetische Eigenschaften von Festkörpern

Hans Neumann / Kurt Stecker
Temperaturmessung

Werner Schoenborn / Klaus Fritzsch
Gerd Stanke
Lernverfahren für technische Systeme

Dietrich Stoyan / Joseph Mecke
Stochastische Geometrie

WTB

BAND 250

Peter Hellmold

Hochtemperaturreaktionen

Eine Einführung

Mit 60 Abbildungen und 20 Tabellen

AKADEMIE-VERLAG · BERLIN

Reihe CHEMIE

Herausgegeben im Auftrage der Akademie der Wissenschaften der DDR

von:

Prof. Dr. Dr. h. c. H. Klare, Berlin

Prof. Dr.-Ing. Dr. h. c. E. Leibnitz, Berlin

Prof. Dr.-Ing. habil. Dr. rer. nat. h. c. mult. K. Schwabe, Meinsberg

Verfasser:

Prof. Dr. sc. nat. Peter Hellmold

Technische Hochschule „Carl Schorlemmer“

Leuna – Merseburg

Sektion Chemie

1983

Erschienen im Akademie-Verlag, DDR - 1086 Berlin, Leipziger Str. 3–4

Lizenznummer: 202 · 100/469/83

Printed in the German Democratic Republic

Gesamtherstellung: VEB Druckhaus „Maxim Gorki“, 7400 Altenburg

Lektor: Gisela Güntherberg

Hersteller: Per Leonhardt

LSV 1214

Bestellnummer: 762 556 9 (7250)

DDR 16,– M

Vorwort

Chemische Reaktionen bei hohen Temperaturen werden seit langem genutzt, um Werk- und Grundstoffe herzustellen. Während in früherer Zeit Hochtemperaturprozesse weitgehend auf empirischer Grundlage betrieben wurden, ist für die vergangenen 30 bis 40 Jahre in zunehmendem Maße eine wissenschaftliche Durchdringung des breiten Gebietes der Hochtemperaturchemie festzustellen. Die systematischen Untersuchungen von Hochtemperaturreaktionen waren und sind eng mit der Entwicklung von Hochtemperatur-Arbeitstechniken und -Untersuchungsmethoden verbunden.

In besonderem Maße sind chemische Hochtemperaturreaktionen für die Lösung energiewirtschaftlicher Probleme (ökonomischer Energieeinsatz und Energieerzeugung) interessant geworden. So wird beispielsweise auf stoffwirtschaftliche Verfahren orientiert, bei denen die für den Ablauf endothermer Reaktionen notwendige Energie den Reaktionssystemen direkt zugeführt und die Exothermie von Teilreaktionen weitgehend ausgenutzt wird. Weiterhin haben Hochtemperaturreaktionen für die Herstellung thermisch, chemisch und mechanisch resistenter Hochtemperaturwerkstoffe in der Energetik eine enorme Bedeutung erlangt, und die Bewältigung gegenwärtiger und zukünftiger Aufgaben bei der Energiebereitstellung (Kernspaltungs- und -fusionsenergetik) ist stark von der Entwicklung von Hochtemperaturmaterialien und Energieübertragungsmedien abhängig.

Anliegen des Taschenbuches ist es, in verständlicher Form einen Überblick über wesentliche theoretische, praktische und technische Aspekte der Untersuchung und Anwendung von Hochtemperaturreaktionen zu geben. Auf Grund der Vielseitigkeit des Gebietes und der großen Anzahl wissenschaftlicher Arbeiten, die besonders in den letzten zwei Jahrzehnten erschienen sind, ist es unmöglich, im Rahmen dieses Taschenbuches sämtliche Teilgebiete und Aspekte lückenlos darzulegen. Es soll vielmehr ein weitgehend gesichertes Material zur Einführung in das interessante Forschungs- und Anwendungsgebiet der Hochtemperaturreaktionen einem möglichst breiten Leserkreis in die Hand gegeben werden.

Die ungeheure Vielzahl an einzelnen Arbeiten macht es nicht möglich, Literaturzitate in breitem Umfang anzugeben. Die benutzten Quellen, insbesondere Monographien und Übersichtsartikel, sowie entsprechende Ergänzungsliteratur sind dagegen angeführt.

Herrn *Prof. Dr. Dr. h. c. H.-H. Emons* danke ich herzlich für die Anregung und wertvolle Hinweise zu dieser Arbeit. Auch Herrn *Prof. Dr. H.-J. Spangenberg* bin ich für die kritische Durchsicht des Manuskripts dankbar.

Mein Dank gilt auch dem Akademie-Verlag für die förderliche Zusammenarbeit und die sorgfältige Drucklegung.

P. Hellmold

Inhalt

1. Einleitung

1.1. Begriffsbestimmung

Die meisten uns bekannten kosmischen Systeme sind „Hochtemperatursysteme“. Auf unserer Erde laufen aber in lebenden Organismen viele Prozesse unmittelbar oder mittelbar durch den Einfluß der Strahlungsenergie der Sonne bei relativ niederen Temperaturen ab. Hierbei wird in einem engen Temperaturgebiet infolge der Wirkung von Enzymsystemen durch eine breite Variation von Enthalpie- und Entropiebedingungen eine Mannigfaltigkeit chemischer Reaktionen erreicht, die ohne Wirksamkeit der Biosysteme erst bei hohen Temperaturen ablaufen würden. Schon in dieser Hinsicht und im Hinblick auf anorganische komplex-katalytische Systeme ist eine Definition hoher Temperaturen sehr problematisch. Für bestimmte magnetische Wechselwirkungen bedeuten bereits einige Kelvin hohe Temperaturen, während für plasmachemische Reaktionen einige Tausend Kelvin notwendig sind, und für einfache physikalische Kernreaktionen werden Temperaturen von einigen Millionen Kelvin benötigt.

Für die Behandlung chemischer Hochtemperaturreaktionen ist die Definition der Temperatur von entscheidender Bedeutung. Im folgenden wird davon ausgegangen, daß sich die zu behandelnden Hochtemperatursysteme im thermischen Gleichgewicht befinden, d. h., es besteht im betrachteten Volumen eines bestimmten Reaktionssystems kein energetischer Austausch mit der Umgebung. Die Reaktionssysteme lassen sich so auf der Grundlage der statistischen Thermodynamik behandeln, d. h., die thermodynamischen Eigenschaften, einschließlich der Temperatur, können aus der kinetischen Energie der Teilchen des Reaktionssystems abgeleitet werden. Diese ist für die einzelnen Teilchen eines fluiden Stoffsystems sehr unterschiedlich; es müssen statistische Gesetzmäßigkeiten für die Beschreibung der Häufigkeit oder Wahrscheinlichkeit der verschiedenen Geschwindigkeitsbeträge der Teilchen herangezogen werden. Einer maximalen Realisierungszahl der Teilchenverteilung (größte Wahrscheinlichkeit) entspricht auch eine maximale Entropie eines Systems.

Für ein Teilchenkollektiv resultiert eine Geschwindigkeits- bzw. Energieverteilung nach einer von MAXWELL formulierten Verteilungsfunktion, nach der sich für die mittlere Teilchengeschwindigkeit folgende Beziehung

$$\bar{v} = \sqrt{\frac{8kT}{\Pi m}} \tag{1.1}$$

k — BOLTZMANN-Konstante
T — Temperatur
m — Teilchenmasse

ableiten läßt, d. h., der energetische Zustand des Stoffsystems kann durch *eine* Temperatur ausgedrückt werden.

Die Häufigkeit einer Vielzahl von Energiezuständen der Teilchen ist durch das BOLTZMANNsche Verteilungsgesetz

$$\frac{N_0}{N_u} = \frac{g_0}{g_u}\, e^{-E/kT} \tag{1.2}$$

N_0, N_u — Teilchendichteverteilungen
g_0, g_u — statistische Gewichte
E — Energieunterschied

das die Verteilung von zwei Teilchendichten angibt, gegeben.

Die Voraussetzung des thermischen Gleichgewichtes ist besonders für gasförmige Systeme eine Idealisierung. Je höher die Temperaturen und je niedriger die Drücke werden, desto weniger läßt sich die Temperatur der Systeme auf der Basis einer MAXWELL-BOLTZMANN-Verteilung der Energiezustände beschreiben. Das ist besonders bei Hochtemperatur-Plasmazuständen der Fall, wo die einzelnen Teilchenarten (Moleküle, Atome, Ionen, Elektronen) auf Grund ihrer unterschiedlichen Masse und Bewegungsmöglichkeiten (Translation, Rotation, Schwingung, Anregung) sich thermodynamisch sehr unterschiedlich verhalten. Hier ist es notwendig, den Begriff der Subtemperaturen (z. B. T_e — Elektronentemperatur, T_N — Temperatur der Neutralteilchen, T_I — Ionentemperatur), die sich um einige Größenordnungen unterscheiden können, einzuführen. Dies muß besonders bei nichtthermischen Plasmen, die bei sehr niedrigen Drücken vorliegen, beachtet werden. Da aber diese System- und Reaktionsbedingungen in diesem Buch nur als Randproblem Beachtung finden, wird nur an entsprechender Stelle (Kap. 5.2.1.2.) auf diese Frage eingegangen.

Die hier behandelten Reaktionssysteme sollen mit *einer* Temperatur auf der Basis der MAXWELL-BOLTZMANN-Verteilung beschrieben werden.

Obere Grenzen hoher Temperaturen für chemische Reaktionssysteme anzugeben, erscheint noch relativ einfach, da chemische Reaktionen an die Ausbildung und Trennung chemischer Bindungen geknüpft sind, d. h., der Begriff der chemischen Hochtemperaturreaktionen ist bei völliger Dissoziation der chemischen Verbindungen in Atome bzw. einfache Ionen, z. B. für bestimmte Hochtemperatur-Plasmazustände, gegenstandslos. Die obere Temperaturgrenze für chemische Hochtemperaturreaktionen ist in Abhängigkeit von der Stabilität chemischer Spezies sehr unterschiedlich.

Für gasförmige Reaktionssysteme lassen sich auf thermodynamischer Grundlage Hochtemperaturreaktionen als solche chemischen Vorgänge definieren, deren Änderung der freien Enthalpie ΔG erst bei hohen Temperaturen negativ wird, d. h., die bei hohen Temperaturen freiwillig ablaufen. Die ΔG-Werte werden nach der Zustandsfunktion

$$\Delta G = \Delta H - T\Delta S \tag{1.3}$$

neben der Temperatur in starkem Maße von der Entropieänderung ΔS bestimmt, die mit steigender Temperatur stark zunimmt.

Diese Aussagen zum Ablauf chemischer Hochtemperaturreaktionen gelten auch mit gewissen Einschränkungen für chemische Reaktionen in kondensierten Phasen. Hierbei müssen aber für den Ablauf chemischer Prozesse durch die Zufuhr thermischer Energie (Aktivierung) oft erst physikalische Vorgänge vonstatten gehen (z. B. Diffusionsprozesse), um chemische Umwandlungen zu ermöglichen, d. h., die hohen Temperaturen sind für den Ablauf von Flüssig- und Festphasenreaktionen oft eine notwendige Voraussetzung für den Start oder eine akzeptable Reaktionsgeschwindigkeit, auch wenn diese Reaktionen exotherm sind. Für die Reaktionen von und in kondensierten Phasen erscheint es aus diesen Gründen unumgänglich, willkürlich die Hochtemperaturreaktionen einzugrenzen, wie es in der Literatur häufig getan wird. Während einige Autoren bereits 300 °C für Reaktionen in kondensierten Phasen als hohe Temperaturen ansehen, beginnt bei anderen (je nach Untersuchungsgegenstand) die Hochtemperaturchemie ab 1000 °C. In dieser Arbeit werden vorwiegend Reaktionen behandelt, die bei Temperaturen oberhalb von 800 °C ablaufen.

1.2. Historische Entwicklung der Hochtemperaturchemie und -technik

Die Technik zur Erzeugung hoher Temperaturen und die Untersuchung chemischer Hochtemperaturvorgänge bedingen einander. Dabei ist man oft geneigt anzunehmen, daß die relativ späte Entwicklung der Hochtemperaturchemie und die Untersuchung chemischer Reaktionen bei hohen Temperaturen in den mangelhaften Möglichkeiten der Erzeugung hoher Temperaturen lagen. Dagegen muß gesagt werden, daß hohe Temperaturen prinzipiell seit langem erzeugt werden können, aber Probleme bei der Temperaturmessung und -konstanthaltung, der Charakterisierung der Reaktionssysteme und die Extrapolation der Eigenschaften in den Hochtemperaturbereich, der Untersuchungsmethoden sowie nicht zuletzt der theoretischen Behandlung von Hochtemperaturreaktionssystemen in weitaus stärkerem Maße die späte systematische Entwicklung der Hochtemperaturchemie zur Ursache hatte.

Die Ausnutzung chemischer Hochtemperaturreaktionen begann — natürlich noch unbewußt — bereits im Altertum mit der Entdeckung, daß sich aus keramischen Rohstoffen gefertigte Gegenstände in der Hitze verfestigen ließen. Entscheidende Entwicklungen gingen vom vorderen Orient aus, wo bereits etwa 10000 Jahre v. d. Z. unglasierte Keramiken und gebrannte Tonplastiken hergestellt wurden. In diesem geographischen Raum mit einer hohen Kultur wurde auch im 5. bis 4. Jahrtausend v. d. Z. in ganz besonderem Maße die Metallurgie entwickelt. Wesentliche Impulse für die bewußte Nutzung chemischer Techniken gingen vom vorhellenistischen Ägypten aus. Besonders die Technik der Glaserzeugung und -färbung geht auf das alt-Ägypten zurück. Bereits um 4000 v. d. Z. wurden hier keramis sche Steine glasiert, die ersten Gläser in der Zeit von 3000 bie 2000 v. d. Z. erschmolzen und farbige Glasuren erzeugt, deren Rezepturen auf assyrischen Keilschrifttafeln aus der Zeit um 1700 v. d. Z. beschrieben sind, wie auch spätere Keilschrifttexte (um 700 v. d. Z.) eine Vielzahl von Glasrezepturen angeben. Etwa 1000 v. d. Z. wurde das Ägyptische Blau ($CaCuSi_4O_{10}$) als erster Farbstoff durch Hochtemperaturreaktionen synthetisiert.

Die Entdeckungen im frühen Altertum, besonders zu den Umwandlungen von silicatischen Rohstoffen zu Gebrauchs- und Schmuckgegenständen sowie zur Umsetzung von Erzkomponenten zu Metallen, waren Grundlage für die Entwicklung der Alchimie von etwa 500 v. d. Z. bis ins 18. Jahrhundert. Im antiken Griechenland, Rom, Byzanz, Arabien und im mittelalterlichen Europa wurde besonders durch Anwendung hoher Temperaturen das Verhalten und die Umwandlung der Stoffe untersucht. Die oft philosophisch verbrämten und interpretierten Ergebnisse naturkundlicher Untersuchungen basierten häufig auf sehr genauen Beobachtungen und waren in vielen Fällen wichtige Etappen der Entwicklung der Chemie überhaupt. Die Erkenntnis, daß hohe Temperaturen für die Umwandlungsvorgänge in der Natur eine entscheidende Rolle spielen, drückt sich schon darin aus, daß von Anaximenes über Heraklit bis Aristoteles mit Nachwirkungen bis ins europäische Mittelalter das Feuer als eines der 4 Grundelemente angesehen wurde. Die meisten alchimistischen Versuche hatten die Umwandlung und die Veränderung des Aussehens von Metallen zum Ziel. Vor allem sollte Gold gemacht oder imitiert werden, und neben den Versuchen zur Raffination und Legierung von Edelmetallen (z. B. war der Treibprozeß als oxydierendes Schmelzen von Rohblei zur Silbergewinnung schon bekannt), bezogen sich die Untersuchungen besonders auf Hg-, As-, Sb-, Cu-, Zn- und S-Verbindungen bzw. die entsprechenden Metalle und Legierungen. Die Versuche waren stets mit apparativen Entwicklungen verbunden. So waren Destillations- und Sublimationsapparaturen (für leichtflüchtige Sulfide) schon 300 v. d. Z. bekannt, im 7. Jahrhundert ist besonders durch arabische Alchimisten die Technik für die Durchführung von Hochtemperaturprozessen entwickelt worden. Auch die Fertigkeiten zur Umwandlung und Verarbeitung von Silicaten zeigten einen hohen Entwicklungsstand. Im 1. Jahrhundert erfanden die Phönizier die Glasmacherpfeife, es wurden damals bereits die hydraulischen Eigenschaften von gebranntem Kalkmörtel beim Bau des Colosseums in Rom genutzt. Im 7. Jahrhundert ist das chinesische Weichporzellan bekannt geworden, aber es sollte in Europa noch über ein Jahrtausend vergehen bis Böttger am Ende der alchimistischen Ära das europäische Hartporzellan erfand.

Die Ergebnisse der Alchimie zu den Hochtemperaturvorgängen sind aber noch vielseitiger. So wurde im 13. Jahrhundert das Schießpulver als Mischung von Schwefel, Salpeter und Holzkohle gleich zweimal wiederentdeckt, nachdem diese Erfindung bereits vor der Jahrtausendwende in China und Indien sowie im 7. Jahrhundert in Byzanz gemacht worden war, und schon um 1300 wurden über die thermische Zersetzung von Sulfaten (Alaun und Vitriol) und Salpeter die ersten Mineralsäuren gewonnen. Bis zu dieser Zeit besaß die Alchimie für die naturwissenschaftliche Entwicklung einen progressiven Charakter. Danach entartete die Alchimie meist bis zur Manipulation, es reifte eine Zeit heran, in der die philosophische und theoretische Grundlage unserer modernen Chemie geschaffen wurde, die aus der Tradition heraus auch immer eine Hochtemperaturchemie war. Wissenschaftler, wie LOMONOSSOV und LAVOISIER, leiteten diese Epoche ein, um die sich viele Forscher und wissenschaftliche Schulen bis in die heutige Zeit, auch auf dem Gebiet der Hochtemperaturreaktionen, wesentliche Verdienste für die Entwicklung von Wissenschaft und Technik erworben haben.

In Tab. 1 sind einige Namen und Ereignisse zusammengestellt, die für die Untersuchung und Nutzung von Hochtemperaturreaktionen von besonderer Bedeutung sind.

Tabelle 1

Untersuchungen und Entwicklungen zu Hochtemperaturprozessen

Jahr	Namen	Untersuchung/Entwicklung
1792	LAVOISIER	NO_x-Bildung bei Funkenentladung
1809	DAVY	Entdeckung des elektrischen Lichtbogens
1810	BERZELIUS	FeSi-Bildung aus Fe(FeO), SiO_2 und C
1825/27	VORSTEDT, WÖHLER	Al-Darstellung durch Hochtemperaturreaktion
1825	BERZELIUS	Ti-Gewinnung durch HT-Reduktion
1849	DESPRETZ	Pt-Schmelze im Lichtbogen
1850	DESPRETZ	Graphitierung bei hohen Temperaturen
1854	BUNSEN	Al-Elektrolyse aus NaCl/$AlCl_3$-Schmelze
1863	WÖHLER	CaC_2-Herstellung aus Ca/Zn und C
1868	SIEMENS	Dynamomaschine; industrielles Schmelzen von Metallen und Metallcarbiden (WC) im Lichtbogen
1877	DRECHSEL	$CaCN_2$ aus Calciumcyanatschmelze
1886	HALL, HÉROULT	technische Al-Elektrolyse
1887/92	HÉROULT	Entwicklung des elektrischen Schmelzofens
1890	MOISSAN/WILSON	elektrothermische CaC_2-Herstellung aus CaO und C
1890	ACHESON	Erzeugung von Elektrographit
1890	BERTHELOT	Elektrocracken gesättigter Kohlenwasserstoffe

Tabelle 1 (Fortsetzung)

Jahr	Namen	Untersuchung/Entwicklung
1890/ 1900		Einphasenöfen für elektrothermische P-Herstellung
1891	ACHESON	SiC-Herstellung aus SiO_2 und C
1894	FRANK/CARO	N_2-Fixierung durch CaC_2($CaCN_2$)
1897	BERTOLUS/ HELFENSTEIN	Erfindung des Mehrphasen- und Drehstromofens für technische Hochtemperaturprozesse
1897	MOISSAN	Festkörperreaktionen bei hohen Temperaturen (Lichtbogen)
1900	HABER/KÖNIG	Mechanismus der NO_x-Bildung bei hohen Temperaturen
1900	KJELLIN	Erfindung des Induktionsofens
1925	VAN ARKEL/DE BOER	Ti-Gewinnung durch thermische TiI_4-Zersetzung
1932	CURTIS	HT-Synthese endothermer Gasmoleküle
1940	KROLL	Ti-Gewinnung durch Thermoreduktion von $TiCl_4$ mit Mg
1948	BANNER	Hüls-Verfahren des Elektrocrackens im Lichtbogen
1950		Strahlungsbeizung zur Metallschmelzung und -veredlung (Zementieren, Nitrieren)
1952	PFANN	Erfindung des Zonenschmelzverfahrens

Die Entdeckungen und Erfindungen zur Durchführung chemischer Hochtemperaturprozesse waren seit Beginn der modernen Chemie stets verbunden mit wissenschaftlich-theoretischen Untersuchungen, und man hat verstehen und begründen gelernt, wie sich die verschiedenen Parameter bei Hochtemperaturreaktionen gegenseitig beeinflussen. Auf die wesentlichsten Leistungen und Namen ist in den entsprechenden Kapiteln dieses Buches hingewiesen. Sie sind bewußt in Tab. 1 nicht berücksichtigt worden.

1.3. Bedeutung der Hochtemperaturreaktionen

Der kurze historische Abriß sollte zeigen, welche große Bedeutung chemische Hochtemperaturreaktionen für die wissenschaftliche und technische Entwicklung überhaupt besitzen.

Im folgenden sollen kurz die Gebiete umrissen werden, für die wissenschaftliche Untersuchungen und technische Anwendungen von Hochtemperaturreaktionen von besonderer Bedeutung sind.

Das Hauptgebiet der Anwendung von Hochtemperaturreaktionen ist sicher das Gebiet der Werkstoffe. Kaum ein Metall läßt sich heute auf ökonomische Weise technisch gewinnen oder raffinieren ohne Ausnutzung von Hochtemperaturreaktionen. Während in früherer Zeit wenigstens die Erzaufbereitung bei niederen Temperaturen durchgeführt wurde, haben gegenwärtig neben den klassischen Röstprozessen unkonventionelle Erzaufbereitungsverfahren, wie Hochtemperaturhalogenierungen und anschließende Stofftrennung über Sublimationsprozesse, Eingang in moderne Technologien gefunden. Die mit billigen Reduktionsmitteln durchgeführten Verfahren zur Metallgewinnung aus den Erzkonzentraten finden als Hochtemperatur-Reduktionsprozesse statt; ebenso die Umsetzung veredelter Ausgangsprodukte mit reduzierenden Elementen bzw. Verbindungen zur Herstellung metallischer Sonderwerkstoffe (z. B. das KROLL-Verfahren zur Titaniumgewinnung). In den letzten vierzig bis fünfzig Jahren ist eine Reihe metallähnlicher keramischer Hochtemperaturwerkstoffe entwickelt worden (Hochtemperaturcarbide, -nitride, -boride und -silicide), die ausschließlich durch Hochtemperaturreaktionen hergestellt werden. Solche Werkstoffe sind unentbehrlich für die Weiterentwicklung chemischer Reaktoren (besonders für die Durchführung von Hochtemperaturprozessen), sowie als erosions-, korrosions- und temperaturbeständige Materialien für moderne Energiegewinnungsverfahren (Kernspaltungen und -fusionen), in der Raumfahrt- und Raketentechnik.

Die Gruppe der oxidischen Werkstoffe, deren Herstellung ebenfalls fast ausschließlich auf Hochtemperaturreaktionen beruht, sind als kristalline, keramische und glasige Produkte ebenso wichtig wie die metallischen und metallähnlichen Werkstoffe. Neben der großen Palette silicatischer Materialien sind in neuerer Zeit insbesondere Oxidkeramiken, oxidische Dielektrika und Ferroelektrika (z. B. Aluminate, Titanate, Ferrite) entwickelt worden, die als Hochtemperaturwerkstoffe benötigt werden und in der Mikroelektronik eine breite Anwendung finden.

Auch die Werkstoffvergütung und -modifizierung durch Hochtemperaturprozesse muß erwähnt werden. Als Beispiele seien die Zementierung, Nitrierung, Silicierung und Metallierung von metallischen Werkstoffen (insbesondere Eisenwerkstoffe) angeführt. Die chemische Oberflächenvergütung silicatischer Werkstoffe (Gläser) wird ebenfalls bei hohen Temperaturen (Ionenaustausch durch Diffusion und Strukturmodifizierung) vorgenommen.

Weiterhin müssen hier auch die Schmelzflußelektrolyseverfahren zur Metallgewinnung (Al, Mg u. a.) genannt werden.

Ein weiteres großes Gebiet, auf dem Hochtemperaturprozesse und -teilprozesse bedeutsam sind, ist die Herstellung wichtiger Grundchemikalien. Hierbei laufen häufig — im Gegensatz zu den Verfahren der Werkstoffherstellung — homogene oder heterogen katalysierte Gasreaktionen bei hohen Temperaturen ab. Beispiele hierfür sind die Synthesegaserzeugung, die NO_x-Synthese sowie sämtliche Pyrolyseverfahren und plasmachemischen Reaktionen (z. B. Thermocrackverfahren, C_2H_2-, NO_x- und HCN-Gewinnungsverfahren). In kondensierter Phase laufen unter Beteiligung gasförmiger Zwischen- und Reaktionsprodukte die elektrothermischen Prozesse der CaC_2-, P- und $CaCN_2$-Synthese ab.

Eine Reihe von Spezialprodukten läßt sich vorteilhaft bei hohen Temperaturen herstellen. Das sind insbesondere reine Stoffe, die in der Natur immer seltener werden (z. B. Diamant, Quarz, spezielle Silicate) oder die in reiner Form in der Natur überhaupt nicht vorkommen.

In etlichen Fällen werden bei den Hochtemperatursynthesen chemische Transportreaktionen genutzt. Weiterhin lassen sich organische und metallorganische Reaktionen bei höheren Temperaturen mit guter Ausbeute durchführen, die unter Anwendung neuer Reaktionsmedien wesentlich anders als bei den klassischen Verfahren verlaufen. So können beispielsweise in geschmolzenen Salzen, deren Komponenten sich an den Redoxprozessen nicht beteiligen, aber katalytisch wirken können, Dehydrierungen, Halogenierungen, Oxihalogenierungen, Polymerisierungen und eine Vielzahl von Synthesen durchgeführt werden.

In zunehmendem Maße finden chemische Hochtemperaturreaktionen für die Lösung von Umweltschutzproblemen Anwendung, z. B. bei der katalytischen oder nichtkatalysierten Umsetzung toxischer Gase sowie der thermischen Zersetzung bzw. Hochtemperaturumsetzung kondensierter Schadstoffe.

2. Allgemeine Grundlagen

Im folgenden werden einige Besonderheiten der chemischen Umwandlungen und Strukturen bei hohen Temperaturen sowie wichtige theoretische Grundlagen zur Thermodynamik und Kinetik von Hochtemperatursystemen behandelt. Während zum ersten Problemkreis erst seit etwa zwanzig bis dreißig Jahren, nach einer relativ großen Anzahl von Einzelarbeiten und speziellen Untersuchungen, Versuche zu allgemeinen Interpretationen unternommen werden, gehören thermodynamische und kinetische Grundlagen zum gesicherten Wissen, obwohl eine erfolgreiche Übertragung auf viele Hochtemperaturprozesse auch erst in den letzten zwei Jahrzehnten erfolgte. Im Rahmen dieses Taschenbuches kann nur auf einige wichtige Aspekte und auf einzelne Beispiele eingegangen werden.

2.1. Energiestrukturen und Bindungsparameter bei hohen Temperaturen

In diesem Kapitel werden in gedrängter Form Probleme angedeutet, die bei der Übertragung der klassischen Vorstellungen der Energie- und Bindungsverhältnisse bei niederen Temperaturen auf hohe Temperaturen in chemischen Systemen auftreten. Einige Beispiele sollen die allgemeinen Aussagen ergänzen. Dabei werden wieder thermische Prozesse in Systemen mit einer MAXWELL-BOLTZMANN-Verteilung der Energie vorausgesetzt, obwohl die zu betrachtenden Zustände (z. B. Anregungszustände, Bindungsspaltung) auch durch nichtthermische Prozesse (Strahlung, Elektronenaktivierung) hervorgerufen werden können.

Bis in die 50er Jahre wurden die meisten Untersuchungen, die der Systematisierung der Energie- und Bindungsstrukturen dienten, bei niederen Temperaturen durchgeführt bzw. die Reaktionsprodukte aus Hochtemperaturreaktionen bei Raumtemperatur untersucht. Die in den letzten dreißig Jahren entwickelten Hochtemperaturuntersuchungsmethoden brachten wesentliche neue Erkenntnisse zu den Eigenschaften chemischer Systeme; es wurden zahlreiche Versuche zur genaueren Beschreibung der energetischen und der Bindungsverhältnisse unternommen.

Für thermodynamische Untersuchungen im Hochtemperaturgebiet waren besonders genaue Bestimmungen von Sublimations-

und Verdampfungswärmen der Elemente als Grundlage entsprechender Berechnungen wichtig. Die auf quantentheoretischer Basis erfolgten Untersuchungen zeigten, daß die Atome in ihrem Grundzustand die Wertigkeit ± 0 besitzen. Bei hohen Temperaturen entwickeln sich aber andere Energiestrukturen, und die Hochtemperaturreaktionen werden durch die aus der Energiesituation resultierenden Elektronenübergänge, sowie Translations- und Schwingungsbewegungen der Teilchen, die insgesamt zur Knüpfung und Trennung von Bindungen führen, bestimmt. Dabei müssen die Komplexität der Umgebung der reagierenden Teilchen und die verschiedenen kooperativen Phänomene berücksichtigt werden. Durch zunehmende Temperatur entwickelt sich also die Energiestruktur der Teilchen, die in „idealer“ Form nur beim — nichterreichten — absoluten Nullpunkt besteht. Das läßt sich in der thermodynamischen Definition

$$\left(\frac{dS}{dE}\right)_v \equiv T^{-1} \tag{2.1}$$

ausdrücken, wenn S ein Ausdruck für die in dem entsprechenden System vorhandene Energiestruktur ist. Nach THORN [1] sind dann hohe Temperaturen für ein System — im Gegensatz zu niederen Temperaturen — Temperaturbereiche, in denen sich die Energiestruktur eines Festkörpers (z. B. des Reaktanten R) schneller entwickelt als die eines gasförmigen Reaktionsproduktes P. So ist bei hohen Temperaturen für die Reaktion $R \rightarrow P$ die Beziehung

$$\frac{dS_R}{dT} > \frac{dS_P}{dT} \tag{2.2}$$

eine Bedingung, nach der der eventuelle Strukturverlust (der zwischen Festkörper und Gas sehr unterschiedlich ist) vorausgesagt werden kann. Für das thermische Gleichgewicht der Energieentwicklung resultiert dann

$$-\frac{d^2S_R}{dE_R^2} > -\frac{d^2S_P}{dE_P^2}, \tag{2.3}$$

so daß der algebraische Wert der Abhängigkeit der Strukturentwicklung unter Berücksichtigung der Bindung für den Festkörper größer als für das Gas ist. Dies gilt unter der Voraussetzung, daß sich beide Strukturen für das gleiche Verhältnis von Entropie zu Energie entwickeln.

Diese Verhältnisse lassen sich gut darstellen an der Entwicklung von Defekten oder Zwischengitterpositionen, die im Festkörper bei hohen Temperaturen in der Anzahl so zunehmen, daß sie sich in zunehmendem Maße wie chemische Komponenten mit Valenzzuständen und chemischen Bindungen verhalten. In Abhängigkeit von den Energiestrukturen resultieren dann Oxydationszustände (z. B. der Übergangsmetalle in Festkörpern), die zwischen zwei gradzahligen liegen, aus denen wiederum Abweichungen von der Stöchiometrie resultieren (bei Vorgängen ohne Phasenänderung).

2.1.1. *Valenzzustände in der Hochtemperaturchemie*

Eine lange Zeit ist der Begriff „Valenz“ verwendet worden, um das Verhältnis der am Aufbau von Molekülen beteiligten Atome oder die Ladung von Kationen und Anionen in Flüssigkeiten oder Festkörpern zu bezeichnen. Der Valenz-Begriff ist durch die Einführung von Slater-Condon-Parametern, die aus der Berücksichtigung der elektronischen Teilchenumgebung in der Wellengleichung zur Beschreibung der Atomstruktur resultieren, erweitert worden. Seitdem wird der Begriff „Valenz“ zur Charakterisierung eines hypothetischen Zustandes im Molekül vorausgesetzt, und die mit diesem Zustand verbundene Energie ist die Energie, die nötig ist, um das betrachtete (über eine Valenz gebundene) Atom vom Molekülverband abzulösen, ohne daß eine Relaxation der Elektronenverteilung auftritt. Auch diese modifizierte Auffassung des Valenzbegriffes ist besonders für Hochtemperaturzustände und für Festkörper nicht unproblematisch hinsichtlich der Abgrenzung von Kovalenz und Elektrovalenz.

Bei der Diskussion der Bindungsverhältnisse in Festkörpern wird meist auf die beobachtete Gitterstruktur und die daraus abgeleiteten Atom- und Ionenradien zurückgegriffen. Die Relevanz der Radien für die Diskussion der chemischen Bindung hängt aber besonders von der Elektronenladungsverteilung ab.

Die im Gegensatz zu ionischen Modellen (Pauling, Zachariasen) auf der Basis atomarer Wellenfunktionen (Salter) abgeleiteten Teilchenradien bieten den Vorteil, geometrische und energetische Aspekte von Valenz und Bindung zu trennen. Daraus resultiert die Erkenntnis, daß die Stabilitäten von Verbindungen und auch von Phasen variabler Zusammensetzung stärker durch die Energien der möglichen Valenzen als durch Gitterstrukturen und Bindungstypen bestimmt werden.

Für die Behandlung der Probleme der Hochtemperaturchemie von Festkörpern, insbesondere zum Verhältnis von Kovalenz und Elektrovalenz sowie zur Temperaturabhängigkeit der Energiestrukturen, muß die Teilchenpolarisation (besonders der elektronegativen Elemente) in den Molekülverbänden berücksichtigt werden.

2.1.2. Relative Energien der Valenzzustände

Am Beispiel der Metalle der 4. Periode des PSE macht Thorn [1] den Versuch, die relativen Energien der Valenzzustände in Abhängigkeit von der elektronischen Umgebung darzustellen.

In der Reihe der Übergangselemente der 4. Periode werden die Elektronen bevorzugt in die $3d$-Niveaus aufgenommen. Masse und Radius der $3d$-Elemente unterscheiden sich bei vergleichbarer Konfiguration der Umgebung der Atome im Festkörper so, daß ein guter Vergleich der Energien der Valenzzustände möglich ist. Auf der Grundlage der Änderungen der thermochemischen Eigenschaften der Metalle Calcium bis Kupfer und ihrer Verbindungen (z. B. der Monoxide und der hydratisierten Ionen in wäßriger Lösung) lassen sich folgende Parameter hinsichtlich der Energie der Valenzzustände untersuchen:

— der Abstand vom Kern zum Dichtemaximum der Elektronenladung entsprechender Orbitale,
— die Polarisierbarkeiten der Atome und Ionen auf Basis der elektronischen Entropie.

Unter Berücksichtigung dieser Faktoren kann in der Reihe der $3d$-Elemente die Änderung der chemischen Eigenschaften entsprechend Abb. 1 angegeben werden, d. h., es tritt ein Minimum bei den Elementen Mn^{2+} bzw. Fe^{3+} auf. Eine Erklärung hierfür liefert die Berechnung der Energie, die für die Anregung des Grundzustandes des gasförmigen Atoms in den hypothetischen Valenzzustand benötigt wird [2]. Diese Energie P (und auch die Sublimationswärme) ändert sich von Calcium zum Zink mit einem Maximum in der Nähe von V, Cr und Mn.

Unter Berücksichtigung des Valenzzustandes als Übergangszustand läßt sich die Kondensation der Metallatome als Zweistufenmechanismus formulieren:

$$M_{(g)} \rightarrow M_{v(g)} \quad P \tag{2.4}$$

$$M_{v(g)} \rightarrow M_{(c)} \quad -P + \varDelta H^0_{0s} \tag{2.5}$$

$$M_{(g)} \rightarrow M_{(c)} \quad -\varDelta H^0_{0s} \tag{2.6}$$

Dabei wird die Energie P durch das Kristallfeld geliefert. Die Berechnung dieser Energie enthält die Energiedifferenz zwischen dem Grundzustand $3d^n\ 4s^2$ und den Zuständen $3d^{n+1}4s$. Weiterhin müssen die Coulomb-Energien und die Wechselwirkungen der Elektronen berücksichtigt werden. Das letztere erfolgt über die Slater-Condon-Parameter [3] aus der Theorie der Atomspektren, wobei die Konfigurationswechselwirkungen unberücksichtigt bleiben.

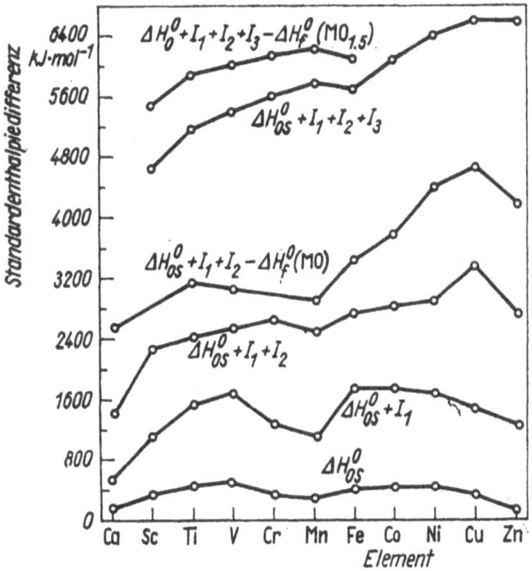

Abb. 1. Enthalpien und Energien von Valenzzuständen der Übergangselemente der 4. Periode

Aus Abb. 1 geht auch hervor, daß für die Gitterenergien und auch die Bindungsenergien für Anionen (O^{2-}-Anionen) ähnliche Tendenzen der Abhängigkeiten von der Art der Übergangselemente auftreten, wie für die Sublimationsenthalpien. Eine Erklärung hierfür geben George und Mc Clure [4], die von der Vorstellung ausgehen, daß eine Stabilisierung durch Aufspaltung der Nicht-s-Niveaus im Kristallfeld auftritt. So entsprechen z. B. die Elektronenkonfigurationen der Grundzustände von Ca^{2+}-, Mn^{2+}- und Zn^{2+}-Ionen s-Zuständen, die im Kristall nicht aufgespalten und damit keinen Stabilisierungseffekt hervorrufen. In allen anderen Fällen tritt eine Stabilisierung durch die Kristallfeldaufspaltung ein (s. Kurve für die Monoxide in Abb. 1). Die Größe des Stabilisierungseffektes kann aus Abb. 1 als Differenz einer hypothetischen Grundlinie von Calcium über Mangan zum Zink zu den einzelnen Werten der 3*d*-Elemente entnommen werden. Zu übereinstimmenden Ergebnissen kamen die Autoren [4] bei der Berechnung von Gitterenergien nach der allgemeinen Gleichung:

$$M^{2+}_{(g)} + \frac{n}{m} A^{m-}_{(g)} \rightarrow M^{2+}_{(s)} + \frac{n}{m} A^{m-}_{(s)} \qquad (2.7)$$

Für die Oxide läßt sich formulieren:

$$\Delta H^0 \left(\frac{M^{n+}_{(s)}}{M^{n+}_{(g)}}\right) = -\Delta H^0_{os} - \sum_{i=1}^{n} I_i + \Delta H_f^0(MO_{m/n}) \qquad (2.8)$$

I_i – Ionisationspotential des i-ten Teilchens (z. B. $i = 1$ für $M_{(g)}$, $i = 2$ für $M^+_{(g)}$)

Die Enthalpie für die energetischen Unterschiede der Kristallfelder von MO und M ist im Term ΔH_f^0 $(MO_{m/n})$ ausgedrückt. Werden nur die ersten beiden Terme der Gleichung für die Übergangselemente dargestellt (s. Abb. 1), so zeigt sich ein ähnlicher Verlauf wie für die Gitterenergien von George und Mc Clure. Es wird also für eine beliebige angenommene Reihe von Reaktionen mit $0 < n < 3$ für die Erzeugung des kondensierten Metalls aus einem angenommenen Valenzzustand n nach

$$M^{n+}_{(g)} + ne_{(g)} \rightarrow M_{(c)} \qquad (2.9)$$

ein ΔH^0_{os}-Verlauf mit 2 Maxima erhalten. Das bedeutet, daß die Eigenschaften der gasförmigen Atome die Natur des kondensierten Metalls bestimmen.

Für eine genauere Deutung müssen die Polarisierbarkeiten der Atome herangezogen werden, die auf der Grundlage von Untersuchungen von Catalan [6] mit denen der Ionen zusammenhängen. Wenn man voraussetzt, daß die elektronische Entropie ein Maß für die erwähnten Griffithschen Promotionsenergien [2] bzw. für die Polarisierbarkeiten (in beiden Fällen unter Berücksichtigung der Konfigurationswechselwirkungen) sind, läßt sich unter Einbeziehung der Sublimationsenthalpien für jede beliebige Temperatur eine Korrelation zur Stabilität der Valenzzustände herstellen. In Abb. 2 ist für eine Temperatur von 6000 K die elektronische Entropie für die Reihe der Übergangselemente (einschließlich Calcium) gegen die Sublimationsenthalpie dargestellt. Auch hieraus sind die Kurvenverläufe der Abb. 2 erklärbar, insbesondere geht aus Abb. 2 ebenso wie aus Abb. 1 die Bedeutung der 4s-Zustände hervor. Abbildung 2 zeigt auch, daß das Vanadium das stabilste Metall im Vergleich zu den gasförmigen Elementatomen auf Grund der Stabilisierung über eine größere Anzahl elektronischer Zustände ist.

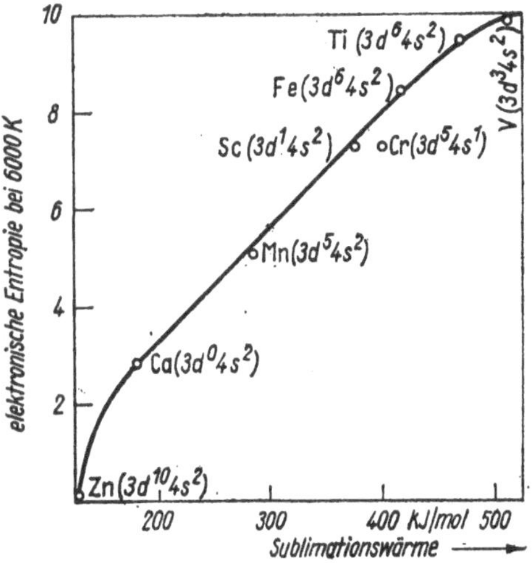

Abb. 2. Abhängigkeit der elektronischen Entropie von der Sublimationswärme für die Übergangselemente der 4. Periode

2.1.3. *Bindungs- und Dissoziationsenergien*

Bindungsenergien ändern sich infolge der thermischen Anregung (Teilchenschwingungen, Elektronenniveaus) mit der Temperatur. In dem breiten Hochtemperaturgebiet, das für die einzelnen Systeme und Hochtemperaturspezies auch noch unterschiedlich definiert werden muß, ist ein Vergleich der Stärke der Wechselwirkungen zwischen den Atomen bzw. Ionen auf der Basis durchschnittlicher Bindungsenergien oder von „Bindungsenergietermen" nicht leicht. Daher sollten als Bindungsenergien, wie meist in der Literatur, die Dissoziationsenergien angesehen werden.

Für ein zweiatomiges Molekül ist also die Bindungsenergie die Energie, die für die Dissoziation in die beiden Atome (im Grundzustand) nötig ist. Bei vielatomigen Molekülen (besonders bei Verbindungen des Kohlenstoffs) ist eine genaue Definition schwieriger, da aus der Abspaltung eines Atoms aus dem Molekül eine andere Elektronenverteilung im verbleibenden Radikal resultiert. Beispielsweise ist die Dissoziationsenergie für die Reaktion

$$CH_4 \rightarrow CH_3 + H \tag{2.10}$$

kleiner als ein Viertel der notwendigen Energie für die Reaktion

$$CH_4 \rightarrow C + 4\,H \tag{2.11}$$

Die mittleren Bindungsenergien (z. B. nach Gl. (2.11)) weisen den Vorteil auf, daß sie sich aus den oft gut bekannten Verbrennungswärmen berechnen lassen, während für die erste Definition (vgl. Gl. (2.10)) spektroskopische Daten und Ionisierungspotentiale erforderlich sind. Diese stehen aber in neuerer Zeit in zunehmendem Maße zur Verfügung.

Aus dem Bindungsdissoziationsprozeß resultieren molekulare Fragmente und Atome verschiedener Valenzanregung, so daß genaue Angaben der Dissoziationsenergien wertvolle Informationen über die Natur der chemischen Bindung liefern können. Unter Bindungsdissoziationsenergien sollen hier die Energien verstanden werden, die notwendig sind, um ein bestimmtes Atom vom Molekülverband abzulösen, z. B. bezieht sich die Bindungsdissoziationsenergie für die Abtrennung des ersten Halogenatoms eines gasförmigen zweiwertigen Metallhalogenids MX_2 auf die Enthalpieänderung des Prozesses

$$MX_{2(g)} \rightarrow MX_{(g)} + X_{(g)} \tag{2.12}$$

Für alle Spezies (Moleküle und Atome) wird dabei ein vergleichbarer Zustand angenommen, d. h., die Bindungsenergien beziehen sich auf einen Dissoziationsprozeß, der bei Standardtemperatur (298 K) ablaufen würde, da im allgemeinen die thermochemischen Daten für den Standardzustand tabelliert sind.

Die Bindungsenergien lassen sich auf verschiedene Weise bestimmen. Bei Anwendung thermochemischer Methoden wird – wie angedeutet – von den Standardbildungsenthalpien der gasförmigen Moleküle durch kalorimetrische Messungen ausgegangen, oder es wird eine Analyse der Gleichgewichtszustände vorgenommen. Die Stoßmethoden gehen davon aus, daß ein Bindungsbruch (Dissoziation) durch Zusammenstoß der Moleküle mit energiereichen Partikeln (Elektronen oder Phononen) erfolgt. Der

Wert der Bindungsenergie kann dann ermittelt werden, wenn die Energieschwelle für den Dissoziationsprozeß exakt gemessen wird und die Anregungsenergie der Reaktionsprodukte bekannt ist. Bei den spektroskopischen Methoden werden die Schwingungsenergieinkremente für alle Niveaus bestimmt und daraus die Dissoziationsenergien für die gasförmigen Atome abgeleitet.

Mit spektroskopischen Methoden sind vor allem die molekularen Energieniveaus untersucht worden. Dabei erfolgten naturgemäß die ersten Untersuchungen an einfachen, diatomaren Molekülen, wie N_2, HF und CO. MO-Berechnungen stützten die Ergebnisse, später auch für Moleküle höherer Komplexität, so daß insgesamt eine gute Grundlage für das Verständnis der Bindungsfunktionen wenigstens der *s*- und *p*-Elektronen für die unteren Energieniveaus geschaffen wurde. Die Beiträge von *d*-Niveaus an der chemischen Bindung sind hauptsächlich nur für solche Moleküle diskutiert worden, in denen die Überlappung der *d*-Orbitale mit Liganden-Orbitalen als nicht vorhanden (Kristallfeldtheorie) oder als gering (Ligandenfeldtheorie) angenommen wurde. Aus diesem Grunde haben sich die praktischen Untersuchungen der Energiezustände in gasförmigen Molekülen hauptsächlich auf einfache Verbindungen der Übergangsmetalle bezogen. Spektroskopische Daten lieferten besonders bei der Untersuchung der Rolle der *d*-Elektronen in den Hochtemperaturmolekülen einen Beitrag. Für die Charakterisierung von Hochtemperaturspezies haben sich die optische Emissionsspektroskopie bei Lichtbogentemperaturen von 3000 ··· 5000 K (C-, Be- und Mo-Elektroden) und im speziellen die Matrix-Isotopen-Spektrometrie bewährt. Neben der Charakterisierung der energetischen Zustände und der Details der Bindungsparameter durch optische Spektroskopie lassen sich mit dieser Methode auch Bindungsdissoziationsenergien bestimmen; die wenigen Angaben deuten aber hierbei Schwierigkeiten an. Auch differieren die Werte mit denen aus massenspektrometrischen Bestimmungen.

Mit Hilfe der Massenspektrometrie ist eine Reihe von Hochtemperaturmolekülen identifiziert worden, und die Messungen von Partialdampfdrücken mit Hilfe von Ionenintensitäten und ihre Temperaturabhängigkeiten haben zu einer Vielzahl von Informationen über die Spezies geführt, ganz besonders zu den Bindungsdissoziationsenergien, die im folgenden etwas ausführlicher betrachtet werden.

Drowart und Goldfinger [6] geben einen guten Überblick über die Technik und Ergebnisse massenspektroskopischer Untersuchungen an anorganischen Systemen bei hohen Temperaturen.

Ohne an dieser Stelle auf experimentelle Voraussetzungen einzugehen, sollen einige Resultate zu den Dissoziationsenergien angeführt werden.

Neben der massenspektrometrischen Bestimmung von Dissoziationsenergien und Verdampfungsenthalpien bekannter Moleküle und Verbindungen wurde mit Hilfe der Methode eine Vielzahl di- und polyatomarer Moleküle erst entdeckt. So lassen sich im Kohlenstoffdampf bei 2500 K C_3-, C-, C_2-, C_4- und C_5-Anteile abnehmender Konzentration nachweisen, was dafür spricht, daß bei dieser Temperatur die C_3-Moleküle eine relativ große Stabilität gegenüber anderen besitzen.

Zahlreiche Untersuchungen liegen zu den diatomaren Hochtemperaturmolekülen vor, die durch den folgenden Verdampfungsprozeß, der den Dissoziationsschritt einschließt, entstehen:

$$M_{(c)} \rightarrow M_{(g)} \tag{2.13}$$

$$2M_{(g)} \rightarrow M_{2(g)} \tag{2.14}$$

Für die beiden Teilprozesse lassen sich die Änderungen der freien Enthalpien folgendermaßen formulieren (s. a. Kap. 2.2.):

$$\Delta G_{T(\mathrm{M})} = -RT \ln p(\mathrm{M}) = \Delta H_{T(\mathrm{M})} - T\Delta S_{T(\mathrm{M})} \tag{2.15}$$

$$\Delta G_{T(\mathrm{M}_2)} = -RT \ln p(\mathrm{M}_2) = \Delta H_{T(\mathrm{M}_2)} - T\Delta S_{T(\mathrm{M}_2)} \tag{2.16}$$

Die Differenzbildung führt zu den Dissoziationsenergien der diatomaren Moleküle bei den betrachteten Temperaturen (D_T)

$$\begin{aligned}\Delta G_{T(\mathrm{M})} - \Delta G_{T(\mathrm{M}_2)} &= -RT \ln \frac{p(\mathrm{M})}{p(M_2)} = (\Delta H_{T(\mathrm{M})} - \Delta H_{T(\mathrm{M}_2)}) \\ &-T\Delta S_{T(\mathrm{M}-\mathrm{M}_2)} = D_T(\mathrm{M}_2) - \Delta H_{T(\mathrm{M})} - T\Delta S_{T(\mathrm{M}-\mathrm{M}_2)},\end{aligned} \tag{2.17}$$

die aber meist — aus Gründen der Vergleichbarkeit — auf Standardtemperaturen zurückgeführt werden.

Für diatomare Moleküle ist ΔS klein und negativ (etwa 40 J/K im Temperaturbereich von 1000 ··· 2000 °C), und die Enthalpieänderung kann positiv oder negativ sein. Für die positive Enthalpieänderung ist $p(\mathrm{M}_2) > p(\mathrm{M})$; Beispiele hierfür sind die diatomaren Gasmoleküle von Elementen der rechten Seite des PSE (z. B. N_2, O_2, F_2, Cl_2), die auch als Tieftemperaturmoleküle bezeichnet werden können. Für die negative Enthalpieänderung ist $p(\mathrm{M}_2) < p(\mathrm{M})$, aber $p(\mathrm{M}_2)$ nimmt mit steigender Temperatur zu, was für Hochtemperaturmoleküle zutrifft (s. a. Kap. 2.2.5.). Ähnliche Beziehungen gelten auch für polymere und heteroatomare Moleküle. Die Reaktionen (2.13) und (2.14) müssen hierfür z. B. folgendermaßen modifiziert werden:

$$^1/_2\mathrm{MX}_{(c)} \rightarrow {}^1/_2\mathrm{M}_{(g)} + {}^1/_2\mathrm{X}_{(g)} \tag{2.18}$$

$$\mathrm{MX}_{(c)} \rightarrow \mathrm{MX}_{(g)} \tag{2.19}$$

Mit zunehmender Dissoziationsenergie läßt sich das Molekül MX besser nachweisen, d. h., letztlich ist die den Prozessen (2.18) und (2.19) zugrunde liegende Enthalpiedifferenz für die Nachweisbarkeit heteroatomarer Moleküle entscheidend.

Von den verschiedenen Gruppen von Hochtemperaturspezies wurden wahrscheinlich die Oxide am genauesten untersucht. Durch die Anwendung der massenspektrometrischen Methode konnten viele oxidische Hochtemperaturverbindungen entdeckt und ihre Dissoziationsenergien bestimmt werden. Beim Vergleich der entsprechenden Daten zeigt sich eine Abhängigkeit von der Elektronenstruktur der Moleküle. So treten in der Abhängigkeit der Dissoziationsenergien von der Ordnungszahl der Metalle in den Suboxiden der Elemente der 4. Periode des PSE vom Kalium zum Kupfer zwei Maxima bei Titanium und Eisen auf, während beim MnO (d. h. des Oxids des Elementes mit zur Hälfte besetzten d-Niveaus) ein Minimum zu beobachten ist (vgl. Kap. 2.1.2.). Ähnlich sind die Verhältnisse bei den Monoxiden der SE-Metalle (s. Tab. 2). Da die Bindungsdissoziationsenergien in einer Ver-

Tabelle 2

Dissoziationsenergien (D_0^0) gasförmiger Monoxide in kJ/mol

Li	322	K	293	Ba	553
Be	444	Ca	389	La	795
B	800	Sc	674	Ce	783
C	1072	Ti	662	Pr	758
N	628	V	620	Nd	716
O	494	Cr	423	Sm	595
F	152	Mn	352	Eu	557
		Fe	381	Gd	724
Na	297	Co	364	Tb	729
Mg	360	Ni	360	Dy	632
Al	481	Cu	251	Ho	632
Si	795	Ga	377	Er	636
P	599	Ge	653	Tm	578
S	515	As	477	Yb	381
Cl	151	Se	419	Lu	695

bindungsklasse sehr stark von den elektronischen Strukturen der Metalle abhängen, lassen sich für andere Verbindungen ähnliche Trends wie für die Oxide erwarten, was auch für Carbide, Silicide, Nitride und Halogenide gefunden wurde.

Bedingt durch die verschiedenen Anregungszustände der Atome bei hohen Temperaturen liegen in den oxidischen, gasförmigen Hochtemperatursystemen neben den Monoxiden auch Dioxide und Trioxide sowie Oxide von Metallen verschiedener Wertigkeitsstufen vor. In Tab. 3 sind die Dissoziationsenergien für einige Di- und Trioxide zusammengestellt.

Tabelle 3

Dissoziationsenergien (D_0^0) gasförmiger Dioxide ($MO_2 \rightarrow M + 2\,O$) und Trioxide ($MO_3 \rightarrow M + 3\,O$) in kJ/mol

Dioxide							
B	1350						
C	1600	Si	1250				
N	930	P	1130				
O	595	S	1070	Se	840	Te	900
F	430	Cl	510				
Ti	1310	Zr	1440	Hf	1510		
V	1210	Nb	1430	Ta	1440		
Cr	930	Mo	1130	W	1240		
Mn	920	Tc	1070				
Trioxide							
Cr	1430	Mo	1740	W	1850		

Analog den Halogeniden bilden die diatomaren Monoxide im Hochtemperaturdampf Dimere und Oligomere. Die Dissoziationsenergien dieser Spezies entsprechen den negativen Verdampfungsenthalpien der polymeren Teilchen; diese Werte sind nur abhängig von den Gitterenergien und den Konzentrationen der Hochtemperaturspezies in der Gasphase. Je größer die Teilchenabstände in den Molekülen werden (d. h. je kleiner die Bindungsenergien sind), desto leichter lassen sich die festen Verbindungen verdampfen, wobei der Dampf hohe Anteile an Dissoziationsprodukten enthält. Beispielsweise nehmen die Dissoziationsenergien von Chalkogeniden eines Elementes mit zunehmender Chalkogenidordnungszahl sehr stark ab.

Carbide lassen sich meist nicht unzersetzt verdampfen, obwohl verschiedene carbidische Hochtemperaturspezies nachgewiesen wurden, die aber oft nicht der Zusammensetzung der kondensierten Phase entsprechen (z. B. Si_2C und SiC_2 im Dampf über festen SiC). Die von Dicarbiden MC_2, die oft als Nebenprodukte in der Gasphase über festen Carbiden auftreten, bekannten Dissoziationsenergien sind denen der Monoxide MO sehr ähnlich. Die nahezu gleichen Bindungskräfte, die zwischen den Anionen O^{2-} bzw. C_2^{2-} und den Metallkationen auftreten, sind auf die etwa gleiche spezifische Ionenladung der Anionen (Ionenradius O^{2-}: 145 pm, C-C-Abstand C_2^{2-}: 120 pm) zurückzuführen.

In stärkerem Maße als die Carbide unterliegen die Boride, Silicide, Nitride und Phosphide beim Verdampfen der thermischen Zersetzung, während Halogenide und Hydroxide bei der Verdampfung monomere, oligomere und polymere gasförmige Verbindungen bilden, die die gleichen Zusammensetzungen aufweisen wie die kondensierten Ausgangsprodukte (s. Kap. 4.1.).

2.2. *Thermodynamische Aspekte*

Auf der Basis thermodynamischer Berechnungen lassen sich in der Hochtemperaturchemie viele Vorgänge voraussagen und beurteilen. Da thermodynamische Betrachtungen aber meist von der Annahme des Vorliegens thermodynamischer Gleichgewichtszustände ausgehen, muß bei den zu beschreibenden Reaktionen stets genau geprüft werden, inwieweit diese Voraussetzung gilt und welche Schlußfolgerungen aus thermodynamischen Gleichgewichtsberechnungen bei Vorliegen von Nichtgleichgewichtszuständen möglich sind. Je höher die Temperaturen für die Durchführung chemischer Reaktionen sind, desto schneller stellen sich thermische und thermodynamische Gleichgewichte ein. Man muß dabei jedoch unbedingt beachten, daß in den Reaktoren zur Durchführung von Hochtemperaturprozessen oft große Temperatur- und Zeitgradienten auftreten, so daß die Reaktionssysteme oft weit von Gleichgewichtszuständen entfernt sind (s. Kap. 2.3.). Trotzdem geben thermodynamische Berechnungen von Hochtemperaturreaktionssystemen, insbesondere die Temperaturabhängigkeit thermodynamischer Parameter wertvolle Hinweise für die Durchführbarkeit chemischer Reaktionen bei hohen Temperaturen überhaupt und eine optimale Prozeßführung, besonders seitdem Vielkomponentensysteme berechnet werden können.

2.2.1. *Temperatur- und Wärmebegriff*

Die Temperatur charakterisiert als thermodynamische Zustandsgröße den Wärmezustand der Stoffe. Während unter Wärme der gesamte Energieinhalt eines Stoffes als kinetische Energie der Bewegung der Teilchen verstanden wird, ist die Temperatur ein Maß für den zeitlichen Mittelwert der kinetischen Energie der Teilchen, d. h. der Mittelwert des auf jeden Teilchenfreiheitsgrad entfallenden Energieanteils. Da sich gleiche Wärmebeträge auf sehr unterschiedliche Teilchenmengen verteilen lassen und dieser unterschiedlichen Verteilung verschiedene Mittelwerte der kinetischen Energie der einzelnen Teilchen entsprechen, kann eine bestimmte Wärmemenge unterschiedliche Temperaturen aufweisen.

Die Temperatur ist also der Mittelwert der kinetischen Energien (MAXWELL-BOLTZMANN-Verteilung) sämtlicher Teilchen eines Stoffsystems im thermischen Gleichgewicht zu einem bestimmten Zeitpunkt. Einem einzelnen Teilchen läßt sich daher auch keine Temperatur zuordnen, und der Temperaturbegriff wird erst sinnvoll beim Vorliegen von sehr vielen Teilchen, d. h., eine Hochtemperaturchemie im Vakuum oder sogar im Hochvakuum (Gasreaktionen) kann nicht definiert werden, weil hier der Temperaturbegriff nichts Konkretes ausdrückt.

2.2.2. *Thermochemie*

Jeder Stoff besitzt unter gegebenen äußeren Bedingungen (Temperatur, Druck) einen bestimmten Energieinhalt (innere Energie U), der sich aus verschiedenen Energiearten zusammensetzt und dessen Absolutbestimmung nicht möglich ist.

Bei jeder Wandlung eines Stoffes werden, wenn das Stoffsystem keine Arbeit leistet, Wärmemengen isotherm aufgenommen oder abgegeben (latente Wärmemengen). Solche Stoffwandlungen können physikalischer Natur sein; die damit verbundenen Wärmemengen sind als Schmelz- bzw. Erstarrungswärmen, Verdampfungs- bzw. Kondensationswärmen, Sublimationswärmen und Modifikationsumwandlungswärmen bekannt.

Ebenso wie die physikalischen Stoffwandlungen sind chemische Reaktionen mit Energieumsätzen verbunden, d. h. bei exothermen Reaktionen werden Wärmemengen freigesetzt und bei endothermen Reaktionen verbraucht (Wärmetönungen, Reaktionswärmen). Der Zweig der Thermodynamik, der die Energieänderungen bei chemischen Stoffumwandlungen untersucht, wird als *Thermochemie* bezeichnet. Die Grundlage thermochemischer Berechnungen (Energiebilanzen von Reaktionssystemen) ist der I. Hauptsatz der Thermodynamik, der folgendermaßen formuliert werden kann:

für isochor-isotherme Vorgänge

$$Q = \Delta U = \Delta_R U \tag{2.20}$$

für isobar-isotherme Vorgänge

$$Q = \Delta U \cdot p\Delta V = \Delta H = \Delta_R H \tag{2.21}$$

Q — die mit der Umgebung ausgetauschte Wärmemenge
ΔU — Änderung der inneren Energie
$\Delta_R U$ — Reaktionswärme
p — Druck
ΔV — Volumenänderung
ΔH — Enthalpieänderung
$\Delta_R H$ — Reaktionswärme unter isobaren Bedingungen

Die Reaktionswärmen stellen die Differenz der Summe der inneren Energien bzw. Enthalpien der Reaktionsprodukte einer chemischen Umsetzung und der Summe der inneren Energien bzw. Enthalpien der entsprechenden Ausgangsstoffe dar. In flüssigen Mischphasen müssen bei dieser additiven Ermittlung der Reaktionswärmen die Mischungswärmen berücksichtigt werden.

Die Reaktionswärmen bei chemischen Umsetzungen ($\Delta_R U$, $\Delta_R H$) hängen nur vom Anfangs- und Endzustand des Reaktionssystems ab, d. h. nicht vom Weg, über den das System vom Anfangs- in den Endzustand überführt wird. Daraus leiten sich zwei *thermochemische Gesetze* ab, die auf Grund experimenteller Beobachtungen von LAVOISIER und LAPLACE bzw. von HESS bereits formuliert und später aus dem I. Hauptsatz der Thermodynamik exakt begründet wurden:

1. Thermochemisches Gesetz:

Die für die Zerlegung einer chemischen Verbindung benötigte Wärme ist ebenso groß wie die bei der Bildung dieser Verbindung freigesetzte Wärme.

2. Thermochemisches Gesetz (HESS'scher Satz):

Die Wärmetönung einer gegebenen chemischen Reaktion ist die gleiche, wenn sie direkt *oder* über Zwischenstufen abläuft.

Nach dem HESS'schen Satz lassen sich Reaktionswärmen berechnen, die nicht direkt gemessen werden können, z. B.

$$A \to C \quad \Delta_R H_1$$

$$A \to B \quad \Delta_R H_2 \qquad B \to C \quad \Delta_R H_3 \tag{2.22}$$

$$\Delta_R H_1 = \Delta_R H_2 + \Delta_R H_3$$

Die Anwendung der thermochemischen Gesetze ist besonders für die Bestimmung von Reaktionsenthalpien von Hochtemperaturreaktionen bedeutungsvoll, da unter extremen Temperaturbedingungen die Meßmöglichkeiten (z. B. Hochtemperaturkalorimetrie) stark eingeschränkt sind.

Um thermochemische Daten vergleichen zu können, werden diese (z. B. Reaktions- und Bildungsenthalpien) für Standardzustände angegeben, z. B. für kondensierte Stoffe der bei Normaldruck und der gegebenen Temperatur thermodynamisch stabile Zustand und für Gase der analoge Zustand des idealen Gases. Unter Berücksichtigung der Temperaturabhängigkeit thermodynamischer Zustandsgrößen ergibt sich beispielsweise für die Standardbildungsenthalpie bei variablen Temperaturen

$$\Delta_R H_T^0 = \Delta_B H_{298}^0 + \int_{298}^{T} \Delta c_p dT \tag{2.23}$$

c_p — Molwärme bei konstantem Druck

Reaktionswärmen lassen sich für beliebige Temperaturen bei Kenntnis der Reaktionswärme für eine Temperatur und der Molwärmen bzw. Wärmekapazitäten der Ausgangsstoffe und Reaktionsprodukte in dem entsprechenden Temperaturbereich berechnen. Die zugrunde liegenden Gleichungen sind als KIRCHHOFFsche Gesetze bekannt:

$$\left(\frac{\partial \Delta_R U}{\partial T}\right)_V = \sum_E C_V - \sum_A C_V = \Delta C_V \tag{2.24}$$

$$\left(\frac{\partial \Delta_R H}{\partial T}\right)_p = \sum_E C_p - \sum_A C_p = \Delta C_p \tag{2.25}$$

C_V, C_p — Wärmekapazitäten bei konstantem Volumen bzw. Druck

2.2.3. *Thermodynamische Zustandsfunktionen*

Jedes chemische Reaktionssystem strebt jeweils einem Gleichgewichtszustand zu. Für die Charakterisierung der Richtungen der Veränderungen von Reaktionssystemen zu Gleichgewichtszuständen dient die Entropie S als Zustandsgröße. Hiermit kann der Zustand des thermischen Gleichgewichtes für ein abgeschlossenes System folgendermaßen formuliert werden:

Ein System, das mit seiner Umgebung nicht im Energieaustausch steht, ist dann im Gleichgewicht, wenn

$$dS = 0 \tag{2.26}$$

gilt.

Beim Ablauf reversibler Vorgänge in einem abgeschlossenen Reaktionssystem ist Gl. (2.26) auch erfüllt.

Laufen irreversible Prozesse ab (Naturvorgänge), nimmt die Gesamtentropie des Reaktionssystems bis zu einem Maximalwert im Gleichgewichtszustand zu, d. h.

$$dS > 0 \tag{2.27}$$

Damit charakterisiert die Entropie die Irreversibilität bzw. die Richtung eines Vorganges. Dabei ist die Entropieänderung wie die Änderung von innerer Energie und Enthalpie eines Reaktionssystems nur vom Anfangs- und Endzustand des Systems abhängig. Die sich aus den Beziehungen (2.26) und (2.27) ergebende Zusammenfassung

$$dS \geqq 0 \tag{2.28}$$

ist die allgemeinste Formulierung des II. Hauptsatzes der Thermodynamik.

Als thermodynamische Zustandsfunktion ist die Entropie von der Temperatur abhängig, d. h., für nichtisotherme Vorgänge gilt

$$S_T = S_0 + \int_0^T C_V d\ln T \tag{2.29}$$

bzw.

$$S_T = S_0 + \int_0^T C_p d\ln T, \tag{2.30}$$

d. h., bei Kenntnis der Temperaturabhängigkeiten der Molwärmen c_V bzw. c_p oder Wärmekapazitäten C_V bzw. C_p sowie der

Entropie am absoluten Nullpunkt S_0 lassen sich Entropien für beliebige Temperaturen berechnen.

Da die Entropie als Zustandsgröße und in abgeschlossenen Systemen die Richtung von Vorgängen charakterisiert, in der Praxis aber Reaktionssysteme stets im Energieaustausch mit der Umgebung stehen, mußten weitere Zustandsfunktionen definiert und abgeleitet werden, die den Energieaustausch mit der Umgebung berücksichtigen, deren Zustandseigenschaften und -änderungen nicht bekannt sein müssen. Ohne auf die Ableitungen einzugehen, seien Definitionsgleichungen und Zustandsfunktionen der Zustandsgrößen für reale Systeme angeführt, da sie für spätere thermodynamische Betrachtungen (s. Kap. 2.2.4. und 2.2.5.) die grundlegenden Beziehungen darstellen:

Definitionsgleichung der freien Energie (HELMHOLTZ)

$$F \equiv U - TS \tag{2.31}$$

Zustandsfunktion der freien Energie

$$dF = \left(\frac{\partial F}{\partial V}\right)_T dV + \left(\frac{\partial F}{\partial T}\right)_V dT \tag{2.32}$$

Definitionsgleichung der freien Enthalpie (GIBBS)

$$G \equiv H - TS \tag{2.33}$$

Zustandsfunktion der freien Enthalpie

$$dG = \left(\frac{\partial G}{\partial p}\right)_T dp + \left(\frac{\partial G}{\partial T}\right)_p dT \tag{2.34}$$

Aus den Werten der Änderung der freien Energie (ΔF) bzw. freien Enthalpie (ΔG) läßt sich die Möglichkeit des Ablaufs isotherm-isochorer bzw. isotherm-isobarer chemischer Reaktionen ableiten. Eine chemische Reaktion läuft nur dann „freiwillig" ab, wenn bei dem Vorgang die freie Energie bzw. die freie Enthalpie kleiner wird, d. h. negative Werte annimmt.

2.2.4. *Thermodynamische Zustandsdiagramme*

Bei der praktischen Anwendung von Hochtemperaturreaktionen liegen häufig sehr komplexe Reaktionssysteme vor, die eine Vielzahl von Reaktionsmöglichkeiten beinhalten.

Folgende Ursachen sind hierfür bestimmend:

- Reaktionen der Hauptreaktanten über verschiedene Zwischenstufen zu mehreren Reaktionsprodukten.
- Nebenreaktionen von Fremdkomponenten mit Hauptreaktanten, Zwischen- und Endprodukten.
- Auftreten großer Temperaturgradienten in chemischen Hochtemperaturreaktoren, die sehr differenzierte Reaktionsabläufe bedingen.
- Kinetische Einflußgrößen, die zu einer temperatur-, konzentrations- und stoffabhängigen Differenzierung des Reaktionsgeschehens führen (Reaktionsgeschwindigkeiten, Reaktionshemmungen).

Bei der Behandlung komplexer Reaktionssysteme hat sich die Berechnung von thermodynamischen Zustandsdiagrammen vom Ellingham- und vom Baur-Glaessner-Typ bewährt. An einigen Beispielen sollen die Ermittlung, die Aussagemöglichkeiten und die Grenzen solcher Diagramme gezeigt werden.

Thermodynamische Berechnungen zur Ermittlung von $\Delta G^0/T$-Abhängigkeiten nach Ellingham [7] dienen dem Ziel, Aussagen über thermodynamisch bevorzugt ablaufende Reaktionen in komplexen Reaktionssystemen zu treffen. Gleichzeitig können aus Ellingham-Diagrammen Schlußfolgerungen im Hinblick auf Ausbeuten an Produkten der jeweils betrachteten Reaktionen getroffen werden.

Für die Berechnung von Ellingham-Diagrammen müssen die in einem System möglichen Reaktionsgleichungen formuliert und die ΔG^0-Werte für den interessierenden Temperaturbereich berechnet werden, wobei beachtet werden muß, daß Reaktanten und Reaktionsprodukte ihren Zustand (Aggregatzustand, Modifikation) mit der Temperatur ändern. Die für die Berechnungen notwendigen thermodynamischen Daten der Ausgangs-, Zwischen- und Reaktionsprodukte lassen sich aus Tabellenwerken, z. B. [8, 9], entnehmen. Als Grundlage für die thermodynamischen Berechnungen kann ein Rechenweg dienen, den Mčedlov-Petrosjan [10] auf Hochtemperaturreaktionen in oxidischen Systemen anwandte und der sich auch bei der Behandlung carbidischer Hochtemperatursysteme bewährt hat.

Der Rechengang basiert auf folgenden grundlegenden thermodynamischen Gleichungen (s. Kap. 2.2.3.):

$$\Delta G_T^0 = \Delta H_T^0 - T\Delta S_T^0 \tag{2.35}$$

$$\Delta H_T^0 = \Delta H_{298}^0 + \int_{298}^{T} \Delta c_p dT \tag{2.36}$$

c_p — Molwärme

$$\Delta S_T^0 = \Delta S_{298}^0 + \int_{298}^{T} \Delta c_p d \ln T \tag{2.37}$$

$$\lg K_p = -\frac{\Delta G_T^0}{4{,}573\ T} \tag{2.38}$$

Über die Beziehung (2.36) kann die Gleichgewichtskonstante K_p als Randmaßstab in den ELLINGHAM-Diagrammen dargestellt werden (Ausbeutebetrachtungen).

Für die Temperaturabhängigkeit von Δc_p läßt sich folgende Näherungsformel anwenden:

$$\Delta c_p = \Delta a + \Delta bT + \Delta cT^{-2} \tag{2.39}$$

mit

$$\Delta a = \sum a_E - \sum a_A \tag{2.40}$$

$$\Delta b = \sum b_E - \sum b_A \tag{2.41}$$

$$\Delta c = \sum c_E - \sum c_A \tag{2.42}$$

a, b, c — Koeffizienten der Näherungsgleichung für c_p
$\sum a_E \cdots \sum c_E$ — Summen der Koeffizienten der Endstoffe
$\sum a_A \cdots \sum c_A$ — Summen der Koeffizienten der Ausgangsstoffe

Die Lösung der Integrale in Gl. (2.36) und (2.37) erfolgt nach der 3. ULICHschen Näherung. Daraus ergeben sich folgende Algorithmen:

$$\Delta H_T^0 = \Delta H_{298}^0 + \Delta aT - \Delta aT_1 + {}^1/_2\Delta bT^2 - {}^1/_2\Delta bT_1{}^2 - \Delta cT^{-1} + \Delta cT_1{}^{-1} \tag{2.43}$$

$$\Delta S_T^0 = \Delta S_{298}^0 + \Delta a \ln T - \Delta a \ln T_1 + \Delta bT + \Delta bT_1 - {}^1/_2\Delta cT^{-2} + {}^1/_2\Delta cT_1{}^{-2} \tag{2.44}$$

T_1 — 298,16 K

mit denen die $\Delta G^0/T$-Abhängigkeiten und K_p-Werte berechnet werden.

Als Beispiel sind in Abb. 3 die $\Delta G^0/T$-Abhängigkeiten für 3 Hochtemperaturreaktionen aufgeführt. Es ist zu erkennen, daß die Reduktion des Fe_2O_3 durch Kohlenstoff zum Metall schon bei relativ niedrigen Temperaturen freiwillig ablaufen sollte, was mit praktischen Beobachtungen übereinstimmt. Dagegen sollte die Reduktion von MgO bzw. CaO durch Kohlenstoff unter Gleichgewichtsbedingungen erst oberhalb von 2500 K ablaufen. Werden aber im letzteren Fall die Gleichgewichte laufend gestört (Abführung der gasförmigen Reaktionsprodukte Ca, Mg, CO), ist der Ablauf der Reaktionen schon bei niederer Temperatur zu beobachten.

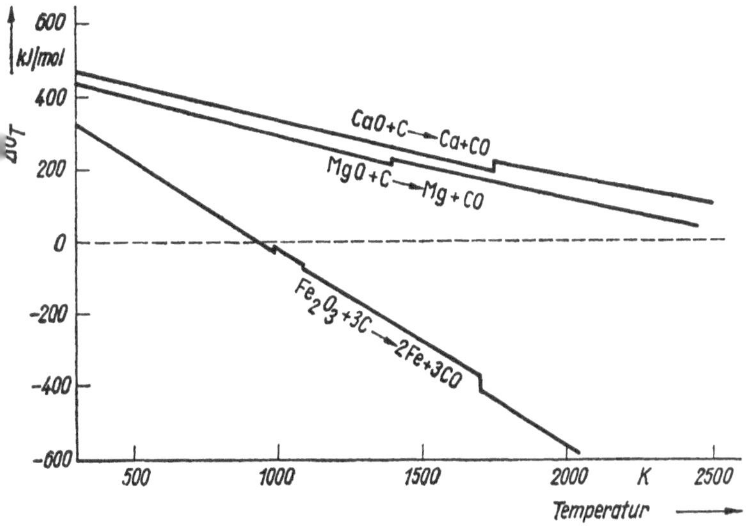

Abb. 3. ELLINGHAM-Diagramm für Reduktionsreaktionen von CaO, MgO und Fe_2O_3

Aus den ELLINGHAM-Diagrammen lassen sich für die Diskussion der Reaktionen in komplexen Hochtemperatursystemen brauchbare Schlußfolgerungen ziehen, wenn folgende Einschränkungen beachtet werden:

- Es werden Einzelreaktionen berechnet, d. h., von der gegenseitigen Beeinflussung der Reaktionen wird abstrahiert.
- Die Voraussetzung des chemischen Gleichgewichtes hat einen unterschiedlichen Realitätsgrad.
- Neben den thermodynamischen bestimmen kinetische Aspekte die Reaktionsabläufe.

Zur Charakterisierung von Reaktionsmöglichkeiten bei hohen Temperaturen in kondensierten Systemen mit Gasphase eignen sich besonders thermodynamische Zustandsdiagramme, die BAUR und GLAESSNER [11] erstmals zur Beschreibung des Systems Fe—C—O berechneten. Hierbei lassen sich die Zustandsvariablen der Gasphase (Temperatur, Druck, Zusammensetzung) durch geeignete Wahl der Koordinatensysteme ausdrücken, womit auch die Existenzgebiete flüssiger und fester Bodenkörper fixiert sind. Aus den Diagrammen sind die Bedingungen für die chemischen Reaktionen kondensierter Phasen mit Reaktionsgasen sowie die Reaktionsmöglichkeiten ableitbar.

Auf den Formalismus zur Berechnung der Zustandsdiagramme, der auf analogen thermodynamischen Gleichungen wie zur Berechnung der ELLINGHAM-Diagramme sowie auf dem Phasengesetz von GIBBS beruht, soll hier nicht eingegangen werden. Von FISCHER [12] wird die Berechnung an vielen Beispielen gezeigt.

Als Beispiel ist in Abb. 4 das BAUR-GLAESSNER-Diagramm des

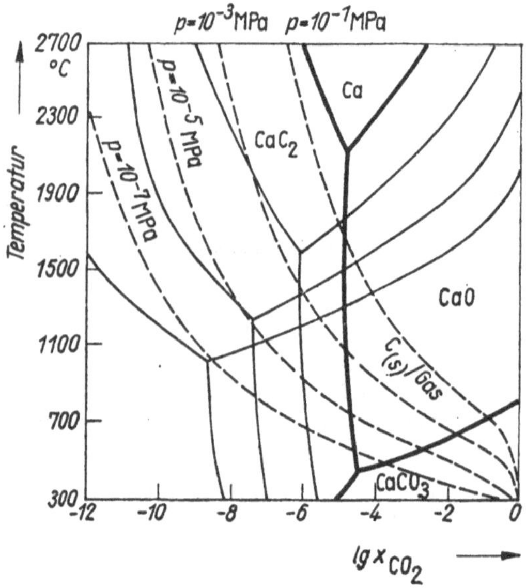

Abb. 4. BAUR-GLAESSNER-Diagramm des Reaktionssystems Ca—C—O für verschiedene Gesamtdrücke

Systems Ca—C—O für unterschiedliche Gesamtdrücke dargestellt, woraus sich folgende Schlußfolgerungen ergeben:

— Für Normaldruck erreicht das System nach der $CaCO_3$-Zersetzung bei 740 °C mit steigender Temperatur entlang der BOUDOUARD-Kurve die Phasengrenzkurve CaO/CaC_2 bei 1660 °C. Diese Temperatur stellt (unter Gleichgewichtsbedingungen) den Beginn der CaC_2-Bildung dar.
— Eine Reindarstellung von CaC_2 ist nach dem Zustandsdiagramm mit steigender Temperatur in Übereinstimmung mit praktischen Ergebnissen nicht möglich.
— Die Temperatur der CaC_2-Bildung läßt sich nach dem Diagramm wesentlich erniedrigen, wenn unter vermindertem Druck gearbeitet wird. Die Druckverminderung ist jedoch nur soweit durchführbar, solange die BOUDOUARD-Kurve $C_{(s)}$/Gas noch die Phasengrenzkurve CaO/CaC_2 schneidet ($p \sim 10^{-5} \cdots 10^{-6}$ MPa). Aus dem Diagramm ist aber auch ersichtlich, daß diese Senkung der Bildungstemperatur mit einer starken Einschränkung des Temperaturbereiches der CaC_2-Bildung verbunden ist.

Obwohl für die BAUR-GLAESSNER-Diagramme ähnliche Einschränkungen wie für die ELLINGHAM-Diagramme gelten, zeigen die durch praktische Ergebnisse gestützten Schlußfolgerungen des zuletzt diskutierten Beispiels, daß thermodynamische Berechnungen für die Anwendung von Hochtemperaturreaktionen sehr nützlich sind.

2.2.5. *Thermodynamische Definition hoher Temperaturen*

In den letzten vierzig bis fünfzig Jahren hat es nicht an Versuchen gefehlt, die Hochtemperaturchemie von den bei mittleren und niederen Temperaturen ablaufenden Reaktionen abzugrenzen. Während besonders in den zurückliegenden zehn bis zwanzig Jahren für die einfacher zu behandelnden und auch genauer untersuchten Gassysteme thermodynamisch begründete Definitionen hoher Temperaturen erarbeitet wurden, beschränken sich entsprechende Aussagen für kondensierte Reaktionssysteme nur auf spezielle Beispiele (z. B. Entwicklung von Defektstrukturen mit Reaktantencharakter der Fehlstellen in Festkörpern).

Bereits KRONIG [13] unterschied zwischen der Stabilität von isolierten Molekülen und der Stabilität von Molekülen in einer stofflichen Umgebung. Die erstere wurde als „physikalische" Stabilität bezeichnet, die von den Dissoziationsenergien abhängt (natürlich stellt jede Dissoziation einen chemischen Vorgang dar!). Die Stabilität von Molekülen in einer stofflichen Umgebung wurde „chemische" Stabilität genannt, die die Reaktionsmöglichkeiten der betrachteten Moleküle charakterisiert.

Goldfinger [6, 14] hat sich sehr gründlich mit der Definition hoher Temperaturen auseinandergesetzt. Der Autor leitet seine thermodynamischen Schlußfolgerungen aus der Beobachtbarkeit von Molekülen bei hohen Temperaturen (Konzentration bzw. Partialdampfdruck der Gaskomponenten) ab.

Als einfacher Fall wurden Elemente betrachtet, die zu atomaren oder molekularen Spezies verdampfen:

$$M_{(c)} \rightleftharpoons M_{(g)} \quad \text{mit} \quad \Delta H_1 \tag{2.45}$$

$$xM_{(c)} \rightleftharpoons M_{x(g)} \quad \text{mit} \quad \Delta H_2 \tag{2.46}$$

$x - 2 \cdots 10$

Das Gl. (2.45) und Gl. (2.46) zugrundeliegende Gleichgewicht lautet dann

$$M_{x(g)} \rightleftharpoons M_{(g)} + (x - 1)\, M_{(c)} \tag{2.47}$$

und für die entsprechende freie Enthalpie kann formuliert werden

$$\Delta G = -RT \ln p(M_{(g)})/p(M_{x(g)}) = \Delta H_1 - \Delta H_2 - T\Delta S \tag{2.48}$$

Für den einfachen Fall von $x = 2$ gilt für die Enthalpieänderung

$$\Delta H_1 - \Delta H_2 = D - \Delta H_1 = \Delta H_1(1 - \alpha)/\alpha \tag{2.49}$$

D — Dissoziationsenergie des diatomaren Moleküls
$\alpha = \Delta H_1/D$

Nach Verhaegen u. Mitarb. [15] lassen sich die Elemente des PSE mit bekannten diatomaren Molekülen in drei Gruppen einteilen:

Gruppe 1: Elemente der Hauptgruppe V, VI und VII mit $0{,}5 < \alpha < 1$

Gruppe 2: Elemente außer denen der Gruppen 1 und 3 mit $1{,}2 < \alpha < 3{,}0$

Gruppe 3: Elemente der II. Haupt- und Nebengruppe mit $\alpha > 5$

Ist $\alpha < 1$ (Gruppe 1), dann ist die Enthalpiedifferenz $\Delta H_1 - \Delta H_2$ in Gl. (2.49) positiv und $M_{x(g)}$ sind die stabilen Moleküle bei niederen Temperaturen. Für die Elemente der Gruppen 2 und 3 mit $\alpha > 1$ ist die relative Konzentration von mehratomigen Spezies bei niederen Temperaturen gering und steigt mit zunehmender Temperatur. Die ersteren Moleküle (z. B. N_2, O_2, F_2, Cl_2 u. a.) können als Tieftemperaturmoleküle (s. Kap. 4.1.1.) bezeichnet werden. VERHAEGEN u. Mitarb. [15] schlugen vor, die chemische Stabilität gasförmiger Spezies durch die freie Enthalpie auszudrücken, die die günstigen Bedingungen für die Beobachtbarkeit der entsprechenden Moleküle charakterisiert. Diese ist abhängig von den Enthalpie- oder Entropieänderungen entsprechend der Bildung verschiedener Spezies aus den Atomen, aus denen sich die betrachteten Moleküle zusammensetzen. Durch Gl. (2.48) wird eine solche Enthalpieänderung ausgedrückt. Die chemische Stabilität von Hochtemperaturmolekülen ist also niedrig bei niederer Temperatur und nimmt mit steigender Temperatur zu, d. h., Hochtemperaturchemie läßt sich als Bildung und Umsetzung von Hochtemperaturmolekülen definieren. Das für jedes System unterschiedliche Hochtemperaturgebiet hängt von den Parametern der Gl. (2.48) ab. Für mehrere Elemente, deren Hochtemperaturmoleküle bekannt sind, liegt die Enthalpiedifferenz $\Delta H_1 - \Delta H_2$ bei 120 ··· 250 kJ/mol. Der für die Definition wichtigste Parameter ist das Verhältnis der Partialdampfdrücke $p(\mathrm{M}_{(g)})/p(\mathrm{M}_{x(g)})$, der die Beobachtbarkeit der gasförmigen Spezies anzeigt, die letztlich von der angewandten Methode abhängt. Hier hat sich die Massenspektrometrie am besten bewährt [6], weil sie eine hohe Nachweisgrenze aufweist, die nahezu unabhängig von der Art der Spezies ist. Für die massenspektrometrische Methode kann eine Empfindlichkeit $p(\mathrm{M}_{(g)})/p(\mathrm{M}_{x(g)})$ von 10^5 abgeschätzt werden. Aus der Umstellung von Gl. (2.48) ergibt sich als Definitionsgleichung für hohe Temperaturen [14]:

$$T = (\Delta H_1 - \Delta H_2)/\big(\Delta S - R \ln [p(\mathrm{M}_{(g)})/p(\mathrm{M}_{x(g)})]\big) \qquad (2.50)$$

Damit unterliegt die Hochtemperaturdefinition für gasförmige Systeme keiner willkürlichen Begrenzung mehr.

Für die meisten Hochtemperaturmoleküle liegen die Hochtemperaturgebiete zwischen 1000 und 3000 K, aber es müssen auch Fälle erwähnt werden, für die das Hochtemperaturgebiet weit außerhalb der angegebenen Grenzen liegt. So erreichen Alkalimetalldimere bei 300 ··· 500 K das für die Hochtemperaturdefinition charakteristische Partialdruckgebiet, die $(\Delta H_1 - \Delta H_2)$-Werte liegen zwischen −35 und −50 kJ/mol; für das Dimere des

HCl liegt die Temperatur sogar unter 200 K mit einem ($\Delta H_1 - \Delta H_2$)-Wert von 8 kJ/mol. Nach der Definition liegen in beiden Fällen Hochtemperaturmoleküle vor, da ihre Konzentration im gesättigten Dampf mit der Temperatur zunimmt. Es sind auch Fälle bekannt, bei denen $(\Delta H_1 - \Delta H_2) \sim 0$ ist und hier keine merklichen Änderungen der Partialdampfdruckverhältnisse mit der Temperatur beobachtet werden.

Für heteroatomare Moleküle und auch für entsprechende Polymere in der Gasphase lassen sich analoge Gleichungen für druckunabhängige Gleichgewichte formulieren, wobei sich aber die Anzahl der Terme (z. B. in Gl. (2.49)) erhöht.

Es muß nochmals betont werden, daß die thermodynamische Hochtemperaturdefinition sehr verschiedene Temperaturbereiche für die einzelnen Systeme beinhalten kann. Durch die angegebenen thermodynamischen Beziehungen wird auch immer die Abgrenzung des Hochtemperaturgebietes vom Tieftemperaturgebiet beschrieben. Bei der Temperaturerhöhung im Hochtemperaturgebiet gibt es für jedes Stoffsystem eine Temperatur, bei der keine Moleküle und Molekülfragmente, d. h. keine chemischen Bindungen mehr existieren. Diese Temperaturen, die bei 8000 ··· 12000 K liegen, können als obere Grenze der Hochtemperaturchemie angesehen werden.

2.3. *Kinetische Aspekte*

2.3.1. *Allgemeine Bemerkungen*

Neben den thermodynamischen Aspekten sind für die Charakterisierung von Hochtemperaturreaktionen kinetische Einflußparameter bedeutungsvoll. Häufig spielen sogar aus kinetischen Gründen thermodynamische Charakteristika eine untergeordnete Rolle.

Die chemische Kinetik, die sich mit der Geschwindigkeit des Ablaufs chemischer Reaktionen sowie den Einflußparametern auf die Reaktionsgeschwindigkeit befaßt, läßt Aussagen zu den Reaktionsmechanismen zu, was besonders für die Beeinflußbarkeit und bessere Ausnutzung der chemischen Reaktionen für hohe Raum-Zeit-Ausbeuten in Reaktoren große Bedeutung hat.

Nach der kinetischen Theorie haben bei einer gegebenen Temperatur die Moleküle verschiedene Anteile an Translations-, Rotations-, Schwingungs- und eventuell Elektronenanregungsenergie. Die Verteilung dieser Energien zwischen den Teilchen, die ständig durch Zusammenstöße reguliert wird, richtet sich nach dem

MAXWELL-BOLTZMANNschen Geschwindigkeitsverteilungsgesetz, d. h., bei jeder Temperatur ist ein definierter Bruchteil von Molekülen vorhanden (aktivierte Moleküle), deren Energieinhalt so groß ist, daß der Zusammenstoß dieser Teilchen in einem Reaktionssystem zu einer chemischen Umsetzung führt. Mit zunehmender Temperatur steigt der Anteil der aktivierten Moleküle und die größere Anzahl der Zusammenstöße der Reaktanten bedeutet eine Zunahme der Reaktionsgeschwindigkeit. Mathematischer Ausdruck hierfür ist die ARRHENIUS-Gleichung

$$k = Ae^{-E/RT} \tag{2.51}$$

k — Reaktionsgeschwindigkeit
A — Frequenzfaktor (Stoßzahl der Moleküle pro Zeiteinheit)
E — Aktivierungsenergie
R — Gaskonstante
T — Temperatur

Eine gute Übereinstimmung zwischen den auf der Stoßtheorie aufgebauten theoretischen Reaktionsvorstellungen und dem Experiment wurde bei bimolekularen Reaktionen mit einfachen Molekülen gefunden. Häufig liegen aber komplizierte Reaktionssysteme vor.

Hierfür müssen im allgemeinen die einzelnen Reaktionsschritte (Elementarreaktionen) neben der Charakterisierung der entsprechenden Bruttoreaktion untersucht werden. Das ist besonders bei Hochtemperatursystemen auf Grund der Komplexität der Systeme und vor allem wegen der hohen Reaktionsgeschwindigkeiten nicht einfach. Die Geschwindigkeit chemischer Reaktionen steigt schon bei einer Temperaturerhöhung des Reaktionssystems von 10 K um das Mehrfache an. Daraus folgt auch, daß die Charakterisierung der Zeitabhängigkeit von Hochtemperaturreaktionen durch alle statischen Methoden (s. Kap. 3.) mit großen Unsicherheiten behaftet wird. Besonders bei der Abschreckung fluider Reaktionssysteme über einen großen Temperaturbereich können auf Grund der hohen Reaktionsgeschwindigkeiten unerwünschte Reaktionen im Temperaturbereich der Abschreckung verlaufen, die die kinetischen Ergebnisse verfälschen. Die kinetische Charakterisierung von Hochtemperaturreaktionen an Festkörpern läßt sich auf Grund der relativ niedrigen Reaktionsgeschwindigkeiten sicherer durchführen.

Aus den angeführten Gründen sind systematische kinetische Untersuchungen hauptsächlich an Systemen bei niederen und mittleren Temperaturen vorgenommen worden. Als eine allgemeine Aussage, die auch für Hochtemperaturreaktionssysteme zu beachten ist, läßt sich formulieren, daß die Reaktionsgeschwindigkeit (RG) durch den Wert der freien Reaktionsenthalpie ($\Delta_R G$) und den „Grad“ an Reaktionshemmungen (RH) bestimmt wird, d. h.

$$RG = \frac{-\Delta_R G}{RH} \tag{2.52}$$

Die Reaktionshemmungen treten aus sterischen und energetischen (z. B. Keimbildung und -zerfall) Gründen auf. Die Quantifizierung der Reaktionshemmungen für die Vielzahl von Reaktionstypen und Stoffsystemen ist äußerst schwierig und hinsichtlich des Konkretheitsgrades mit der thermodynamischen Behandlung von Reaktionssystemen nicht vergleichbar.

Kinetische Untersuchungen und Ergebnisse zu Hochtemperaturreaktionen beziehen sich meist auf spezielle Systeme. Häufig werden auch für relativ gut untersuchte Hochtemperaturreaktionen aus den kinetischen Daten sehr verschiedene Reaktionsmechanismen abgeleitet, wie z. B. für die Hochtemperaturreaktion der NH_3-Oxydation mit Sauerstoff

$$2\,NH_3 + {}^5/_2\,O_2 \rightarrow 2\,NO + 3\,H_2O \tag{2.52}$$

Daraus läßt sich auch eine gewisse Unsicherheit ableiten, mit der kinetische Daten ermittelt werden.

In den letzten zwei Jahrzehnten wurden zahlreiche kinetische Untersuchungen an kondensierten Systemen bei hohen Temperaturen, insbesondere an Reaktionssystemen mit festen Reaktanten und festen Reaktionsprodukten, durchgeführt. Dies hing mehr mit der Entwicklung von entsprechenden Meßmethoden als mit der Entwicklung einer allgemeinen kinetischen Theorie für Hochtemperatur- und Festkörperreaktionen zusammen. Auf dem Gebiet der kinetischen Untersuchungen ist es in letzter Zeit gelungen, die Methoden zur Ermittlung thermodynamischer und struktureller Daten für die Bestimmung der Zeitabhängigkeit von Hochtemperaturreaktionen auszunutzen. So können z. B. mit Hilfe der Hochtemperaturkalorimetrie und thermischer Analysenverfahren (DTA, TG) sowohl thermochemische als auch kinetische Daten erhalten werden (Thermokinetik). Auch röntgenographische Untersuchungen mit Hilfe des GUINIER-Verfahrens lassen kinetische Schlußfolgerungen zum Ablauf von Hochtemperaturreaktionen zu. Kinetische Daten sind auch aus der Messung weiterer

Eigenschaften (z. B. elektrische und magnetische Eigenschaften) zu gewinnen. Obwohl bisher zahlreiche Versuche zu Verallgemeinerungen unternommen worden sind, beziehen sich die kinetischen Aussagen meist nur auf spezielle Reaktionssysteme und -bedingungen. Aus diesem Grunde muß in diesem WTB weitgehend auf Beispiele aus der Hochtemperaturkinetik verzichtet werden, da die kinetische Beschreibung einzelner Vorgänge meist nicht charakteristisch für eine ganze Stoffklasse ist.

2.3.2. Kinetische Untersuchungen an Festkörpern

Die meisten kinetischen Untersuchungen bei hohen Temperaturen sind an oxidischen, kondensierten Reaktionssystemen vorgenommen worden. Deshalb sollen hierzu in kurzer Form einige Aspekte dargelegt werden.

Tammann [16] versuchte als einer der ersten, die Reaktionsgeschwindigkeit von Festphasenreaktionen bei hohen Temperaturen zwischen verschiedenen Oxiden und Wolfram wie folgt zu quantifizieren:

$$y = K \ln t + C \tag{2.54}$$

y — Dicke der Reaktionsproduktschicht
t — Reaktionszeit
K — Konstante, abhängig von der Art der Reaktanten und Reaktionsbedingungen

Nach dieser Beziehung sollte nur die unmittelbare Grenzschicht der festen Reaktanten die Kinetik der Reaktion bestimmen. Dagegen fand Jander [17] eine quadratische Abhängigkeit der Reaktionsproduktschichtdicke von der Zeit

$$y^2 = 2Kt, \tag{2.55}$$

d. h., der Reaktionsverlauf wird durch einen Diffusionsprozeß bestimmt. Da sich die Dicke der Reaktionsproduktschicht in Pulvergemischen schlecht messen läßt, wurde Gl. (2.55) folgendermaßen umgeformt:

$$\left(1 - \sqrt[3]{\frac{100 - x}{100}}\right)^2 = K't \tag{2.56}$$

mit

$$K' = \frac{K'' \cdot D \cdot C_0}{r^2} \tag{2.57}$$

x — prozentuale Menge des Reaktionsproduktes
K'' — Konstante entsprechend K
D — Diffusionskoeffizient
C_0 — Konzentration der diffundierenden Komponente im Reaktionsprodukt
r — Anfangsradius des Reaktantenkorns

Die kinetische Gleichung konnte an verschiedenen oxidischen Reaktionssystemen überprüft werden (z. B. den Reaktanten von Alkali- bzw. Erdalkalimetallcarbonaten mit SiO_2). Als Beispiel ist in Abb. 5 die Zeit- und Temperaturabhängigkeit der Reaktion

$$BaCO_3 + SiO_2 \rightarrow BaSiO_3 + CO_2 \tag{2.58}$$

nach JANDER und WUHRER [18] dargestellt, woraus die lineare Abhängigkeit des Ausdruckes $\left(1 - \sqrt[3]{\frac{100 - x}{100}}\right)^2 = f(x)$ von der Reaktionszeit deutlich wird.

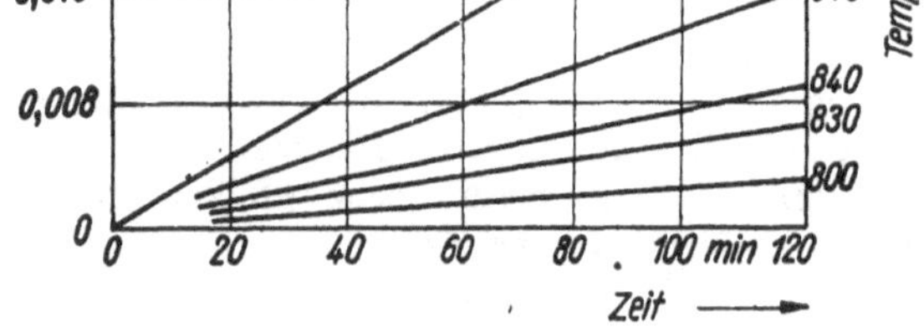

Abb. 5. Temperaturabhängigkeit des Verlaufs der Reaktion von BaCO³ und SiO_2

Zur Charakterisierung der Temperaturabhängigkeit der Reaktionsgeschwindigkeit k dient die Gleichung von ARRHENIUS

$$k = A \cdot e^{-E_a/RT}, \tag{2.59}$$

E_a — Aktivierungsenergie
R — Gaskonstante

wobei im Falle der Festphasenreaktionen die Konstante A sehr von den Versuchsbedingungen (z. B. Mischungsverhältnis und Korngröße der Reaktanten) abhängt.

Die Aktivierungsenergie E_a läßt sich durch die Struktur der Reaktanten (z. B. Fehlstellen) und Reaktionshilfsmittel (z. B. Mineralisatoren) für Hochtemperaturreaktionen in festen Phasen stark herabsetzen. Aus der Aktivierungsenergie, deren Bestimmung graphisch durch Darstellung von lg k gegen T^{-1} möglich ist, lassen sich häufig Schlußfolgerungen auf Elementarprozesse und Reaktionshemmungen ziehen.

2.3.3. *Keimbildung und Kristallwachstum*

Die Aus- und Umbildung fester Phasen ist in Hochtemperaturreaktionssystemen eine häufige Erscheinung. Obwohl meist die Keimbildungs- und Kristallwachstumsprozesse als physikalische Erscheinungen behandelt werden, sind sie in den meisten realen Systemen mit chemischen Elementarschritten verbunden (Knüpfung und Trennung chemischer Bindungen). In den wenigsten Fällen besitzt z. B. eine sich kristallin (oder flüssig) aus einem Reaktionssystem ausscheidende Phase die gleiche Zusammensetzung wie ihre Umgebung. Keimbildung und Kristallwachstum sind in Hochtemperatursystemen besonders gut an silicatischen Schmelzen untersucht worden. In grundlegenden Arbeiten von TAMMANN wird bei der Abkühlung und kristallinen Entmischung von Gläsern ein Temperaturgebiet der maximalen Keimbildungsgeschwindigkeit (KB_{max}) und ein Temperaturgebiet der maximalen Kristallwachstumsgeschwindigkeit (KG_{max}) unterschieden (s. Abb. 6). Für die Keimbildung in einer unterkühlten Schmelze ist eine bestimmte Keimbildungsarbeit ΔG^* erforderlich, um „stabile" Keime zu erzeugen, d. h., die Teilchenzahl N des Keimes muß eine bestimmte Größe überschreiten (N^*), damit der Keim zum Kristall wächst. Liegt die Teilchenanzahl unterhalb einer kritischen Größe ($N < N^*$), können die Keim-Embryonen unter ΔG-Abnahme wieder zerfallen.

Die thermodynamischen Bedingungen für das Entstehen stabiler Keime sind in Abb. 7 dargestellt. Die freie Keimbildungsenthalpie ΔG setzt sich aus der freien Enthalpie der Volumenänderung ΔG_V und der freien Enthalpie der Oberflächenänderung ΔG_S zusammen:

$$\Delta G = {}^4/_3 \Pi r^3 \Delta G_V + 4 \Pi r^2 \Delta G_S \qquad (2.60)$$

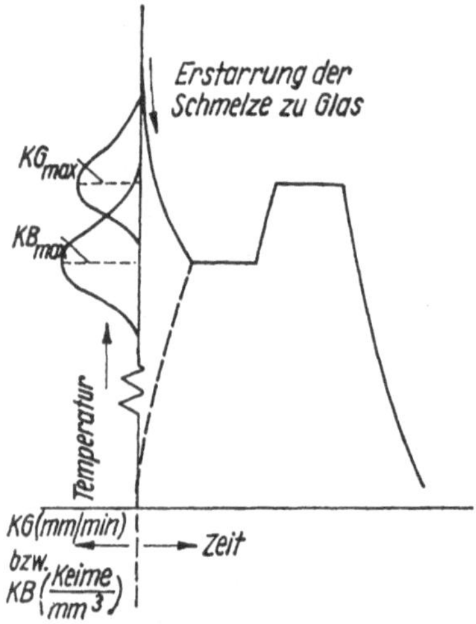

Abb. 6. Keimbildungs- und Kristallisationsgeschwindigkeit in Gläsern nach TAMMANN

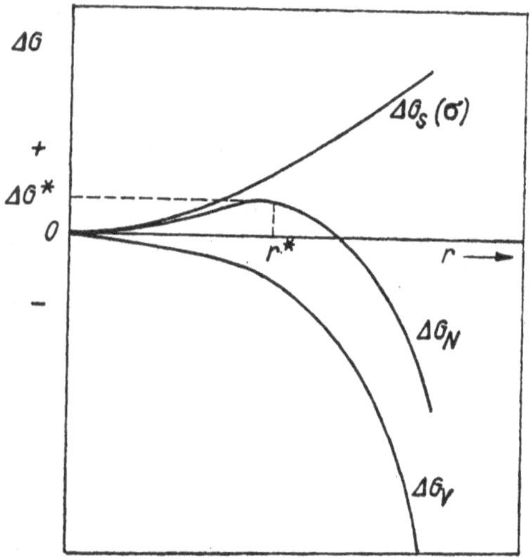

Abb. 7. Abhängigkeit des Keimradius r von der Änderung der freien Enthalpie ΔG_N

Solange der Teilchenradius r des Keimes klein ist, dominiert die Oberflächenenthalpie ΔG_S als positive Größe, d. h., auch die Gesamtenthalpie ist positiv, und es kann keine neue Grenzfläche entstehen. Die gebildeten Embryonen können wieder zerfallen. Wird ein kritischer Teilchenradius r^* überschritten, dominiert die Volumenenthalpie, und es bilden sich mit abnehmender Gesamtenthalpie in zunehmendem Maße stabile Keime. Die Teilchenanzahl für die Bildung von Keimen mit dem Radius r^* liegt bei 50 ⋯ 100. An die Bildung stabiler Keime schließt sich die Kristallisation an, wobei sich die Kristallwachstumsgeschwindigkeit durch eine leichte Temperaturerhöhung für eine bessere Beweglichkeit der Teilchen steigern läßt (s. Abb. 6).

Die Keimbildung ist auch für die Bildung von flüssigen und festen Phasen aus gasförmigen Hochtemperatursystemen von großer Bedeutung. Sowohl in kondensierten als auch in gasförmigen Reaktionssystemen können Keimbildungs-(d. h. auch Reaktions-)hemmungen auftreten, die für die Kinetik der Bruttoreaktionen bestimmend sind (s. a. Kap. 5.2.1.2.).

3. Praktische Methoden

3.1. *Temperaturerzeugung und -messung*

Die Temperatur als thermodynamische Zustandsgröße charakterisiert den Wärmeenergiezustand eines Systems. Nach der kinetischen Wärmetheorie entspricht die Temperatur der mittleren kinetischen Energie (Schwingungs-, Rotations- und Translationsenergie) der Teilchen (Atome, Moleküle, Ionen, Elektronen) des Systems. Mit zunehmender Bewegungsenergie der Partikeln nimmt nach

$$\varepsilon = {}^1/_2 kT \tag{3.1}$$

ε — mittlere kinetische Energie je Freiheitsgrad
k — $1{,}3804 \cdot 10^{-23}\,\mathrm{J} \cdot \mathrm{K}^{-1}$ (Boltzmann-Konstante)
T — absolute Temperatur in K

die Temperatur eines Systems zu.

Für die Durchführung und Beurteilung von Hochtemperaturreaktionen spielen Fragen der Temperaturerzeugung, Energieübertragung und Temperaturmessung eine wesentliche Rolle.

Die Temperaturcharakterisierung ist in gasförmigen Hochtemperatursystemen (Flammengase) etwas problematisch, da sich die statistische Thermodynamik auf jeden molekularen Freiheitsgrad der Teilchenbewegung anwenden läßt, d. h., die Translations-, Rotations- und Schwingungstemperaturen sind im allgemeinen nicht gleich, woraus sich besonders Probleme bei der Messung hoher Temperaturen aus spektroskopischen Daten ergeben. Für Systeme im thermischen Gleichgewicht (stationäre Energieverteilung) kann aber *eine* Temperatur zur Charakterisierung auch der gasförmigen Hochtemperatursysteme angenommen werden. Aber es muß hier beachtet werden, daß häufig das thermische Gleichgewicht des Systems durch äußere Einwirkungen gestört wird. Bei einer einmaligen Störung wird der frühere Gleichgewichtszustand in einer bestimmten Zeit (Relaxationszeit) wieder erreicht, die für die verschiedenen Teilchenwechselwirkungen mit zunehmendem Druck des Gassystems kleiner wird.

3.1.1. Temperaturerzeugung

Hohe Temperaturen lassen sich im Labormaßstab und in technischen Reaktoren im wesentlichen auf der Grundlage folgender Wirkprinzipien erzeugen: Exothermie chemischer Reaktionen, Heizung durch elektrischen Strom und Nutzung des Energieumsatzes bei Kernfusionsprozessen.

Andere Möglichkeiten zur Erzeugung hoher Temperaturen, wie z. B. die Nutzung von Kompressions- und Expansionswärmen realer Gase, haben eine untergeordnete Bedeutung.

Die älteste, vom Menschen bewußt angewandte Form der Temperaturerzeugung ist die *Verbrennung* natürlicher (Holz, Holzkohle) und fossiler (Erdöl, Kohle) Brennstoffe. Kohlenstoffhaltige Brennstoffe (vor allem Kokse) stellen nach wie vor die energetische Grundlage für eine Reihe großtechnischer Prozesse, besonders in der Metallurgie und der Silicattechnik, dar. Auf Grund der Entwicklung der Energiesituation werden feste kohlenstoffhaltige Energieträger für technische Hochtemperaturprozesse in Zukunft gegenüber flüssigen (und evtl. gasförmigen) Rohstoffen wieder stärker an Bedeutung gewinnen. Auch der Wasserstoff wird in Zukunft als Energieträger eine größere Rolle spielen. Bei optimaler Gestaltung und Ausnutzung der technischen Verbrennungsaggregate lassen sich allerdings mit festen Kohlenstoffbrennstoffen nur Temperaturen bei etwa 1800 °C erreichen.

Höhere Temperaturen werden durch Verbrennung bestimmter Erdölfraktionen und -spaltprodukte (z. B. Kerosin) und von Gasen und Gasgemischen mit reinem Sauerstoff erreicht. Sehr hohe Temperaturen lassen sich auch durch Verbrennung von Metallpulvern (Aluminium, Zirconium) erzeugen, was aber durch sehr hohe Kosten für das Metall und Probleme bei der Handhabung der Verbrennungsprodukte (Oxide) technisch nur in Sonderfällen (Herstellung hochschmelzender Metalle) angewandt wird.

In Tab. 4 sind einige exotherme Reaktionen für die Erzeugung hoher Temperaturen aufgeführt.

Tabelle 4
Exotherme Reaktionen zur Erzeugung hoher Temperaturen

Reaktanten	Reaktionsprodukte	max. Temperaturen in °C	Bemerkungen
Stadtgas + Luft	H_2O, CO_2	2100	
H_2 + Luft	H_2O, N_2	2300	N_2-Erwärmung
$H_2 + O_2$	H_2O	2660	
$C_2H_2 + O_2$	CO_2, H_2O	3140	
atom. H	H_2	3800	Metallkatalysator
$H_2 + F_2$	HF	4030	
$(CN)_2 + O_2$	CO_2, NO, (NO_2)	4800	
$C_4N_2 + O_2/O_3$	CO_2, NO, (NO_2)	5000	
		5300	bei 1 MPa
Kerosin + O_2	CO_2, H_2O	2600	
Al + O_2	AlO, Al_2O, (Al_2O_3)	3000	
Zr + O_2	ZrO, (ZrO_2)	4660	

Die durch exotherme Reaktionen erreichbaren hohen Temperaturen lassen sich auf elektrischem Wege nur durch einen großen apparativen Aufwand erreichen. Die Gestaltung und Dimensionierung der Verbrennungsöfen ist sehr unterschiedlich und wird von den verschiedenen Anwendungsproblemen und der Höhe der zu erreichenden Temperaturen bestimmt. Der durch Variation und Konstruktion der Verbrennungsaggregate unterschiedliche Ausnutzungsgrad der Reaktionswärmen führt dazu, daß die maximal erreichbaren Temperaturen bei gleicher exothermer Reaktion um einige 100 K differieren.

Die hohe Turbulenz der Flammengase läßt eine gleichmäßige Temperaturverteilung in der heißen Zone eines Verbrennungsofens zu. Dagegen bestehen wesentliche Nachteile bei der Gasverbrennung in der Explosionsgefahr, der schlechten zeitlichen Temperaturkonstanz und in der Reaktivität der Verbrennungsgase.

Um die Flammentemperaturen optimal auszunutzen, dürfen die Wärmeverluste durch Wärmeleitung und Abstrahlung nur gering sein. Als Wärmeisolationsmaterialien für Hochtemperaturöfen haben sich silicatische (Kaoline, Schamotte) und andere oxidische Materialien (MgO, ZrO_2) sowie Ruß hoher Porosität und großer spezifischer Oberfläche bewährt. Eine hohe Wärmeausnutzung läßt sich auch durch die sog. Oberflächenverbrennung erzielen. Dabei werden die (evtl. vorgewärmten und -gemischten) gasförmigen Reaktanten durch poröse Materialien (MgO) geleitet und an deren Oberfläche zur Reaktion gebracht. Nachteilig ist hierbei allerdings der hohe Strömungswiderstand durch die engporige Keramik und die Explosionsgefahr bei der Vermischung der Reaktanten.

Gegenüber der direkten und indirekten Beheizung durch Verbrennungsgase besitzt die *elektrische Widerstandsheizung* die Vorteile sauberer Bedingungen und der wesentlich leichteren Regulierbarkeit. Nachteilig ist die durch die Eigenschaften (Wärmekapazität, Wärmeleitfähigkeit) der Isolationsmaterialien bedingte lange Aufheizzeit und die Korrosionsempfindlichkeit der Heizleiter. Die Heizleiterträger müssen hohe chemische Resistenz und Temperaturwechselbeständigkeit sowie ein gutes elektrisches Isolationsvermögen bei hohen Temperaturen aufweisen. Hierfür eignen sich Asbeste, Glimmer, Steatitmassen, Sinterkorund und spezielle Gläser. Kieselglas ist trotz seiner Temperaturbeständigkeit nur bis etwa 800 °C einsetzbar, da durch chemische Korrosion leicht Kristallisation eintritt.

Als thermische Isolierstoffe kommen für elektrische Widerstandsöfen Kieselgur, Schamotte, Sillimanit, Schlacken- und Asbestwolle, MgO, Al_2O_3, ZrO_2 und Kohlenstoff-Materialien in Frage. Da die Wärmeleitfähigkeit einiger thermisch beanspruchbarer Isoliermaterialien (z. B. Schamotte, Korund) relativ hoch ist, müssen mehrere Isolationsschichten geringer Schichtdicke angewandt werden.

In Tab. 5 sind Beispiele der gebräuchlichsten metallischen und oxidkeramischen Heizleitermaterialien angegeben. Die in den verschiedenen Heizleitern erzeugbaren Temperaturen lassen sich für die Durchführung von Hochtemperaturreaktionen nicht voll nutzen. In Abhängigkeit von Art und Dicke der Wärmeisolationsmaterialien treten bis zur Heizzone Temperaturabfälle von 50 bis 100 K und mehr auf.

Für die Beanspruchbarkeit der Heizleiter (zeitlicher Temperaturgradient) ist die Kenntnis der Abhängigkeit der spezifischen

Tabelle 5
Heizleitermaterialien für elektrische Widerstandsöfen

Material	max. Temperatur bei Dauerbetrieb in °C
Konstantan 60 Cu, 40 Ni	600
Chrom-Nickel-Legierungen	
15–20 Cr, 35–20 Ni, 50–60 Fe	900
15–20 Cr, 60 Ni, 25–20 Fe	1050
20 Cr, 80 Ni	1150
Kanthal 30 Cr, 65 Fe, 5 Al	1300
Platin	1300
Siliciumcarbid	1450
Kanthal Super	1600
Rhodium (Wellband)	1600
Platin-Rhodium-Legierung	
70 Pt, 30 Rh	1700
NERNST-Stäbe u. -Rohre 90 ThO_2, 10 Y_2O_3	2000
Cermets (W + ZrO_2)	2000
Molybdän (H_2-Atm. oder Vakuum)	2000
Iridium-Rhodium-Legierung	2050
Graphit, HT-Kohle	2500
Wolfram (H_2-Atm. oder Vakuum)	3000

Widerstände von der Temperatur wichtig. Während das Verhältnis z. B. bei Kanthallegierungen gleich bleibt, nimmt der spezifische Widerstand bei Platin mit der Temperatur zu und bei Silitmaterialien (SiC) ab.

Um in Widerstands-Rohröfen längere Zonen nahezu konstanter Temperatur für die Durchführung von Hochtemperaturreaktionen zu erreichen, lassen sich Innenrohre aus Metall (z. B. Ni) zum Temperaturausgleich oder größere Windungsdichten an den Enden der Heizleiterträger anwenden. Verschiedene Metalle sind als Heizleiter sehr empfindlich gegenüber der Ofenatmosphäre. So werden die Temperaturen für den Dauerbetrieb bei Pt-haltigen Heizleitern durch reduzierende Gase um 100 ··· 200 K herabgesetzt und Mo- bzw. W-Heizleiter bilden bereits mit geringen Sauerstoffverunreinigungen der Gasumgebung flüchtige Oxide.

Der Anwendbarkeit der beschriebenen Heizleitermaterialien ist oft durch den hohen Preis eine Grenze gesetzt, so daß für viele wissenschaftliche und technische Zwecke Kohle- bzw. Graphitrohröfen nach Tammann am vorteilhaftesten sind. In Abb. 8 ist das Prinzip eines Tammann-Ofens dargestellt, in dem Temperaturen bis zu 2500 °C erreichbar sind. Für wissenschaftliche Untersuchungen (z. B. Hochtemperaturkalorimetrie) lassen sich kleine Hochtemperaturöfen mit einem geschlitzten Graphit-Heizelement und

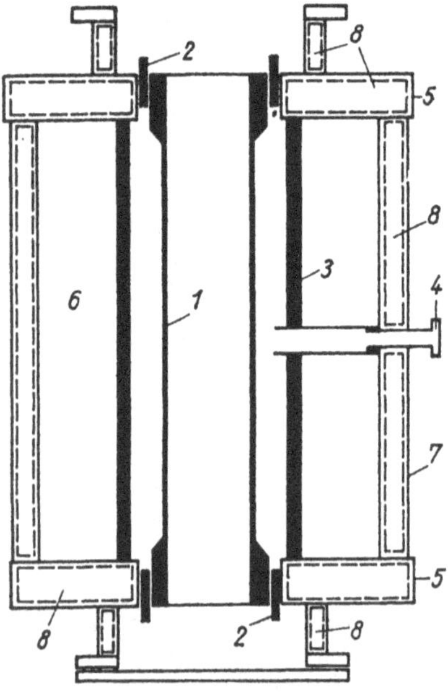

Abb. 8. Schema eines Tammann-Ofens

1 – Heizrohr; 2 – Konusringe; 3 – Graphitrohr; 4 – Schauglas; 5 – Deckel mit Stromzuführung; 6 – Wärmeisolierung; 7 – Ofenmantel; 8 – Kühlwasserkreisläufe

einer Thermax-Ruß-Isolierung verwenden (s. Abb. 9). In Tammann-Öfen großer Abmessungen können Temperaturen bis zu 3000 °C erreicht werden. Nachteilig ist häufig die reduzierende (CO) und carburierende (CO_2) Atmosphäre, die nur durch gasdichte Korund- bzw. BeO-Schutzrohre wirksam ausgeschlossen werden kann. Die Schutzrohre sind allerdings nur bis 1800 °C bzw. 2200 °C temperaturbeständig.

Elektrische Widerstandsöfen werden besser mit Wechselstrom

als mit Gleichstrom betrieben, um eine elektrolytische Beanspruchung der Heizleiterträger (Veränderung der thermischen und mechanischen Eigenschaften durch Ionentransport) zu vermeiden.

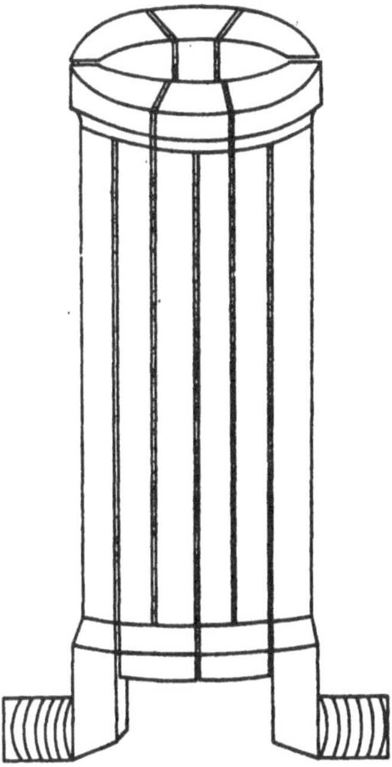

Abb. 9. Graphit-Heizelement eines Hochtemperaturofens

Sehr saubere Bedingungen für die Durchführung von Hochtemperaturreaktionen lassen sich durch *Hochfrequenz-Induktionsheizung* erreichen. Hierbei werden durch starke hochfrequente Ströme, die in einer wassergekühlten Kupferspule mit einer oder wenigen Windungen erzeugt werden, in dem zu erhitzenden Reaktionsgemisch oder in leitfähigen Tiegeln hohe Temperaturen erzeugt, die Hochtemperaturreaktionen in kondensierter oder gasförmiger Phase ermöglichen. Vorteilhaft ist die gute Durchmischung fluider Phasen durch die Induzierung starker Wechselströme im erhitzten Material. Während für die Erzeugung hochfrequenter Ströme von $10^5 \cdots 10^7$ Hz in Laboröfen Röhrengeneratoren benötigt werden, werden für Ströme mit $5 \cdot 10^2 \cdots 2 \cdot 10^3$ Hz in technischen Öfen Motorgeneratoren mit Schwingkreis angewandt.

Temperaturen bis zu 4000 °C lassen sich in *Elektronenstrahlöfen* erzeugen, in denen durch eine Glühkathode Elektronen emittiert, durch Spannungen bis zu 15 kV beschleunigt und durch Magnetlinsen gebündelt werden. Die hohen Temperaturen entstehen durch Aufprall des Elektronenstrahls auf das zu erhitzende Substrat. In den Elektrostrahlöfen, die besonders für das Schmelzen von Metallen, wie Nb, Ta, Mo und W, Bedeutung haben, lassen sich Leistungen von 300 kW und mehr erzeugen.

Bereits MOISSAN entwickelte einen *Lichtbogenofen*, der auch zur Verflüssigung hochschmelzender Metalle, die als Elektrodenmaterialien eingesetzt wurden, anwendbar ist. Mit Gleichstrom lassen sich Temperaturen bis zu 4000 °C erzeugen; bei Anwendung von Wechselstrom sind die erreichbaren Temperaturen geringer. Nachteilig ist die ungleichmäßige Temperaturverteilung im Lichtbogen für die Durchführung chemischer Hochtemperaturreaktionen. Die Strahlung des Lichtbogens (oder auch die der Sonne) läßt sich aber in *Strahlungsöfen* durch Spiegel bündeln, und Substrate lassen sich damit auf 3500 ··· 4000 °C aufheizen. Die Spiegelsysteme sind allerdings sehr teuer und schwierig handhabbar.

Chemische Reaktionen bei hohen Temperaturen lassen sich in Plasmareaktoren durchführen. Die entsprechenden thermischen Plasmen (s. a. Kap. 4.3.1.2.) können nach der Erzeugung in elektrische Lichtbögen, Elektrodenplasmen und Induktionsplasmen eingeteilt werden. Die in den Plasmareaktoren erzeugten thermischen Plasmen dienen in den meisten Fällen als Energieüberträger für die Umsetzung der Reaktanten.

Die Plasmaerzeugung in dem von DAVY 1809 erstmals angewandten Lichtbogen erfolgt durch die konstante Gleichspannung. Die Lichtbogentemperaturen, die in einigen ionisierten Gasen bis zu 6000 K, prinzipiell aber 50000 K betragen können, sind von der Plasmazusammensetzung, der Höhe der zugeführten Energie und der Geometrie des Plasmareaktors abhängig. Bei Anwendung sehr hoher Ströme entstehen durch partielle Verdampfung des Elektrodenmaterials (z. B. Kohlenstoff) sog. Elektrodenflammen (s. Abb. 10) hoher Temperatur und Geschwindigkeit, wodurch prinzipielle Nachteile der Lichtbogenplasmen, wie kleines Volumen des erhitzten Gases, Lokalisierung des Plasmas zwischen den Elektroden und schlechte Energieübertragung, partiell ausgeglichen werden können.

Elektrodenplasmen (Elektroden-Fackeln) eignen sich besser

zur Durchführung chemischer Reaktionen und zur Metallbearbeitung. Diese Plasmen unterscheiden sich von den Lichtbogenplasmen durch den Typ der Gasflamme und die Art der Elektroden; wesentliche Nachteile des Lichtbogenplasmas konnten hierbei dadurch überwunden werden, daß der Plasmastrahl von der Anode weggeführt wird. Mit den Elektrodenplasmen lassen sich Gastemperaturen von 2000 ··· 8000 K erreichen. Die Plasmen werden im allgemeinen bei Normaldruck erzeugt, die höchsten Plasmatemperaturen treten im Inneren des Plasmastrahls auf. Der Temperaturgradient nach außen ist u. a. stark vom Druck abhängig. Je höher der Druck ist, desto höher ist auch der Temperaturgradient. Eine hohe Geschwindigkeit des Elektrodenplasmastrahls wird durch Steigerung des Neutralgasdruckes erreicht.

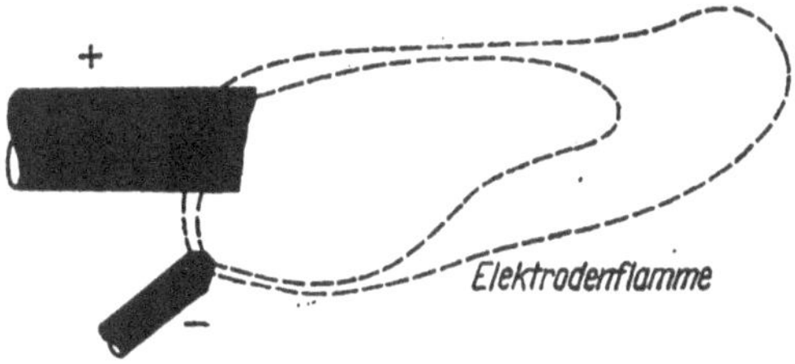

Abb. 10. Elektrodenflamme

Durch Anwendung von Hohlelektroden, in denen das Plasma eine zusätzliche Druckerhöhung und Aufheizung erfährt, können die Reaktionsgase das Plasma durch- bzw. umströmen. Damit läßt sich der Wirkungsgrad der thermischen Plasmen wesentlich erhöhen.

In Abb. 11 ist das Prinzip der Erzeugung einer Plasma-Fackel dargestellt.

In *Hochfrequenz-Induktions-Öfen* lassen sich so hohe Energien umsetzen, daß thermische Induktionsplasmen entstehen, in die gasförmige, flüssige und feste Reaktanten eingeführt werden können, wobei durch seitliche Gaszufuhr (s. Abb. 12) eine Plasmastabilisierung und ein Wärmeschutz der Reaktorwände möglich ist.

Thermische Gasphasen-Stoffumwandlungen sind auch im Stoßwellen-Plasma gut durchführbar, in welchem sich Temperatur, Dichte und Dauer des Plasmazustands gut variieren und charakterisieren lassen. Das Stoßrohr ist durch eine Membran in Treibrohr (mit H_2 oder Edelgas als Treibgas) und Laufrohr (mit Reak-

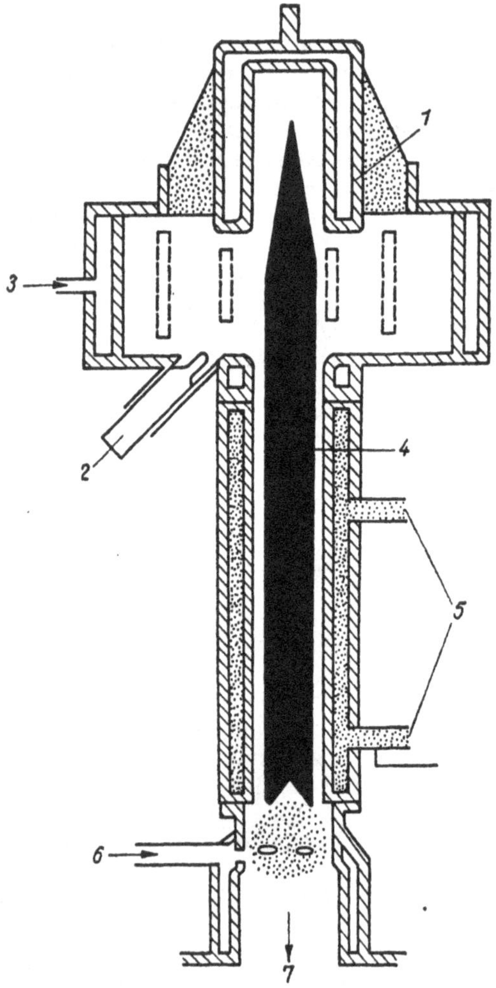

Abb. 11. Plasma-Fackel im HÜLS-Reaktor für die Ethin-Produktion

1 – Hohlkathode; *2* – Startelektrode; *3* – Trägergas; *4* – Plasma; *5* – Kühlwasser; *6* – Quentschmittel; *7* – Reaktionsprodukt

tanten und evtl. Inertgas) geteilt, wobei der Druck im Treibrohr wesentlich höher als der im Laufrohr ist. Durch momentanen Druckausgleich (Bersten der Membran) entsteht im Laufrohr eine Stoßwelle, die das Reaktionsgas am Laufrohrende verdichtet und adiabatisch aufheizt. Nach Umsetzung des Reaktionsgases kann dieses durch eine Verdünnungswelle am Ende des Laufrohres abgeschreckt werden.

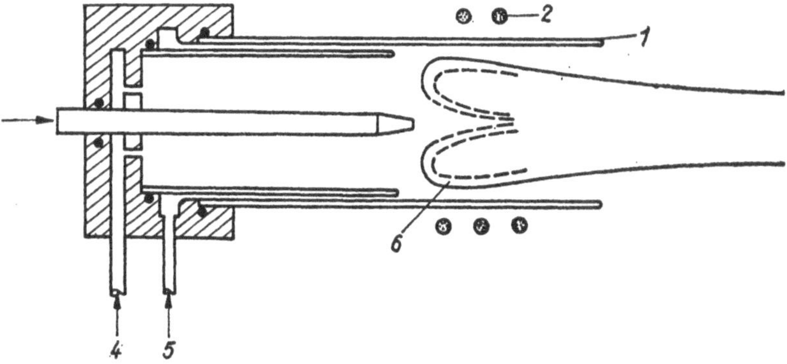

Abb. 12. Ringstabilisierte Induktions-Plasma-Fackel

1 – Reaktormantel; 2 – HF-Spule; 3 – pulverförmige Reaktanten; 4 – Trägergas; 5 – Kühlgas; 6 – Plasma

Extrem hohe Temperaturen sind durch *Kernspaltungs- und -fusionsprozesse* erzeugbar. Die Spaltung eines U^{235}-Kerns ist z. B. mit der Freisetzung einer Energie von 175 MeV verbunden. Während bei der kontrollierten Kernspaltung (Atomreaktor) die durch Kernreaktionen erzeugten hohen Energien ständig abgeführt und damit die Bildung thermischer Neutronen und die Temperaturen in Grenzen gehalten werden, benötigen Kernfusionsreaktionen z. B. nach

$$D + D \rightarrow He^3 + n + 3{,}3\,\text{MeV} \tag{3.2}$$

$$D + T \rightarrow He^4 + n + 17{,}6\,\text{MeV} \tag{3.3}$$

zur Anregung extrem hohe Temperaturen um $15 \cdot 10^6$ K. Diese Anregungsenergien sind notwendig, um die im Plasmazustand positiv geladenen Deuterium- und Tritiumkerne zur Fusion zu bringen, wofür extrem hohe kinetische Energien erforderlich sind.

Die hohen Anregungstemperaturen werden z. B. durch magnetische Kompression (d. h. stoßartige Kompression des leitfähigen Plasmas durch Magnetfelder) erreicht.

Soll die bei Kernfusionsprozessen freiwerdende Energie gewonnen werden, müssen sich Hochtemperaturplasmen technisch beherrschen lassen, deren Temperaturen noch über den Anregungstemperaturen liegen. Die Schwierigkeiten der Beherrschung dieser durch geschlossene Magnetfelder fixierten Plasmen liegen in den Strahlungsverlusten und vor allem in der Instabilität, die beim geringsten Kontakt mit den Reaktorwänden eine sofortige Materialzerstörung und eine Abkühlung des Plasmas unter die Anregungstemperatur bedingt. Bisher konnten in den sowjetischen Kernfusionsanlagen „Tokamak" Plasmen mit Temperaturen um $6 \cdot 10^7$ K 0,1 Sekunden stabil gehalten werden. In der Anlage „Tokamak 7" wird anstelle der Magnetfelderzeugung durch Kupferspulen supraleitendes Material benutzt, wodurch eine wesentliche Energieeinsparung eintritt.

Die hohen Temperaturen im Innern der Sonne sind ebenfalls auf Kernfusionsprozesse zurückzuführen, wobei neben den Kernen stabiler He-Isotope auch Kohlenstoff-, Stickstoff- und Sauerstoffkerne entstehen.

3.1.2. *Energieübertragung und Wärmeübertragungsmedien*

Für die Durchführung von Hochtemperaturreaktionen sind oft Fragen der Energieübertragung von wesentlicher Bedeutung. Besonders bei technischen Hochtemperaturprozessen bestimmt häufig die Energieübertragung die Ökonomie der Verfahren überhaupt. Bei Hochtemperaturreaktionen reduziert sich die Energieübertragung im allgemeinen auf den Wärmeaustausch, der durch Wärmeleitung, Wärmekonvektion und Wärmestrahlung erfolgen kann.

Die Wärmeleitung ist besonders für den indirekten Wärmeaustausch bei relativ niederen Temperaturen, bei denen die Strahlung nur eine untergeordnete Rolle spielt, wichtig. Der Wärmeaustausch vollzieht sich zwischen den Systemelementen, die unmittelbaren Kontakt aufweisen, meist über feste oder amorph erstarrte Körper. Die Wärmeleitung als Transport kinetischer Energie der Materieteilchen erfolgt nach dem 2. Hauptsatz der Thermodynamik in Richtung der Einstellung eines Wärmegleichgewichtes. Die Wärmeleitung ist in kristallinen Stoffen auf Grund der regelmäßigen Struktur und besseren Energieübertragung durch die

Teilchenschwingungen größer als in amorph erstarrten Körpern und nimmt vom festen zum gasförmigen Aggregatzustand ab. Als Größe, die die unterschiedliche Wärmeleitung der Stoffe charakterisiert, dient die Wärmeübertragungs- oder Wärmeleitzahl λ als die Wärmemenge, die pro Zeiteinheit durch ein kubisches Volumenelement bei einer Temperaturdifferenz von 1 K fließt.

In fluiden Medien erfolgt die Wärmeübertragung zusätzlich durch Wärmekonvektion, die auf den Translationsbewegungen der Teilchen beruht. Die Energiemenge, die durch Wärmeleitung und -konvektion zwischen zwei Körpern übertragen wird, ergibt sich aus

$$Q = \lambda \cdot O(\Delta T)\, t \tag{3.4}$$

λ — Wärmeübertragungszahl
O — Fläche des Wärmeübergangs
ΔT — Temperaturdifferenz
t — Zeit

Während Wärmeleitung und -konvektion an die Bewegung schwerer Materieteilchen gebunden sind, ist die Wärmestrahlung eine elektronische Wellenstrahlung, die nicht ein klassisch stoffliches Medium voraussetzt. Durch Wärme- oder Temperaturstrahlung wird Energie insbesondere bei hohen Temperaturen übertragen. Je höher die Temperatur ist, desto größer ist die Wärmestrahlung, die auf der Erzeugung elektromagnetischer Wellen im Bereich der Wellenlängen des ultraroten bis sichtbaren Lichtes durch Wärmebewegung der Teilchen der strahlenden Materie beruht. Durch Absorptionsprozesse wird die Strahlung wieder in Wärme umgewandelt.

Die Beziehungen zwischen der Temperatur strahlender Körper und der entsprechenden Strahlungsleistung lassen sich durch folgende Strahlungsgesetze für sog. schwarze Körper ausdrücken:

— KIRCHHOFFsches Gesetz:

Das Verhältnis von Emission und Absorption der Wärmestrahlung ist eine für alle Körper gleiche Funktion von Wellenlänge und Temperatur.

— STEFAN-BOLTZMANNsches Gesetz (T^4-Gesetz):

$$S = \sigma T^4 \tag{3.5}$$

S — Strahlungsleistung
T — Temperatur
σ — $5{,}67 \cdot 10^{-12}$ J cm^{-2}s^{-1}K^{-4}

Für „graue“ Körper gilt eine andere Potenz als 4.

— WIENsches Verschiebungsgesetz:

$$\lambda_{max} \cdot T = \text{const} \tag{3.6}$$

λ_{max} – Wellenlänge maximaler Strahlungsleistung
T – Temperatur

Mit Hilfe des WIENschen Verschiebungsgesetzes läßt sich durch Ermittlung des Strahlungsmaximums die Temperatur der Strahleroberfläche bestimmen.

— PLANCKsches Strahlungsgesetz:

Verteilung der Gesamtstrahlungsenergie auf einzelne Wellenlängen oder Schwingungszahlen in Abhängigkeit von der Temperatur. Auf dem PLANCKschen Strahlungsgesetz beruht die pyrometrische Temperaturmessung.

Außer den kurz beschriebenen Möglichkeiten der Wärmeübertragung läßt sich Energie noch auf andere Weise übertragen, beispielsweise durch Druckunterschiede (z. B. Stoßwellen), radioaktive Strahlung, Elektronenstrahlung, Magnetfelder und Ultraschall.

Diese Energieübertragungsmöglichkeiten haben allerdings für die Durchführung chemischer Hochtemperaturreaktionen bisher nur eine untergeordnete Bedeutung. Für technische Hochtemperaturprozesse sind hauptsächlich die direkte Wärmezufuhr durch den elektrischen Strom, durch heiße gasförmige Medien und durch Exothermie chemischer Reaktionen sowie die indirekte

Tabelle 6
Wärmeübertragungsmedien für hohe Temperaturen ($\geqq$ 400°C)

Aggregatzustand	Medium	Maximaltemperatur in °C
gasförmig	Quecksilberdampf	400
	Höchstdruck-Wasserdampf (bis 12,5 MPa)	500
	Abgase	1200
	Regenerativgase	1600
	Edelgase, Wasserstoff	6000
flüssig	Alkalimetallhydroxidschmelzen	400
	Alkalimetalle (und Legierungen)	500
	Salzschmelzen	600
fest	Oxidgranalien	800

Wärmezufuhr (und -abfuhr) durch temperaturbeständige Medien von Interesse. In Tab. 6 sind für den indirekten Wärmetransport einige gebräuchliche Wärmeübertragungsmedien aufgeführt.

3.1.3. Temperaturmessung

Hohe Temperaturen lassen sich nach zwei prinzipiell unterschiedlichen Methoden — durch direkten Kontakt des Meßfühlers mit der zu messenden Materie und durch Messung der von dem zu untersuchenden Körper ausgesandten Strahlung — messen.

Im ersten Falle muß der Meßfühler auf die zu messende Temperatur aufgeheizt werden, d. h., seine Masse ist entsprechend der Wärmekapazität möglichst klein zu halten gegenüber der des zu messenden Körpers. Um Temperaturmeßfehler weitgehend auszuschließen, ist ein guter Kontakt zwischen Meßfühler und Gegenstand erforderlich. Bei Anwendung von Strahlungsindikatoren zur Messung sehr hoher Temperaturen muß die Strahlungsabsorption zwischen Gegenstand und Meßeinrichtung auf ein Mindestmaß reduziert werden.

Andere Temperaturmeßverfahren, wie z. B. durch Farbpyrometer oder durch Bestimmung der Erweichungstemperaturen bestimmter Substanzgemische (Segerkegel), haben nur eine begrenzte Bedeutung und setzen die Eichung mit anderen Temperaturmessern voraus.

In Tab. 7 sind die gebräuchlichsten Meßverfahren für Temperaturen über 400 °C zusammengestellt.

Ausdehnungs-Temperaturmeßgeräte

Die Temperaturabhängigkeit gasförmiger, flüssiger und fester Stoffe wird meist zur Messung tiefer und mittlerer Temperaturen herangezogen. Für die Messung hoher Temperaturen ist oft ein großer Aufwand erforderlich; so ist z. B. die Anwendung von He-Gasthermometern bis 1600 °C zwar möglich, aber das Gefäßmaterial für das He-Gas muß aus Pt-Legierungen bestehen.

Als Flüssigkeitsthermometer lassen sich insbesondere Hg-Thermometer einsetzen, deren Kapillaren mit Stickstoff oder Argon zur Einschränkung der Hg-Verdampfung gefüllt sind. Unter einem Gasdruck von 10 MPa lassen sich diese Hg-Thermometer je nach Transformationsbereich des verwendeten Gases bis zu 800 °C (Kieselglas) anwenden. Gallium-Thermometer sind bis

Tabelle 7
Meßverfahren für Temperaturen über 400 °C

Temperaturmeßeinrichtung	Temperaturbereich	Bemerkungen
He-Gasthermometer	1600 °C	hoher Aufwand (Pt-Mat. + Anpassung)
Hg-Thermometer (N_2 oder Ar)	450 °C	Jenaer Normalglas
	640 °C	Supremax-Glas
	800 °C	Kieselglas
Ga-Thermometer (Ar)	1200 °C	kurzzeitig 1400 °C, Kieselglas
Metall-Ausdehnungsthermometer	600 °C	Nickel
	1000 °C	Chromium/Nickel
Pt-Widerstandsthermometer	500 °C	
	bis 1100 °C	spezielle Anwendung
W-Widerstands-thermometer	1000 °C	
Ag/Pd-Thermoelement	600 °C	
Fe/Konstantan-Thermoelement	760 °C	
CrNi/Ni-Thermoelement	1300 °C	
PtRh/Pt-Thermoelement	1700 °C	10% Rh in PtRh
PtRh/PtRh 18-Thermoelement	1800 °C	30 bzw. 6% Rh
PtIr/Ir-Thermoelement	2000 °C	60% Ir in PtIr
C/SiC-Thermoelement	2000 °C	Kohlerohr-Silitstab
WRe/W-Thermoelement	2800 °C	26% W in WRe
WRe/Ta-Thermoelement	1000 ··· 2800 °C	
WMo/W-Thermoelement	bis 3000 °C	25% Mo in WMo
W/C	bis 3000 °C	Kohlerohr-W-Draht
Segerkegel	600 ... 2000 °C	Abhängigkeit von Temperzeit

1400 °C kurzzeitig benutzbar, aber es tritt sehr leicht Kristallisation und Bruch des Kieselglases auf.

In den Metall-Ausdehnungsthermometern wird die Differenz der Ausdehnung von Materialien mit unterschiedlichen Ausdehnungskoeffizienten zur Temperaturmessung herangezogen, wobei als Materialien mit hohen Ausdehnungskoeffizienten besonders Nickel und CrNi-Legierungen angewandt werden. Nachteilig sind die generell geringen thermischen Ausdehnungskoeffizienten, weshalb die Thermometer für genaue Messungen sehr lang sein müssen. In den Bimetall-Thermometern wird die durch die unterschiedliche Ausdehnung hervorgerufene Krümmung eines Bimetallstreifens zur Temperaturmessung ausgenutzt.

Widerstandsthermometer

Die Anwendung von Widerstandsthermometern beruht auf der Temperaturabhängigkeit der Widerstände von Metallen, Halbleitern und Elektrolyten. Die Thermometer weisen hohe Genauigkeit (bis zu 10^{-4} K) auf und werden besonders auf Grund der relativ großen Meßfühler zur Temperaturmessung in Gasen und Flüssigkeiten bis zu etwa 1000 °C eingesetzt. Für Präzisionsmessungen werden lange dünne Drähte (Pt) auf Kieselglas oder Glimmer gewickelt, und die Messung muß unter Benutzung einer WHEATSTONE-Brückenschaltung vorgenommen werden. Für Metall-Widerstandsthermometer werden neben Platin und Wolfram auch Nickel, Kupfer und Eisen benutzt. Bei der Auswahl des Widerstandsmetalls ist zu beachten, daß durch chemische Korrosion und mechanische Spannung der Drähte Änderungen des Widerstandes eintreten können.

Elektrolyt-, Halbleiter- und Kohlewiderstände weisen negative Temperaturkoeffizienten auf. Während Elektrolytwiderstände für die Messung hoher Temperaturen bisher keine Bedeutung haben, werden Halbleiterwiderstände (Thermistoren) für die Messung mittlerer und höherer Temperaturen angewandt.

Thermoelemente

Thermoelemente eignen sich gut für die Messung hoher Temperaturen, im allgemeinen im Bereich von 500 ··· 1800 °C. In diesen Meßfühlern wird die Temperaturabhängigkeit der zwischen zwei verbundenen Metallen oder Metallegierungen bestehenden elektrischen Spannung als Meßgröße genutzt. Für genaue Temperaturmessungen ist es erforderlich, daß Meßstelle (Lötstelle) und Thermopaar von äußeren, besonders chemischen Einflüssen geschützt werden und daß die Vergleichsstelle (Anschluß des Thermopaars an die Cu-Zuleitungen zum Meßgerät) auf konstanter Temperatur z. B. 0° (oder 20 °C) gehalten wird. Als Thermoelementschutzrohre haben sich folgende Materialien bewährt:

Stahl	bis 1200 °C	Spinell	bis 1950 °C
Kieselglas	bis 1500 °C	BeO oder MgO	bis 2200 °C
Korund	bis 1700 °C		

Während bei hohen Temperaturen besonders der Sauerstoff Thermopaar-Metalle wie Ta, Mo oder W unter Bildung relativ flüchtiger Oxide angreift, sind Pt-Thermopaare in silicatischer Umgebung, insbesonders gegenüber reduzierenden, gasförmigen Komponenten empfindlich; z. B. werden bei Temperaturen oberhalb von 1000 °C SiO_2 und Silicate durch CO und H_2 (aus der thermischen H_2O-Zersetzung) zum gasförmigen SiO reduziert, das am Platin disproportioniert. Die Si-Komponente führt zu niedrigschmelzenden Eutektika mit dem Pt-Material, wodurch die Thermopaare zerstört werden bzw. Änderungen der Thermospannungen auftreten.

Pyrometer

Im Temperaturbereich von 700 ··· 2000 °C und evtl. darüber kann die Eigenstrahlung der heißen Körper zur Temperaturbestimmung dienen. Vorteilhaft ist hierbei die berührungslose und schnelle Temperaturmessung. Nachteilig wirken sich Fehler infolge Strahlungsabsorption durch Gase oder Fenster aus. Die Anwendung der Strahlungstemperaturmeßgeräte (Pyrometer) basiert auf den Strahlungsgesetzen (s. Kap. 3.1.2.).

In den Gesamtstrahlungspyrometern wird die vom strahlenden Körper ausgesandte gesamte Strahlung, die der Temperatur der Strahlung des schwarzen Körpers entspricht, durch ein Linsensystem geführt (die Eichung wird mit nahezu ideal schwarzen Strahlern vorgenommen). Die Anzeige erfolgt über Thermoelemente, Bolometer oder Photozellen bzw. lichtempfindliche Halbleiter.

Die durch Strahlungskorrekturen für nichtschwarze Strahler bedingten Fehler bei Gesamtstrahlungspyrometern lassen sich in den Teilstrahlungspyrometern vermeiden, in denen ein bestimmter Wellenlängenbereich des sichtbaren Lichtes ausgefiltert und die Strahlungsintensität mit der eines Strahlers bekannter Intensität verglichen wird. Ein Glühfadenpyrometer zeigt z. B. die Objekttemperatur an, wenn kein Helligkeitsunterschied zwischen einem W-Glühdraht und dem Meßobjekt besteht. Da die W-Drähte nur bis etwa 1600 °C erhitzt werden dürfen, wird durch Graufilter die Strahlungsintensität des Objektes abgeschwächt, und es lassen sich auf diese Weise höhere Temperaturen messen. Mikropyrometer dienen der Temperaturmessung an kleinen Objekten bzw. zur Messung von Temperaturverteilungen in größeren Körpern.

In Farbpyrometern, die sich besonders zur Temperaturmessung flüssiger Metalle und von Flammen mit Feststoffteilchen eignen, werden zwei Farbfilter (Rot-/Grünfilter) angewandt und ein Intensitätsvergleich der entsprechenden Wellenlängen vorgenommen.

Segerkegel

Ein besonders in der Keramiktechnologie angewandtes Temperaturmeßverfahren beruht auf der Erweichung von Oxidgemischen des binären Systems Al_2O_3-SiO_2, deren Erweichungspunkte zwischen 600 und 2000 °C liegen mit Intervallen von 20 ··· 30 K. Die Temperaturanzeige durch Segerkegel (s. Abb. 13), deren Modifizierungen auch zwischen den angegebenen Temperaturintervallen noch Abstufungen aufweisen, ist so verfeinert worden, daß

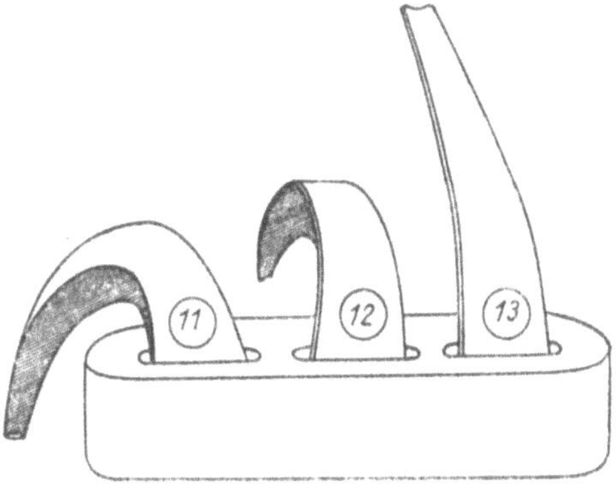

Abb. 13. Segerkegel

die Anzeigegenauigkeit derjenigen neuerer Temperaturmeßmethoden nicht wesentlich nachsteht. Vorteilhaft ist die geringe Beeinflussung der Erweichungstemperatur durch die Umgebung. Von Nachteil ist die Abhängigkeit der Erweichung von der Zeit der Temperung, was aber durch Eichung teilweise eliminierbar ist.

Spektroskopische Plasmatemperaturmessung

Die Plasmastrahlung umfaßt den Bereich der Mikrowellenstrahlung bis zur Röntgenstrahlung. Dabei treten Linien, Banden und ein Strahlungskontinuum auf. Die vom IR- bis zum UV-Bereich zu beobachtenden Linien resultieren aus den Elektronenübergängen innerhalb angeregter Atome, aus deren Intensität sich die Plasmatemperatur bestimmen läßt. Die Messung der absoluten

Spektrallinienintensität ist schwierig, da sie die Bestimmung der Teilchendichte und die Eichung des Intensitätsmaßstabes voraussetzt. Deshalb mißt man nach der Zwei-Linien-Methode die relativen Intensitäten zweier Spektrallinien, die im Plasmaspektrum nicht zu weit auseinanderliegen. Voraussetzung hierfür ist die Kenntnis der statistischen Gewichte und der Übergangswahrscheinlichkeiten. Dann läßt sich die Temperaturbestimmung nach folgender Beziehung vornehmen:

$$\frac{\varepsilon_1}{\varepsilon_2} = \frac{g_1 A_1 \nu_1}{g_2 A_2 \nu_2} \exp\left[-(E_1 - E_2)/kT\right] \tag{3.7}$$

ε — Linienintensität
g — statistisches Gewicht
A — Übergangswahrscheinlichkeit
ν — emittierte Linienfrequenz
E — Anregungsenergie
k — BOLTZMANN-Konstante
T — Temperatur

Eine größere Genauigkeit wird durch Vergleich mehrerer Spektrallinien erreicht. Man trägt nach der Beziehung

$$\log\left(\frac{\varepsilon}{g \cdot A \cdot \nu}\right) = C - \frac{5040 - E_m}{T} \tag{3.8}$$

C — Konstante

die logarithmische Größe der linken Seite der Gleichung gegen die Anregungsenergie des oberen Anregungszustandes E_m auf und kann aus dem Anstieg $-5040/T$ die Temperatur bestimmen. Hierfür dürfen die benutzten Linien nicht selbstabsorbiert werden.

Eine weitere Methode der Temperaturbestimmung in Plasmen läßt sich auf der Basis der DOPPLER-Verbreiterung der natürlichen Linienbreite der Spektrallinien vornehmen. Die DOPPLER-Verbreiterung resultiert aus der gerichteten Bewegung der Teilchen mit der Geschwindigkeit v. Aus der zu messenden Halbwertsbreite der Linien ω_D und der Kenntnis der relativen Teilchenmasse M ist die Temperatur nach

$$\omega_D = 7{,}16 \cdot 10^{-7} v \sqrt{\frac{T}{M}} \tag{3.9}$$

bestimmbar.

3.2. Charakterisierungsmethoden für Hochtemperaturreaktionen

Mit Hilfe von Hochtemperaturuntersuchungen läßt sich eine Vielzahl von Eigenschaften der Stoffe und Stoffsysteme direkt messen bzw. daraus ableiten. Dementsprechend existieren auch zahlreiche Charakterisierungsmethoden, deren Anwendungen von den Zielen der Untersuchungen bestimmt werden. Große Unterschiede bestehen zwischen den einzelnen Methoden im Aufwand z. B. den Gerätekosten und der methodischen Einarbeitungszeit, um exakte Stoffdaten und Reaktionsparameter zu erarbeiten.

Grundlegend für die Charakterisierung von Hochtemperaturreaktionen ist nach wie vor die chemische Analyse, die zu direkten Aussagen führt bzw. für viele physikalische Charakterisierungsmethoden die Herstellung von Standards überhaupt erst ermöglicht.

Wesentlich für die richtige Interpretation chemischer Hochtemperaturprozesse sind Strukturuntersuchungen an gasförmigen Molekülen bzw. Ionen (Plasma), Flüssigkeiten und Feststoffe, wobei strukturelle Besonderheiten amorph erstarrter gegenüber kristallinen Phasen und Oberflächenstrukturen fester Stoffe für Hochtemperaturreaktivitäten eine besondere Rolle spielen.

Neben den „mikroskopischen“ Stoff- und Systemdaten ist die „makroskopische“ Phasenanalyse von großer Wichtigkeit. Einerseits läßt sich in Gleichgewichts-Zustandsdiagrammen eine Vielzahl von thermodynamischen und physikalischen Daten speichern, andererseits ist die Kenntnis der Phasengleichgewichte für kinetische Untersuchungen von Reaktionssystemen, an denen feste und flüssige Phasen beteiligt sind, äußerst wichtig, z. B. das Auftreten stabiler und metastabiler Verbindungen, von Mischkristallen, von Mischungslücken und von Modifikationsumwandlungen sowie das Entmischungs-, Kristallisations-, Schmelz- und Verdampfungsverhalten. Dabei ist zwar die Voraussetzung von Gleichgewichtszuständen oft eine Idealisierung (besonders bei reaktionsträgen Systemen, wie z. B. unter Beteiligung anorganischer Polymerer als Reaktanten), aber Ungleichgewichtszustände sind durch die Kenntnis der Gleichgewichtszustände besser zu verstehen. Die Voraussage des Ablaufs von Feststoffreaktionen ist nur beim Vorliegen gesicherter thermodynamischer Daten aus Gleichgewichtsuntersuchungen möglich, da die Einstellung von Gleichgewichten die Triebkraft der Prozesse darstellt.

Im folgenden sollen wesentliche Methoden, die zur Untersuchung von Hochtemperaturreaktionen herangezogen werden können, in kurzer Form behandelt werden, wobei allerdings nur auf das Prinzipielle der Verfahren und die wesentlichen Aussagemöglichkeiten für die Charakterisierung der Hochtemperaturprozesse sowie auf die methodischen Grenzen eingegangen werden kann. In den meisten Fällen führt erst die Anwendung verschiedener Untersuchungsmethoden zur richtigen Charakterisierung von Reaktionssystemen.

3.2.1. Methoden der Probenahme und Präparation

Die genaue Charakterisierung von Reaktionssystemen ist immer an eine sinnvolle und exakte Probenahme und Präparation gebunden. Je nachdem, ob Reaktanten, Reaktionssysteme oder Reaktionsprodukte unter konstanten oder variablen Bedingungen charakterisiert werden sollen, wird im folgenden zwischen statischen und dynamischen Untersuchungsmethoden unterschieden. Entsprechend unterscheiden sich Art und Ziel der Probenahme.

Die *statischen Methoden* zur Untersuchung von Hochtemperaturvorgängen, bei denen ein bestimmter Zustand des Stoffsystems erfaßt wird, sind meist an ein sehr schnelles Abkühlen (Abschrecken, Quenchen) der zu charakterisierenden Stoffe und Stoffsysteme gebunden, um die bei hohen Temperaturen erreichten Zustände einzufrieren. Da die Zeiten der Einstellung thermodynamischer Gleichgewichtszustände bei hohen Temperaturen im allgemeinen sehr kurz sind, kann von der Voraussetzung ausgegangen werden, daß unter den thermischen Bedingungen die Gleichgewichte meist erreicht sind oder annähernd vorliegen. Das Einfrieren von Hochtemperaturgleichgewichten für die Untersuchung der Stoffsysteme bei Normaltemperaturen ist unbedingt daran gebunden, daß die Reaktionsgeschwindigkeiten wesentlich langsamer sind als die Abkühlzeiten. Diese Forderung ist bei extrem hohen Temperaturen, bei denen hohe Reaktionsgeschwindigkeiten vorliegen, oft nur sehr schwer einzuhalten. Dies gilt in besonderem Maße für gasförmige Reaktionssysteme, d. h., in Abhängigkeit davon, ob ein Stoffsystem im hocherhitzten Zustand oder nach der Abschreckung untersucht wird, können unterschiedliche Stoffkonzentrationen gemessen werden. Deshalb sollten für eine maximale Sicherheit bei der Charakterisierung von Hochtemperatursystemen verschiedene Probenahmemöglichkeiten mit unterschiedlichen Abkühlraten gewählt werden, um die großen Fehlermöglichkeiten durch die Probenahme weitgehend auszuschließen. Bei der schnellen Probenkühlung kommt es sehr darauf an, bis zu welcher Temperatur die Probe abgekühlt werden muß, um einen Hochtemperaturzustand einzufrieren. Bei jeder Abschreckung wird das Abschreckmedium erwärmt und selbst bei Zimmertemperatur können noch Reaktionen ablaufen, die das Untersuchungsergebnis verfälschen.

In Tab. 8 sind einige Möglichkeiten für das Abschrecken von Hochtemperatursystemen, die nach statischen Methoden charakterisiert werden sollen, aufgeführt.

Tabelle 8
Abschreckmöglichkeiten für Hochtemperatursysteme

Aggregatzustand der Reaktionssysteme	Methoden schneller Abkühlung
gasförmig	Quenchung durch kaltes Gas oder kalte Flüssigkeit Abschreckung an kalter Wand mit Wärmeableitung (Kühlfinger u. ä.) adiabatische Expansion magnetische Kühlung chemische Kühlung (Kopplung mit endothermer Reaktion)
flüssig	Einfrieren des gesamten Probevolumens in kalter Atmosphäre oder in kalter Flüssigkeit Entnahme kleiner Probemengen durch kalten Gegenstand (z. B. Metall- oder Oxidkeramikstab)
fest	mechanische Entnahme kleiner Probemenge aus Pulvergemischen Kontakt mit gasförmigem oder flüssigem Kühlmittel (evtl. mit fester Kühlfläche)

Für gasförmige Reaktionssysteme ergeben sich die vielseitigsten Möglichkeiten für die Probenkühlung. Allerdings beinhalten die hohen Reaktionsgeschwindigkeiten und die Gefahr des Ablaufens von Sekundärreaktionen (evtl. mit dem Abschreckungsmaterial) die Möglichkeit großer Fehler. In vielen Fällen kondensieren gasförmige Reaktionsprodukte an den Kühleinrichtungen (Kühlfinger); da Wärmekapazitäten und -leitfähigkeiten der kondensierten Produkte für die weitere Abschreckung des Gases oft ungünstig sind, dürfen sich nur dünne Schichten an den Kühlflächen abscheiden.

Problematisch ist auch häufig die Probenahme in flüssigen und festen Reaktionssystemen. Die Einführung von Gegenständen zur Probenahme bedeutet besonders bei kleinen Reaktionsvolumina Temperaturerniedrigungen des Gesamtsystems.

In jedem Falle muß ein Kompromiß zwischen einer möglichst kleinen Wärmekapazität (kleine Eigenmasse und spezifische Wärme) des Probenehmers für eine geringe Störung des Reaktionssystems einerseits und einer möglichst großen Wärmekapazität und -leitfähigkeit des Probenehmers für eine schnelle Probenkühlung andererseits getroffen werden. Auf Grund der geringen Temperaturwechselbeständigkeit und Wärmeleitfähigkeit haben sich chemisch resistente Materialien, wie Oxidkeramiken, nicht bewährt. Günstig sind hochtemperaturbeständige, inerte Metalle, wie

CrNi-Stahl	bis 1200 °C	
Kanthal-Legierungen	bis 1200 °C	
Platin	bis 1500 °C	
Pt/Rh 30	bis 1700 °C	
Molybdän	bis 2700 °C	in nicht-
Tantal	bis 3000 °C	oxydierenden
Wolfram	bis 3500 °C	Medien

Die Probenpräparation nach der Probenahme beinhaltet auch zahlreiche Fehlermöglichkeiten, die zu Fehlinterpretationen bei der Charakterisierung von Hochtemperaturreaktionen führen können. Nach der Probenahme sollten die chemischen und physikalischen Einflüsse ausgeschaltet werden, die zur Veränderung der Probenzusammensetzung und des Phasenbestandes führen können. So neigen z. B. endotherme, meta- oder instabile, von hoher Temperatur abgeschreckte Reaktionsprodukte durch mechanische Beanspruchung oder UV-Strahlung zu spontanen Reaktionen (Disproportionierung, Kristallisation u. a.). Am günstigsten ist in jedem Falle eine schnelle Charakterisierung der Proben und eine Aufbewahrung unter inerten Bedingungen.

Für Reaktionssysteme, die sich während der Umsetzungen nicht vermischen (Festphasenreaktionen) werden zur rationellen Untersuchung der temperaturabhängigen Gleichgewichtszustände oft Gradientenöfen angewandt. Um Fehlschlüsse zu vermeiden, ist hierbei in jedem Falle die Temperaturverteilung im zu prüfenden System (nicht im Gradientenofen) den Auswertungen zu Grunde zu legen.

Bei den *dynamischen Methoden* zur Charakterisierung von Stoffsystemen erfolgt die Registrierung von Eigenschaftsänderungen unter variablen Bedingungen (T, t, c, p). Dynamische Methoden werden notwendig, wenn die Zeit der Einstellung thermodynamischer Gleichgewichte kürzer als die Abkühlzeit für die Anwendung statischer Methoden ist. Außerdem lassen sich schneller Ergebnisse gewinnen.

An gasförmigen Hochtemperatursystemen, die Strahlung emittieren, sind die berührungslosen optisch-spektroskopischen Methoden am besten geeignet zur Messung der Stoffeigenschaften, da in das zu untersuchende System durch den Meßvorgang nicht eingegriffen wird. Allerdings ist der apparative Aufwand hierfür sehr hoch. Einfacher ist es, gekühlte Sonden anzuwenden, wobei aber eine Reihe störender Einflüsse zu berücksichtigen ist, die das Meßergebnis verfälschen (besonders an Plasmen bei Normaldruck). Deshalb muß zur Charakterisierung von Hochtemperatursystemen häufig auf Abschreckverfahren zurückgegriffen werden.

Bei der Anwendung dynamischer Methoden wird entweder das gesamte Reaktionssystem in der Meßapparatur bzw. im Hochtemperaturteil der Meßeinrichung untergebracht, oder es werden laufend Proben aus dem Reaktionssystem dem Meßteil zugeführt. Insbesondere erfordern die dynamischen Untersuchungsmethoden eine sehr hohe Präzision oder reproduzierbare Kontinuität der inneren und äußeren Bedingungen, z. B. die Eliminierung von Fremdreaktionen, den Ausschluß von Änderungen der Zusammensetzung und des Phasenbestandes der Proben auf dem Weg zur Meßeinrichtung, die Resistenz aller Materialien, mit denen die Probe in Kontakt kommt, und eine gute Reproduzierbarkeit der variablen Bedingungen. In vielen Fällen sind die Anwendbarkeit der dynamischen Methoden durch hohe Temperaturen enge Grenzen gesetzt, so daß oft — häufig nicht zulässige — Extrapolationen vorgenommen und Analogieschlüsse gezogen werden.

3.2.2. *Thermische Methoden*

Thermische Methoden sind in der Regel (bis auf einige kalorimetrische Methoden) dynamische Verfahren zur Untersuchung der Änderung physikalischer und physiko-chemischer Parameter in Abhängigkeit von der Temperatur. Wesentliche Aufgaben der thermischen Untersuchungsmethoden sind:

- die Charakterisierung von Reaktionsabläufen (DTA, TG, DTG),
- die Phasenanalyse (TA, DTA),

— die Untersuchung der Temperaturabhängigkeit von Stoffeigenschaften (thermische und thermogravimetrische Verfahren, Dilatometrie, Kalorimetrie).

Die *thermische Analyse* (*TA*) ist eine dynamische Methode zur Untersuchung der thermischen Umwandlungen in kondensierten Phasen. Aus den entsprechenden T—t-Diagrammen (Abb. 14) lassen sich z. B. Schmelz- und andere Umwandlungstemperaturen

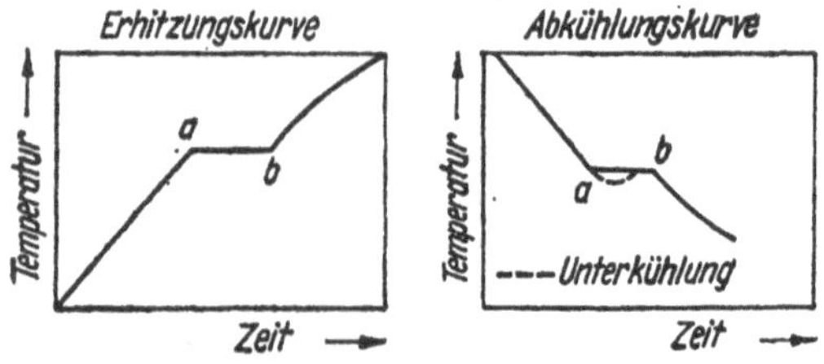

Abb. 14. TA-Kurven

und -enthalpien bestimmen. Da bei der Aufnahme von Abkühlungskurven leicht Unterkühlungen auftreten (besonders bei Polymer- und Salzschmelzen), entnimmt man die thermischen Effekte bevorzugt den Aufheizungskurven. Treten die thermischen Umwandlungen in einem Temperaturintervall auf, so zeigen sich in den Diagrammen nur Unstetigkeiten in den Kurven (Knickpunkte). Die thermischen Effekte werden weiterhin durch geringe Wärmeleitfähigkeit- und -kapazität sowie durch Inhomogenitäten des Probematerials beeinträchtigt, so daß in diesen Fällen besser die Differenzthermoanalyse angewandt wird.

Die *Differenzthermoanalyse* (*DTA*) ist ebenfalls eine dynamische Methode zur Feststellung und Quantifizierung von Umwandlungsvorgängen in kondensierten Systemen, die — wie die TA — Anwendungen bis zu Temperaturen von 3000°C (z. B. unter Verwendung von W-Widerstandsthermometern) zuläßt. Die Vorteile der Methode bestehen in der schnellen Erfassung der Meßwerte und — bei langsamer Temperaturänderung — in den quasistatischen Untersuchungsbedingungen durch die ständige Einstellung der Gleichgewichtszustände. Mit Hilfe der DTA werden alle Vorgänge, die bei Temperaturänderung unter Enthalpieänderung verlaufen, dadurch registriert, daß die Temperaturdifferenz zwischen einer Probesubstanz und einer Inertsubstanz, die keine Enthalpieänderung in dem zu untersuchenden Temperaturbereich zeigt, gemessen wird (s. Abb. 15). Je nach Endo- oder Exothermie der in der Probesubstanz ablaufenden Vorgänge werden negative bzw. positive DTA-Peaks registriert (s. Abb. 16), die für eine Probenidentifizierung mit den DTA-Aufnahmen von Standardsubstanzen (Datensammlung z. B. [19]) verglichen werden.

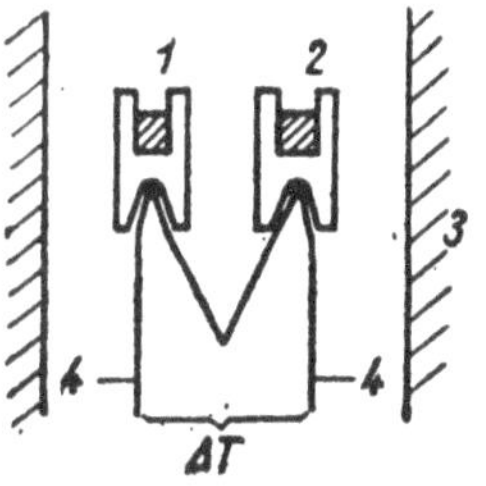

Abb. 15. Meßprinzip der DTA

1 – Inertsubstanz; 2 – Probesubstanz; 3 – Ofen; 4 – Thermoelementabgriffe

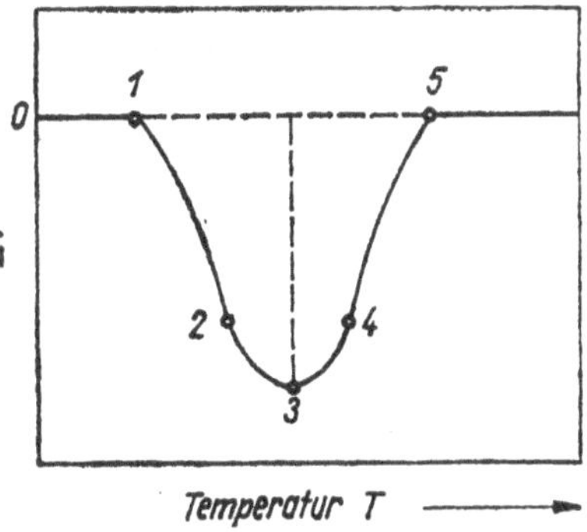

Abb. 16. Schematische Darstellung eines DTA-Effektes

1 – Reaktionsbeginn; 2 – maximale Reaktionsgeschwindigkeit; 3 – Effekttemperatur; 4 – Reaktionsende; 5 – Temperaturausgleich

Charakteristische Daten der DTA-Diagramme sind Halbwertsbreite, Fläche und Höhe der Peaks. Eine quantitative Auswertung zur Ermittlung thermodynamischer Daten (dynamische Kalorimetrie) kann bei linearer und reproduzierbarer Temperaturänderung aus der Proportionalität zwischen Peakfläche und Enthalpieänderung nach

$$\Delta H = \frac{g \cdot l}{m} \int \Delta T \cdot dt \qquad (3.10)$$

g — Geometriefaktor
l — thermische Leitfähigkeit
m — Probemenge
T — Temperaturdifferenz
t — Zeit

vorgenommen werden. Die Peakflächen sollten bei linearer Temperaturänderung unabhängig von Temperaturänderungsgeschwindigkeit, Reaktionsgeschwindigkeit und spezifischer Wärme der Inertsubstanz sein. Fehler treten besonders durch Änderung der thermischen Leitfähigkeit des Probematerials (z. B. Volumenkontraktion durch Sintern) und der Apparateteile sowie durch ungleichmäßige Wärmeübertragung auf den Meßkopf auf. Durch Anwendung der Verdünnungstechnik (Mischen des Probematerials mit Inertsubstanz) lassen sich diese Fehler teilweise ausgleichen. Weiterhin ist die gegenseitige Beeinflussung von Temperaturänderungsgeschwindigkeit, Empfindlichkeit und Peaktrennschärfe zu berücksichtigen. Eine zu langsame Temperaturänderung kann zu einem unvorteilhaft schnellen Temperaturausgleich zwischen Probe- und Inertsubstanz (flache Peaks) und eine zu schnelle Temperaturänderung zu einer Verfälschung der Umwandlungseffekte (Verzögerung der thermischen Effekte gegenüber der Meßkopftemperaturanzeige) führen.

Mit Hilfe der *Thermogravimetrie* läßt sich die Gewichtsänderung von Proben in Abhängigkeit von der Temperatur bestimmen. Im Ofen einer Thermowaage, der prinzipiell bis 3000 °C ausgelegt werden kann, wird die Probe gleichmäßig erhitzt und die Gewichtsänderung registriert. So lassen sich insbesondere Zersetzungsreaktionen, aber auch Verbindungsbildungen bei hohen Temperaturen und eventuell Reaktionen flüssiger und fester Reaktanten mit Gasen der atmosphärischen Umgebung untersuchen. Nachteilig ist die Abhängigkeit des registrierten Temperaturbereiches der Gewichtsänderung von den apparativen und auch substantiellen Bedingungen, von denen die Erhitzungsgeschwindigkeit, die Probenmenge, die Tiegelgestaltung und die Körnung fester Reaktanten besonders zu erwähnen sind. Beim Betrieb aller apparativen Varianten von Thermowaagen, die nach dem Ausschlag- und nach dem Kompensationsprinzip konstruiert sein können, sollte auf ein lineares und reproduzierbares Aufheizprogramm sowie auf die

Inertatmosphäre (wenn nicht gasförmige Reaktanten der flüssigen oder festen Substanz zugeführt werden sollen) geachtet werden. Für eine höhere Trenngenauigkeit sich überlagernder Reaktionen wird die derivative Thermogravimetrie angewandt.

Die *Dilatometrie* zur Registrierung der kontinuierlichen und diskontinuierlichen Wärmedehnung ist eine dynamische Methode zur Charakterisierung fester und amorph erstarrter Stoffe. Mit Hilfe der Methode lassen sich insbesondere strukturelle Umwandlungen (Kristallisationsvorgänge, Modifikationsumwandlungen u. a.) untersuchen. Hierbei wird die Differenz der Längenänderung des Prüfkörpers und eines Materials bekannter — möglichst kleiner — Längendehnung gemessen und im linearen Längendehnungskoeffizienten α für einen bestimmten Temperaturbereich ausgedrückt Differenzdilatometrie):

$$\alpha = \frac{\Delta l}{l \cdot \Delta T} \, (K^{-1}) \tag{3.11}$$

Als Vergleichskörper dienen bis 600 °C Vitrokerame (mit $\alpha \sim 0$), bis 1000 °C Kieselglas (Kieselglasdilatometer) und bis 1800 °C Sinterkorund.

Die *Kalorimetrie* für die Charakterisierung von flüssigen und festen Hochtemperatursystemen ist prinzipiell eine statische Untersuchungsmethode, bei der über die Bestimmung der spezifischen Wärmen c nach

$$\Delta H = \int_{T_1}^{T_2} c dt \tag{3.12}$$

Umwandlungsenthalpien berechnet werden können. Hochtemperaturkalorimeter sind meist Mischungskalorimeter (Dropkalorimeter), bei denen die zu untersuchende Probe außerhalb des Kalorimeterteils in einem Ofen erhitzt und durch ein Schleusenfallrohr (gegen die Wärmeabstrahlung des Ofens) in einen Kupfer- oder Aluminiumblock, der von thermostatiertem Wasser umgeben ist, fallen gelassen wird. Über Thermistoren wird die Temperaturerhöhung des Wasservolumens gemessen. Die Eichung (Bestimmung des Wärmeäquivalents) kann als Substanzeichung (Edelmetalle oder Kohlenstoff) oder Stromeichung vorgenommen werden. Für die Wärmeverluste durch Strahlung und Leitung müssen entsprechende Korrekturfaktoren berücksichtigt werden. Ein Dropkalorimeter zur Bestimmung von spezifischen Wärmen, Umwandlungs- und Schmelzenthalpien salzartiger, carbidischer Systeme für Temperaturen bis 2100 °C ist in Abb. 17 dargestellt.

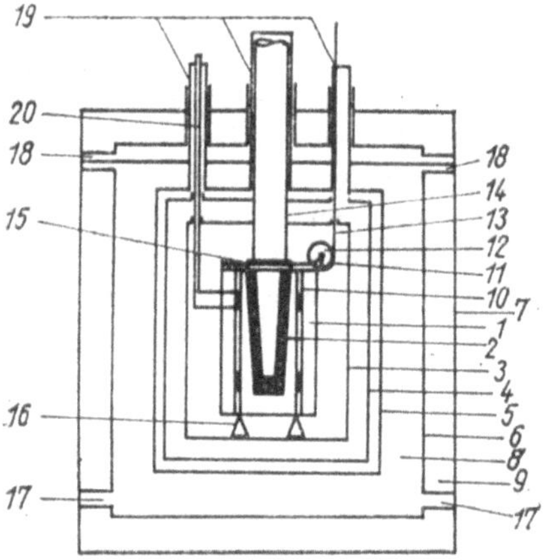

Abb. 17. Hochtemperatur-Dropkalorimeter

1 – Al-Block; *2* – Messinghülse; *3, 4* – Al-Hohlzylinder; *5, 6* – Messingtopf (Thermostatiergefäß); *7* – Außenwand; *8* – Wasser; *9* – Schaumpolystyren; *10* – Thermistornuten; *11* – Schieber; *12* – Umlenkrolle; *13* – Stahlseil; *14* – Kieselglasrohr; *15* – Feder; *16* – Stützen; *17* – Wasserzufuhr; *18* – Wasserabfuhr; *19* – Versorgungsstutzen; *20* – Temperaturmessung

Häufig werden thermische Untersuchungsmethoden untereinander oder mit anderen Verfahren kombiniert, um mehrere Eigenschaften der Stoffsysteme gleichzeitig zu untersuchen, z. B. DTA-TG-DTG (Derivatograph), DTA-Dilatometrie, DTA-Gasanalyse, DTA-Röntgenanalyse. Der Vorteil kombinierter Methoden liegt in der eindeutigen Zuordnung der Effekte der entsprechenden Umwandlungsvorgänge; nachteilig wirkt sich aber hierbei aus, daß durch kombinierte Methoden nicht die Präzision der einzelnen Verfahren erreicht wird.

3.2.3. *Spektroskopische Methoden*

Die spektroskopischen Methoden zählen zu den wichtigsten Verfahren der Charakterisierung von Stoffen und Stoffsystemen. Hierbei werden energetische Übergänge in Atomen, Molekülen und Ionen gemessen und die Verschiebung und Aufspaltung der Energieniveaus in Abhängigkeit von der Art der benachbarten Teilchen bestimmt, woraus insbesondere strukturelle Aussagen gewonnen werden können. Da die spektroskopischen Methoden nur teilweise bei hohen Temperaturen (> 500 °C) anwendbar sind (aus apparativen Gründen und auf Grund der Temperaturstrahlung), sind die Methoden oft statische Verfahren, d. h., die bei hohen Temperaturen behandelten Proben werden abgeschreckt (Einfrieren des Gleichgewichtes) und unter Normalbedingungen untersucht. Die spektroskopischen Verfahren umfassen einen Untersuchungsbereich der elektromagnetischen Strahlung von $10^{-10} \cdots 10^2$ m.

Die *Röntgenabsorptionsspektroskopie* ($\lambda = 10^{-10} \cdots 10^{-9}$ m) kann sowohl für die chemische Analyse als auch für Strukturbestimmungen fester und flüssiger Stoffe herangezogen werden. Die Methode beruht darauf, daß bei der Absorption von Röntgenquanten durch schwere Teilchen (Atome, Ionen u. a.) ein Teil der Energie durch abdissoziierende Elektronen (kinetische Energie) und ein anderer Teil (Impulse der Photonen) von den entsprechenden Atomkernen absorbiert wird. Gemessen wird die Intensität I der Röntgenstrahlung nach Durchgang durch die Probe der Schichtdicke δ, wobei für die Röntgenabsorption ein Exponentialgesetz

$$\mu\delta = \ln I_0/I \qquad (3.13)$$

I_0 — Anfangsintensität

gilt. Der Absorptionskoeffizient μ ist charakteristisch für die Art der Substanz.

Die Röntgenabsorptionsspektren zeigen in Verbindung mit der K-Absorptionskante einer Atomart Feinstruktur. Aus den entsprechenden Spektren lassen sich detaillierte Aussagen zur Zusammensetzung und Struktur von Kristallen und amorphen Stoffen (z. B. Gläsern) treffen.

Die *UV—VIS-Spektroskopie* dient vor allem der Charakterisierung fester und amorph erstarrter Stoffe. Die Absorption der UV—VIS-Strahlung ($\lambda = 1 \cdots 8 \cdot 10^{-2}$ m) beruht auf den Übergängen von Valenzelektronen schwerer Teilchen auf höhere Energieniveaus, wobei die Energiedifferenzen der BOHRschen Frequenzbedingungen $\Delta E = h \cdot \nu$ entsprechen. Zur Aufnahme der Absorptionsspektren wird das Licht zerlegt und die Absorption des jeweiligen monochromatischen Lichtanteils gemessen. Aus der durch die Proben hindurchgehenden Lichtintensität als Funktion der Wellenlänge lassen sich Schlußfolgerungen auf Struktur, Zustand und Wechselwirkungen im Teilchenverband ziehen.

Mit Hilfe der *IR-Spektroskopie* ($\lambda = 8 \cdot 10^{-7} \cdots 4 \cdot 10^{-5}$ m) lassen sich kristalline und amorphe Stoffe untersuchen. Auf Grund der Anregbarkeit von Rotationen und Schwingungen der

Teilchen der zu untersuchenden Substanz durch die absorbierte IR-Strahlung sind insbesondere Aussagen über die Bindungsverhältnisse möglich. Allerdings muß durch die IR-Strahlung die Änderung der elektrischen Dipolmomente der Teilchengruppierungen in der Substanz hervorgerufen werden (IR-aktive Schwingungen). Die Charakterisierung IR-inaktiver Schwingungen ist durch Ramanspektroskopie möglich.

In den IR-Spektrometern wird durch einen ZrO_2- oder SiC-Heizleiter die elektromagnetische Strahlung erzeugt, nach Durchgang durch die Probe in einem Alkalimetallhalogenidprisma (je nach Frequenzbereich) spektral zerlegt und die Strahlungsenergie durch Thermoelemente, Bolometer oder fotoelektrische Halbleiterzellen registriert. In den Spektrogrammen wird die Strahlungsdurchlässigkeit als Funktion der Wellenzahl

$$\nu = \frac{1}{\lambda} \tag{3.14}$$

dargestellt.

Weisen die zu untersuchenden Substanzen Elektronen- oder Kernmagnetismus auf, so lassen sich zur Strukturcharakterisierung Methoden der *Mikrowellenspektroskopie* anwenden. In einem starken Magnetfeld orientieren sich die magnetischen Momente der Teilchen. Die nach der Bohrschen Beziehung $\Delta E = h \cdot \nu$ auftretenden Energieunterschiede zwischen den Orientierungen hängen von der Größe der magnetischen Momente und der Stärke des Magnetfeldes ab. Das Prinzip der Methode der magnetischen Resonanzspektroskopie besteht darin, daß durch ein dem variablen starken Magnetfeld überlagertes konstantes Hochfrequenzfeld magnetische Resonanzvorgänge in der Substanz angeregt werden. Strukturelle Aussagen ergeben sich daraus, daß die Resonanzübergänge auch von den „inneren" Magnetfeldern der nächsten Umgebung der Elektronen oder Atomkerne abhängen.

Die *paramagnetische Elektronenresonanz* (*EPR*) ($\lambda = 10^{-2}$ m) beruht auf dem Zeeman-Effekt, d. h., der Grundzustand der paramagnetischen Teilchen spaltet im Magnetfeld in $(2S + 1)$ Unterniveaus auf. Wenn auf eine paramagnetische Substanz in einem konstanten Magnetfeld H ein senkrecht zu diesem angeordnetes Magnetfeld der Frequenz

$$\nu_M = \frac{\Delta E}{h} = \frac{g \cdot \beta \cdot H}{h} \tag{3.15}$$

g — spektroskopischer Aufspaltungsfaktor
β — Bohrsches Magneton

einwirkt, werden Übergänge zwischen den ZEEMAN-Niveaus hervorgerufen, d. h., ein Teil der Energie des hochfrequenten Feldes wird von der Substanz absorbiert. Charakteristische Daten, die Aussagen zur Natur und Struktur der zu untersuchenden Substanz gestatten, sind Breite und Form der Absorptionslinien sowie g-Faktor und Spinkonzentration. Letztere läßt auch Rückschlüsse auf die Art von Hochtemperaturspezies (z. B. „eingefrorene" Radikale) und Kondensationsmechanismen zu.

Die *magnetische Kernresonanz* (*NMR*) ($\lambda = 10 \cdots 10^2$ m) beruht auf ähnlichen experimentellen Voraussetzungen und theoretischen Grundlagen wie die EPR-Methode. Die Größe der magnetischen Momente der Atomkerne ist allerdings sehr unterschiedlich.

Mehrere Atomkerne besitzen ein Dipolmoment

$$\vec{\mu} = \gamma \frac{h}{2\pi} \vec{I} \tag{3.16}$$

γ – pyromagnetisches Verhältnis

$\frac{h}{2\pi} \vec{I}$ – Drehimpuls

Im konstanten Magnetfeld H_0 nimmt die Energie des Atomkerns $(2I + 1)$ diskrete Werte an. Wird dem Magnetfeld H_0 ein magnetisches Wechselfeld überlagert, so absorbieren die Atomkerne nur Energie, wenn die Frequenz ν des Wechselfeldes der Energiedifferenz benachbarter Energieniveaus entspricht

$$\nu = \frac{\gamma}{2\pi} H_0 \tag{3.17}$$

Auch bei der magnetischen Kernresonanz wird die Resonanzfrequenz durch die nächste Umgebung der untersuchten Kerne (Elektronen und benachbarte Kerne) bestimmt, d. h., die Registrierung der Energieabsorption führt zu Aussagen über Struktur und Wechselwirkungsverhältnisse in der Substanz.

Die MÖSSBAUER-*Spektroskopie* beruht auf einer Kernresonanzabsorption mit eingefrorenem Rückstoß und gehört zu den höchstauflösenden spektroskopischen Methoden überhaupt. Die praktische Anwendung ist aber nur auf wenige Kerne (z. B. von Fe, Sn, Ru, Pd) beschränkt.

Die *Massenspektroskopie* ist eine ionenoptische, statische Methode zur Bestimmung von absoluten Massen und relativen Häufigkeiten von Isotopen. Vor etwa fünfundzwanzig Jahren hat sich nach grundlegenden Untersuchungen am Kohlenstoff-Dampf

[20] ein Zweig der Massenspektroskopie entwickelt, der sich mit der Charakterisierung von anorganischen Stoffen, die bis zu hohen Temperaturen resistent sind (Hochtemperatur-Massenspektroskopie), entwickelt, wobei sich die Methode als eine der besten zur direkten Untersuchung von Gas—Feststoff- und Gas—Flüssigkeits-Gleichgewichten erwiesen hat [21]. Neben Elementen wurde eine Vielzahl von Verbindungsklassen, wie Oxide, Chalkogenide, Halogenide, Hydroxide, Carbide, Nitride, Boride, Legierungen u. a., bis zu Temperaturen von 2500 °C untersucht. Eine Anzahl bisher unbekannter gasförmiger Spezies wurde in den Gleichgewichtssystemen nachgewiesen, und die entsprechenden Dissoziationsenergien ließen sich aus den Gleichgewichtspartialdrucken bestimmen (s. Kap. 2.1.3.). Wesentliche Erkenntnisse wurden mit Hilfe der Hochtemperatur-Massenspektroskopie zu chemischen Hochtemperatur-Reaktionsmechanismen sowie zur Verdampfungs- und Kondensationskinetik erarbeitet.

Die Hochtemperatur-Massenspektroskopie umfaßt folgende Arbeitsgänge:

- Isolierung einer repräsentativen Probe der Gasphase des Systems in Form eines Molekularstrahls,
- Ionisierung der Neutralteilchen,
- Beschleunigung des Ionenstrahls im elektrischen Feld,
- Aufspaltung des Ionenstrahls durch Ablenkung im Magnetfeld nach Anteilen e/m,
- Messung der Intensitäten und Identifizierung der einzelnen Ionen.

Aus der Art der Ionen muß auf die Natur der primären Neutralteilchen der Gasphase des Gleichgewichtssystems geschlossen werden, woraus thermodynamische und kinetische Schlußfolgerungen abgeleitet werden können.

Die Auswahl der Bedingungen für die massenspektroskopische Untersuchung eines Systems stellt das Hauptproblem bei der Anwendung der Methode dar. Diese sind so zu wählen, daß Rekombinationen und Reaktionen von Teilchen (Radikale, angeregte Ionen u. a.) im Spektrometer weitgehend vermieden werden, da sonst die registrierte Gaszusammensetzung wesentlich vom tatsächlichen Hochtemperaturzustand abweicht.

Zur Erzeugung des Molekularstrahls dient eine durch elektrische Widerstandsheizung, Elektronenstrahl, Laser oder Lichtbogenstrahlung auf hohe Temperaturen aufgeheizte Knudsen-Zelle (s. Abb. 18), d. h. ein Ta-, Mo-, W- oder Kohlenstoff-Tiegel mit kleiner Öffnungsfläche, durch die der Molekularstrahl austritt. Senkrecht zum Molekularstrahl wird das Gas durch einen Elektronenstrahl ionisiert und der Ionenstrahl nach Beschleunigung im elektrischen Feld in einem sich kontinuierlich verändernden Magnetfeld aufgespalten und die nach ihrer Häufigkeit unterschiedlichen Intensitäten der Ionen durch Elektrometer, Sekundärelektronenvervielfacher oder Szintillationszähler registriert.

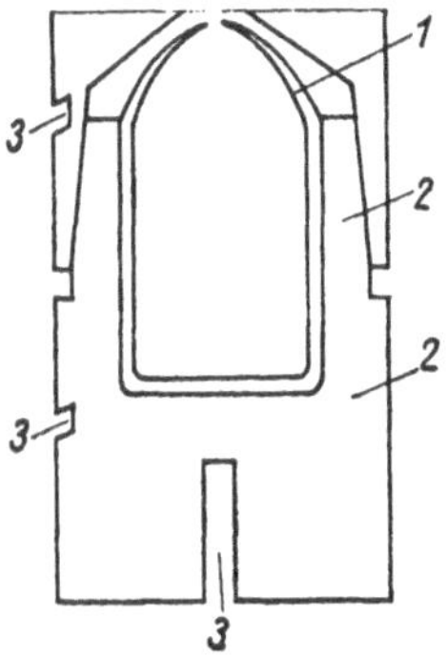

Abb. 18. KNUDSEN-Zelle

1 – Tiegel; *2* – Mantel; *3* – Temperaturmeßstelle

Die Auswertung eines Massenspektrums erfolgt nach den Massenzahlen aller denkbaren Kombinationen der Elemente und ihrer Isotope. Rückschlüsse auf Art und Konzentration der ursprünglichen Neutralmoleküle setzen fundierte Kenntnisse der Ionisationsvorgänge an den Neutralteilchen voraus, um die Fragmentionen bestimmten Mutterionen zuordnen zu können.

Mit Hilfe der Massenspektrometrie lassen sich z. B. nach

$$p = M_v(2\pi kT/m)^{1/2} \cdot s^{-1} \cdot t^{-1} \tag{3.18}$$

M_v – Masseverlust der Probe
k – BOLTZMANN-Konstante
T – Temperatur
m – Molmasse der effundierenden Spezies
s – Öffnungsfläche der KNUDSEN-Zelle
t – Zeit

Dampfdrücke bestimmen, die Aussagen zu Assoziations- und Dissoziationsvorgängen in Gas- und Flüssigphase eines Reaktionssystems (z. B. geschmolzene Salze) ermöglichen. Für eine Vielzahl von salzartigen Halogeniden und Oxiden sind im Gasraum Di- und Oligomere auf massenspektroskopischen Wege nachgewiesen worden. Auf der Basis von Dampfdruckbestimmungen können Verdampfungsgeschwindigkeiten sowie Verdampfungs- und Kondensationskoeffizienten angegeben werden.

Über massenspektroskopische Charakterisierung der Molekülarten und der relativen Konzentrationen ist nach einfachen Beziehungen die Bestimmung thermodynamischer und kinetischer Daten der Hochtemperatur-Reaktionssysteme möglich (Bestimmung der freien Energie, Enthalpie, Entropie, Reaktionsordnungen, Aktivierungsparameter). Auf der Basis massenspektroskopischer Untersuchungen können Verdampfungswärmen und Dissoziationsenergien für viele Stoffe und Hochtemperaturspezies berechnet werden, was wiederum Rückschlüsse auf die Gitterenergien fester kristalliner Verbindungen ermöglicht. Aber auch für nichtstöchiometrische Feststoffe sind z. B. thermodynamische Eigenschaften und Phasenbeziehungen bestimmbar.

Nicht zuletzt lassen sich aus massenspektroskopischen Experimenten hohe Temperaturen für den Gaszustand definieren (s. Kap. 2.2.5.).

3.2.4. *Mikroskopische Methoden*

Die *Lichtmikroskopie* eignet sich als statische Methode zur Untersuchung fester und flüssiger Systeme. Lichtmikroskopische Verfahren (z. B. Phasenkontrastuntersuchungen) gehören zu den brauchbarsten Methoden der phasenanalytischen Charakterisierung fester Systeme.

Zur Untersuchung von Hochtemperaturprozessen sind für die Lichtmikroskopie Heiztische entwickelt worden, die Untersuchungen auf statische und dynamische Weise gestatten. Hierbei werden die Probesubstanzen auf temperaturbeständigen Objektträgern (z. B. aus Kieselglas oder Saphir) durch eine Pt-Draht-Widerstandsheizung auf die Untersuchungstemperatur erhitzt. Die Temperaturmessung erfolgt durch PtRh/Pt-Thermoelemente in unmittelbarer Nähe des Objektes, das für Durchlichtuntersuchungen bis 1300 °C und für Auflichtuntersuchungen bis 1700 °C erhitzt werden kann (s. Abb. 19).

Auflichtuntersuchungen sind in speziellen Fällen (z. B. Hochtemperaturlegierungen) bis zu Temperaturen von 2700 °C möglich.

Durch eine programmierte Aufheizung bzw. Abkühlung des Objektes lassen sich auch dynamische Untersuchungen in bestimmten Temperaturbereichen durchführen. Die Hochtemperaturmikroskopie hat sich vor allem bei der Charakterisierung von Phasenumwandlungsprozessen (Schmelzreaktionen, Kristallisationsvorgängen), thermischen Zersetzungsreaktionen und flüssig-fest-Reaktionen bewährt.

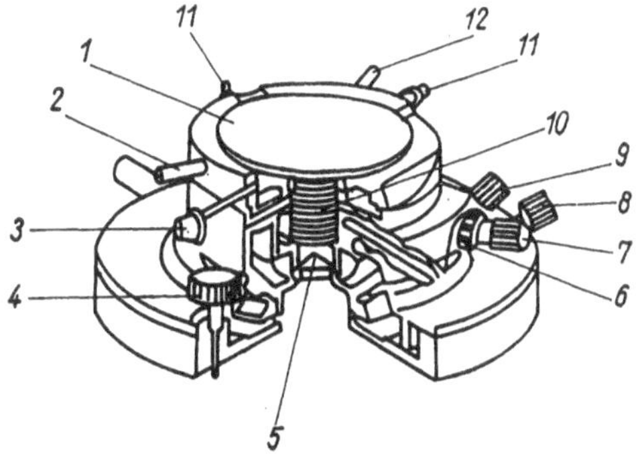

Abb. 19. Mikroskop-Heiztisch

1 – Kieselglasscheibe; *2* – Tülle für Schutzgas; *3* – Stromanschluß; *4* – Befestigungsschraube; *5* – Kieselglasscheibe; *6* – Mutter zum Befestigen des Thermoelementes; *7* – Anschluß für Meßinstrument; *8* – Rändelschraube zum Orientieren des Objektes; *9* – Rändelschrauben zum horizontalen Ausrichten des Objektes; *10* – Heizpatrone; *11* – Tülle für Kühlwasser; *12* – Tülle für Schutzgas

Das Auflösungsvermögen für die statischen Untersuchungen fester Objekte läßt sich durch die Anwendung der *Elektronenmikroskopie* wesentlich steigern. Die Auflösungsgrenze liegt hier bei 10^{-10} m. Prinzipiell basiert die Elektronenmikroskopie auf ähnlichen optischen Verhältnissen wie die Lichtmikroskopie, nur daß anstelle des Lichtstrahls ein von einer Elektronenquelle (W-Wendel) ausgesandter Elektronenstrahl durch elektromagnetische Felder (elektromagnetische Linsen) fokussiert und auf das Objekt gerichtet wird. Durch die starke Bremsung und Streuung des Elektronenstrahls an dem zu untersuchenden Präparat lassen sich nur dünne Objekte (10^{-5} mm) mit der direkten Durchstrahltechnik untersuchen, so daß meist die Abdrucktechnik mit amorphen Aufdampfschichten (z. B. C, Au, Ag, Cu, Pt, SiO) bevorzugt wird. Die durch die starke Elektronenabsorption hervorgerufene Objekterwärmung kann zur dynamischen Untersuchung der Systeme ausgenutzt werden (z. B. thermische Zersetzungen, Modifikationsumwandlungen, Kristallisationsprozesse, Synthesereaktionen, Aktivierungseinflüsse).

Durch Anwendung der Rasterelektronenmikroskopie (*REM*) wird eine weit höhere Kontrastwirkung als durch Transmissionselektronenmikroskopie (*TEM*) erreicht, was besonders bei der Charakterisierung von Mikrophasen und Details von Oberflächenstrukturen wichtig ist.

Neben der Erfassung und Auswertung elektronenmikroskopischer Bilder ist im Elektronenmikroskop mit Hilfe eines *Elektronenstrahlmikroanalysators* (Mikrosonde) eine Röntgenanalyse möglich. Der im Elektronenmikroskop auf das Untersuchungsobjekt auftreffende, fokussierte Elektronenstrahl bewirkt eine Emission von Röntgenstrahlen und Subelektronen. Ein Teil der Elektronen wird dabei von der Probe absorbiert, ein anderer Teil unterliegt einer Rückstreuung. Röntgenstrahlung, Sekundärelektronen und Rückstreuelektronen lassen sich zur quantitativen Analyse des Objektes benutzen. Meist wird die Methode der energiedispersiven Röntgenanalyse (EDAX = *E*nergy *D*ispersive *A*nalysis of *X*-Rays) angewandt, bei der eine Registrierung der Röntgenquanten der charakteristischen Strahlung (Energiebereich $1 \cdots 50$ eV) in einem Kristallspektrometer (oft Li-dotierter Si-Kristalldetektor und Vielkanalanalysator) nach Wellenlänge und Intensität erfolgt. Die zu untersuchenden Objekte müssen vakuum- und temperaturbeständig sein. Sind die Objektoberflächen nicht leitfähig (Metalle), macht sich eine Bedampfung mit Gold, Kohlenstoff oder Platin notwendig. Die Untersuchungsmethode ist charakterisiert durch ein hohes Auflösungsvermögen von 1 μm bei einem angeregten Volumen von 1 μm^3, das die quantitative Analyse kleiner Mikrophasen gestattet (Tröpfchenentmischungen in amorphen Materialien, Kristallite). Es lassen sich insbesondere Elemente der Ordnungszahlen $14 \cdots 34$ (Silicium bis Selenium) analysieren. Mit Zusatzeinrichtungen (spezielle Detektoren) und besonderen Auswertungsverfahren sind auch die Elemente mit niedrigeren (bis Li, außer C) und höheren Ordnungszahlen quantitativ (evtl. durch Vergleiche mit Standardproben) bestimmbar. Die analytische Nachweisgrenze ist mit 0,1% durch ein relativ niedriges Signal-Rausch-Verhältnis infolge des Auftretens der kontinuierlichen Bremsstrahlung zwar nicht sehr hoch, aber die Möglichkeit der Analyse kleinster Volumenelemente (Punktanalyse) und des Abrasterns (Scanning) größerer Oberflächenbereiche der Proben (Flächenanalyse) ist durch keine andere Methode gegeben. So eignet sich das Verfahren besonders in Verbindung mit der Rasterelektronenmikroskopie zur Bestimmung der Oberflächenstruktur fester Objekte und zur Charakterisierung von Prozessen (z. B. Verbindungsbildung, Reaktionsproduktschichten), die bei hohen Temperaturen abgelaufen sind.

3.2.5. *Röntgenanalyse*

Die meist statischen Methoden der Röntgenanalyse beruhen auf der Beugung monochromatischer Röntgenstrahlung ($\lambda = 2 \times 10^{-10} \cdots 2 \cdot 10^{-8}$ m) an den Kristallgittern fester Stoffe, deren Teilchenabstände die gleiche Größenordnung aufweisen wie die Wellenlängen der Strahlung. Um monochromatische Röntgenstrahlung zu erhalten, werden die kontinuierliche Bremsstrahlung und ein Teil (bis auf eine Wellenlänge) der charakteristischen Röntgenstrahlung ausgefiltert. Beim Auftreten auf die Netzebenen eines Kristalls tritt Interferenz durch selektive Reflexion ein, wobei als Interferenzbedingung die BRAGGsche Gleichung gilt:

$$n\lambda = 2d \sin \vartheta \tag{3.19}$$

λ – Wellenlänge der monochromatischen Röntgenstrahlung
n – ganze Zahl
d – Netzebenenabstand
ϑ – Glanzwinkel

In Abhängigkeit vom Ziel der Röntgenuntersuchungen an Festkörpern sind verschiedene Verfahren entwickelt worden, von denen die LAUE-Methode und das Drehkristallverfahren an das Vorliegen relativ großer Einkristalle gebunden sind und mehr den Physiker und Mineralogen für genaue Strukturuntersuchungen, aus denen allerdings detaillierte Aussagen zu den Bindungsverhältnissen im Kristall möglich sind, interessieren.

Im Hinblick auf Hochtemperaturreaktionen sind für den Chemiker besonders das DEBYE-SCHERRER-*Verfahren* und das Diffraktometerverfahren für die Kristallidentifizierung von Interesse. Bei der DEBYE-SCHERRER-Methode wird ein Substanzpulver von der Röntgenstrahlung durchstrahlt, und die Beugungsinterferenzen werden auf einem Film in der Röntgenkammer abgebildet. Den ausgemessenen Interferenzen (die Glanzwinkel werden nach der BRAGGschen Gleichung in Netzebenenabstände d umgerechnet) werden relative Intensitäten zugeordnet und die Kristallidentifizierung durch Vergleich mit Standardproben (z. B. der ASTM- bzw. PDF-Kartei [22]) vorgenommen. Ein wesentlicher Vorteil der Debye-Scherrer-Methode liegt in den geringen Probemengen, die zur Untersuchung benötigt werden. Die untere Nachweisgrenze bei Substanzgemischen liegt bei 1 ··· 5%. Sind die Kristallite der Probe kleiner als 10^{-4} mm, werden die Interferenzlinien unscharf, und die Auswertung wird erschwert.

Beim *Diffraktometerverfahren* werden zur Registrierung der Interferenz-Strahlung kreisförmig bewegliche Empfänger (Zählrohre, Proportional- oder Szintillationszähler) bei feststehendem Präparat angewandt. Die von der Intensität der Interferenz-Röntgenstrahlung abhängigen Entladungsstöße, z. B. im Zählrohr, werden durch direkte Zählung oder über eine Impulsdichtemessung registriert. Die Auswertung der Interferenzpeaks erfolgt entweder nach der Peakfläche oder nach Peakhöhe und Halbwertsbreite. Die Vorteile des Diffraktometerverfahrens bestehen in der schnellen und direkten Intensitätsaufzeichnung sowie in der großen Genauigkeit. Nachteilig ist das Erfordernis eines relativ großen Probenvolumens für die Untersuchungen.

Die quantitative Mengenanalyse von Substanzgemischen läßt sich nach zwei Verfahren vornehmen:

— Verfahren mit Intensitätsvergleich

  Hierbei wird mit einem äußeren Standard unter Berücksichtigung von Massenschwächungskoeffizienten in der zu untersuchenden Probe gearbeitet.

— Verfahren mit innerem Standard

  Hierbei wird das Intensitätsverhältnis von zwei benachbarten Linien der Probe- und der Standardsubstanz bestimmt und aus einer Eichkurve die unbekannte Intensität ermittelt.

Voraussetzung für die Anwendung beider Verfahren ist die Proportionalität von Intensität und Probemenge, die aber durch Matrixeffekte nicht immer gegeben ist. So ist z. B. die Bestimmung kristalliner Phasen in Gläsern durch den ungleichmäßigen und unterschiedlichen Untergrund (Halo) mit großen Unsicherheiten behaftet, so daß mit gleicher Genauigkeit auch eine Bestimmung des amorphen Anteils eines Systems aus dem Halo (oder mehreren Halos) selbst erfolgen kann.

Für die Anwendung der Röntgenanalyse bei hohen Temperaturen sind spezielle Kameras gebaut worden (z. B. Hochtemperaturkamera, Guinier-Kamera). Die Erhitzung der Proben (bis zu 3000 °C) erfolgt durch Widerstands- oder Induktionsheizung. Die *Hochtemperatur-Röntgenanalyse* läßt sich als dynamisches Verfahren gestalten, d. h., die Veränderung der Röntgenintensitäten mit der Temperatur können durch ein um einen bestimmten Interferenzbereich (oder eine Interferenzlinie) oszillierendes Zählrohr registriert werden. Damit sind auch Aussagen zur Reaktionskinetik von Hochtemperatursystemen möglich.

Durch die *Röntgenkleinwinkelstreuung* (*RKWS*) ist die Erfassung von Heterogenitäten in kristallinen und amorphen Stoffen möglich. In Abhängigkeit von der Teilchengröße der Mikroheterogenitäten ($1 \cdots 10 \cdot 10^{-9}$ m) findet eine Streuung der Röntgenstrahlung in Primärstrahlnähe statt. Dabei zeigt sich bei größeren Teilchen ein schnellerer Abfall der Streuintensität als bei kleineren Heterogenitäten. Die Methode hat besonders bei der Untersuchung amorph erstarrter Systeme (z. B. Gläser) zur Aufklärung von Struktur-Eigenschaftsbeziehungen Bedeutung.

3.2.6. Viskosimetrie

Aus den Viskositäten flüssiger Systeme, insbesondere aus der Temperatur- und Zeitabhängigkeit, lassen sich physikalisch-chemische Parameter und Aussagen ableiten, die auch Hochtemperaturreaktionen und -prozesse genauer charakterisieren. So drücken sich z. B. Molmassen, Agglomerationsvorgänge, Verbindungs- und Eutektikumsbildung, Struktur von Flüssigkeiten, reaktive Spezies bei Flüssigphasenreaktionen sowie Polymerisations- und Zersetzungsprozesse in den Viskositäten der flüssigen Systeme aus.

Für die Untersuchung von flüssigen Metallen und Legierungen, Salzschmelzen und anorganischen Polymerschmelzen (z. B. Silicatschmelzen) ist eine Reihe von Verfahren zur Untersuchung der Viskositäten bei hohen Temperaturen bis zu 2200 °C entwickelt worden, die meist als statische Verfahren, d. h., Messung bei einer bestimmten Temperatur im Gleichgewichtszustand, angewandt werden. Prinzipiell läßt sich die Temperaturabhängigkeit der Viskosität auch in einem dynamischen Meßvorgang bestimmen.

Die mit Hilfe der Hochtemperatur-Viskosimetrie bisher untersuchten Stoffsysteme lassen sich hinsichtlich ihres Fließverhaltens in drei Gruppen einteilen (s. Tab. 9). Für die praktische Durchführung der Viskositätsmessungen bei hohen Temperaturen ist eine Vielzahl von experimentellen Methoden vorgeschlagen worden, von denen im folgenden nur das Prinzipielle kurz beschrieben werden soll.

Die *Kapillarmethode* basiert auf der Messung der Zeit, in der die Flüssigkeit laminar durch ein Kapillarrohr strömt. Die Auswertung

Tabelle 9
Meßmethoden der Viskosimetrie für verschiedene Stoffgruppen bei hohen Temperaturen

Stoffgruppe	Viskosität in Ns/m^2	Meßmethode
Geschmolzene Salze	$5 \cdot 10^{-4} \cdots 5 \cdot 10^{-3}$	Kapillarmethode
Flüssige Metalle und Legierungen	$5 \cdot 10^{-4} \cdots 5 \cdot 10^{-3}$	Oszillationsmethode
Geschmolzene Gläser und Schlacken	$5 \cdot 10^{-3} \cdots 10^4$	Fallkörpermethode Rotationsmethode

wird nach dem HAGEN-POISEUILLEschen Gesetz vorgenommen:

$$\eta = \frac{\pi r^2 \cdot p \cdot t}{8l \cdot V} \tag{3.20}$$

η — Viskosität
l — Radius des Kapillarrohrs
r — Länge des Kapillarrohrs
p — Außendruck
t — Durchlaufzeit
V — durchlaufendes Flüssigkeitsvolumen

Bei der *Fallkörpermethode* fällt ein rotationssymmetrischer Gegenstand (Kugel, Doppelpyramide u. ä.) durch das Flüssigkeitsvolumen. Nach dem STOKESschen Gesetz ergibt sich für die Berechnung der Viskosität η folgende Beziehung:

$$\eta = \frac{2}{9} g \cdot r^2 \left(\frac{\sigma - \varrho}{v}\right) \tag{3.21}$$

g — Erdbeschleunigung
r — Radius des Fallkörpers
σ — Dichte des Fallkörpers
ϱ — Dichte der Flüssigkeit
v — Sinkgeschwindigkeit

Auf Grund der Anwendung undurchsichtiger Hochtemperaturmaterialien für die Gefäße, in denen die Viskositätsuntersuchungen vorgenommen werden, kann die Registrierung der Sinkgeschwindigkeit nicht visuell (wie z. B. bei niederen Temperaturen), sondern muß induktiv oder mittels harter Röntgenstrahlung als Indikator erfolgen. Für hohe Viskositäten $\left(10 \cdots 10^4 \frac{Ns}{m^2}\right)$ wird die Methode als Kugelziehverfahren modifiziert.

Sehr häufig wird bei hohen Temperaturen die *Rotationsmethode* angewandt, bei der sich die zu untersuchende Flüssigkeit in einem runden Tiegel befindet und in der Flüssigkeit ein Rotor durch Gewichte (über ein Rollensystem) oder einen Synchronmotor in Drehung versetzt wird. Meßgröße ist die Kraft (bzw. die Leistungsaufnahme des Motors), die auf den Rotor wirkt. Der Tiegel mit Flüssigkeit wird durch einen Widerstandsofen auf die Meßtemperatur erhitzt. Für Messungen bis 2200 °C werden als Hochtemperaturmaterialien Kohlenstoff bzw. Hochtemperaturmetalle (Ta, Mo, W) angewandt. Vor den Messungen wird die Apparatur bei Normaltemperatur mit Flüssigkeiten unterschiedlicher Viskosität (Öle) geeicht.

Ein der Rotationsviskosimetrie ähnliches Verfahren ist die *Oszillationsmethode*, bei der ein rotationssymmetrischer Körper (z. B. eine Pt-Kugel) in der Schmelze an einem elastischen Draht in Schwingung versetzt und aus dem logarithmischen Schwingungsdekrement die Viskosität bestimmt wird.

Für Viskositäten $> 10^6$ Ns/m^2 (z. B. von Gläsern) wird die Methode der *Fadenverlängerung* in einem Ofen angewandt.

Die Viskosität η ergibt sich aus der Beziehung

$$\eta = \frac{\Delta t \cdot P \cdot l}{\Delta l \cdot D} \tag{3.22}$$

Δt – Zeitdifferenz
Δl – Fadenverlängerung
l – ursprüngliche Fadenlänge
P – Last am Faden
D – ursprünglicher Fadendurchmesser

4. Hochtemperaturmoleküle und Gasgleichgewichte

4.1. *Hochtemperatur-Gasmoleküle*

Gasmoleküle, die bei hohen Temperaturen thermodynamisch stabil sind, treten als Reaktanten und Reaktionsprodukte sowohl bei reinen Gasphasenreaktionen als auch bei der Mehrzahl der Flüssig- und Festphasenreaktionen auf, und ihre thermodynamischen Stabilitätskriterien sowie die Kinetik der Umsetzungen bestimmen in starkem Maße die Anwendbarkeit von Hochtemperaturreaktionen für die Stoffumwandlung.

Bereits BREWER [23] machte deutlich, daß die Temperatur auf die Komplexität des gesättigten Dampfes einer Substanz einen großen Einfluß hat, d. h., daß mit zunehmender Temperatur kleine Spezies an Bedeutung gewinnen sollten, aber auch polymere Moleküle beim Siedepunkt bzw. Sublimationspunkt kondensierter Phasen nicht vernachlässigt werden können. Spätere Experimente zeigten die Richtigkeit der theoretischen Voraussagen. So wurden im Dampf von Kohlenstoff bei Siedetemperatur höhere C_3- und C_2-Konzentrationen gefunden als C-Anteile.

Bei früheren Untersuchungen von Hochtemperatur-Gasmolekülen mit Hilfe von spektroskopischen Methoden und der thermodynamischen Charakterisierung von Dampfgleichgewichten konnten hauptsächlich nur einfache Spezies (z. B. diatomare Moleküle) identifiziert werden. Immerhin ist durch spektroskopische Daten eine große Anzahl niederer Oxydationszustände verschiedener Elemente in gasförmigen Hochtemperaturverbindungen im Gegensatz zu den kondensierten Phasen bekannt geworden.

In den letzten zwei bis drei Jahrzehnten wurden die Untersuchungen über die Art und Stabilität sowie über Reaktionsmöglichkeiten gasförmiger Hochtemperaturmoleküle durch bessere Charakterisierungsmethoden, insbesondere durch die Massenspektroskopie, stark erweitert.

4.1.1. Elementmoleküle

Da einige diatomare Elementmoleküle sehr stabil sind (z. B. N_2, O_2) und im Dampf vieler, unter Normalbedingungen kondensierter Elemente nachgewiesen wurden (z. B. C_2, B_2, S_2), beziehen sich ältere und auch jüngere Untersuchungen auf diese einfachen Moleküle, die auch als sterisch unkomplizierte Spezies den Bindungs- und Stabilitätsberechnungen zugänglicher sind als die höherpolymeren Verbindungen. So berechneten DROWART und HONIG [24] die Dissoziationsenergien für diatomare Moleküle, die für einige Hauptgruppenelemente in Abb. 20 dargestellt und mit den in Tab. 10 aufgeführten Bindungsenergien nach PAULING [25] verglichen sind.

Die Stabilitätsänderung der diatomaren Moleküle einer Periode entspricht nicht den Stabilitäten der Elemente in kondensierter Phase, wo die stabilsten Anordnungen der Nichtmetallelemente diejenigen sind, aus denen 8er Elektronenschalen resultieren. So kristallisieren die Elemente der rechten Seite des PSE in Struk-

Tabelle 10

Bindungsenergien diatomarer Moleküle und Einfachbindungsenergien in kJ

	C	N	O	F
Molekulare Bindungsenergie	590	942	490	155
Einfachbindungsenergie	348	161	139	153
	Si	P	S	Cl
Molekulare Bindungsenergie	310	486	348	243
Einfachbindungsenergie	218	215	214	243
	Ge	As	Se	Br
Molekulare Bindungsenergie	268	381	268	193
Einfachbindungsenergie	159	134	184	193
	Sn	Sb	Te	I
Molekulare Bindungsenergie	193	289	222	151
Einfachbindungsenergie	142	126	138	151

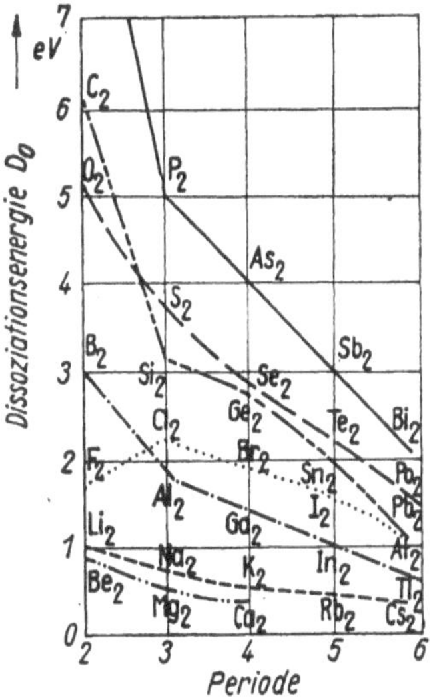

Abb. 20. Dissoziationsenergien der Dimeren von Hauptgruppenelementen

turen, in denen jedes Atom durch 8n nächste Nachbaratome koordiniert ist (n = Anzahl der Valenzelektronen pro Atom). Die maximale Bindungsenergie pro Atom der Hauptgruppenelemente in einer Periode wurde jeweils für die Elemente der IV.

Hauptgruppe mit dem höchsten Verhältnis kovalenter Bindungsanteile pro Atom gefunden. Werden dagegen die Bindungsenergien der diatomaren Moleküle (s. Tab. 10) betrachtet, so zeigt sich, daß die Einfachbindungsenergien in den Perioden fast konstant sind und mit zunehmender Ordnungszahl in den Hauptgruppen zunehmen (mit Ausnahme der niedrigen Einfachbindungsenergien für N_2, O_2 und F_2). Würden in den gasförmigen diatomaren Elementmolekülen kovalente Einfachbindungsanteile vorliegen (wie im allgemeinen in der festen Phase), so müßten die Dissoziationsenergien der Elemente der IV. bis VI. Hauptgruppe über denen der Halogenmoleküle liegen. Das widerspricht den ermittelten maximalen Dissoziationsenergien der diatomaren Elementmoleküle der V. Gruppe (s. Abb. 20), woraus die Schlußfolgerung resultiert, daß in der Gasphase nicht nur die Hauptgruppenelemente der 2. Periode, sondern auch die der höheren Perioden diatomare Moleküle mit Mehrfachbindungen bilden. Die Feststellung, daß die diatomaren Moleküle der V. Hauptgruppe Stabilitätsmaxima zeigen (s. Abb. 20), stimmen gut mit den Aussagen der MO-Theorie [26] überein.

Searcy [27] errechnete auf der Basis einfacher thermodynamischer Beziehungen und vereinfachender Annahmen für die diatomaren Moleküle der Hauptgruppenelemente, daß mit zunehmender Temperatur und abnehmendem Druck die Dissoziation der Moleküle in Atome zunimmt.

In der Dampfphase der unter Normalbedingungen kondensierten Elemente der IV. bis VI. Hauptgruppe treten außer diatomaren Molekülen weitere Polymere auf, deren Verhältnis zu den diatomaren Molekülen durch die Enthalpie der Reaktion

$$Z_{n(g)} \rightarrow {}^{n}/_{2}\, Z_{2(g)} \tag{4.1}$$

bestimmt wird.

Für eine Reihe von Polymer-Dimer-Paaren sind Enthalpiewerte dieser Reaktion zusammen mit Dissoziationsenthalpien und durchschnittlichen Bindungsenergien von Searcy [27] angegeben worden. Danach sollte jedes Polymere mit positiver Enthalpiedifferenz in der Gasphase unter Standardbedingungen und nahe dem absoluten Nullpunkt relativ stabil gegenüber den diatomaren Molekülen sein, obwohl die durchschnittlichen Bindungskräfte im Polymeren kleiner als im Dimeren sind. Aber unter experimentell realisierbaren Bedingungen sind durch Entropiezunahme die Dimeren gegenüber den Polymeren bevorzugt. Unter Berücksichtigung der thermodynamischen Einflußfaktoren war nur bei den Elementen der IV. bis VI. Hauptgruppe mit höheren Konzentrationen an polymeren Molekülen mit mehr als 2 Atomen zu rechnen, wie auch experimentell (besonders massenspektroskopisch) bewiesen wurde. Die Bedingungen für das Auftreten der polymeren Elementmoleküle sind sehr unterschiedlich; sie werden hauptsächlich durch die Bindungs- und Strukturverhältnisse in den Polymeren bestimmt.

4.1.2. *Alkali- und Erdalkalimetallhalogenide*

Metallhalogenide bilden im Gegensatz zu den meisten anderen Verbindungsklassen, die bei Energiezufuhr leicht dissoziieren, beim Erhitzen Gasphasen, die monomere und polymere Halogenidmoleküle enthalten. Die Ursache liegt nicht in einer besonders hohen Stabilität der gasförmigen Metallhalogenidmoleküle, sondern in der relativ niederen Stabilität der kondensierten (festen und flüssigen) Halogenide gegenüber den gasförmigen Molekülen. Bereits der Vergleich der Gitterenergien, z. B. von

NaCl	mit	765 kJ/mol
CaF_2	mit	2610 kJ/mol
Al_2O_3	mit	15130 kJ/mol
$KAlSi_3O_8$	mit	40900 kJ/mol

macht deutlich, daß sich das Alkalimetallhalogenid am besten unzersetzt verdampfen lassen sollte, während bei der Verdampfung der stabilen oxidischen Verbindungen hauptsächlich Dissoziation zu erwarten ist.

Die Diskussion über die Stabilität gasförmiger Hochtemperaturmoleküle läßt sich am Beispiel der Alkalimetallhalogenide deshalb bevorzugt vornehmen, weil bei der Behandlung dieser Verbindungsklasse einfache ionische Modelle zugrunde gelegt werden können. Die Berechtigung für die Annahme des ionischen Bindungscharakters zeigen die Quadrupolkopplungskonstanten, die sich nur auf der Basis geringer kovalenter Bindungsanteile in den Alkalimetallhalogeniden interpretieren lassen.

Die Dissoziationsenergien der Alkalimetallhalogenidgasmoleküle lassen sich durch Addition der Enthalpien folgender Reaktionen berechnen:

$$MX_{(g)} \rightarrow MX_{(s)} \tag{4.2}$$

$$MX_{(s)} \rightarrow M_{(s)} + {}^1/_2 X_{2(g)} \tag{4.3}$$

$$M_{(s)} \rightarrow M_{(g)} \tag{4.4}$$

$$^1/_2X_{2(g)} \rightarrow X_{(g)} \tag{4.5}$$

M — Metall[I]
X — Halogenid

Dabei zeigt sich wie bei den entsprechenden Festkörpern, daß die Dissoziationsenergien von den Fluoriden zu den Iodiden für ein gegebenes Metall abnehmen. Wird bei gegebenem Halogeniden die Art des Alkalimetallkations variiert, so ergibt sich auf Grund des gegensätzlichen Einflusses der ionischen Bindungsenergie und des Ionisationspotentials des gasförmigen Metallatoms kein solch eindeutiger Trend. Als stabilstes Molekül läßt sich das LiF mit etwa 600 kJ/mol berechnen, während der Wert für das relativ instabile RbI nur halb so groß ist.

Mit Hilfe ionischer Modelle lassen sich die Dissoziationsenergien von Alkalimetallhalogeniden aus bekannten inneratomaren Abständen berechnen. Nach einem einfachen Modell von PAULING [28, 29] auf der Grundlage der elektrostatischen Anziehung und Abstoßung stimmen die berechneten Dissoziationsenergien mit den experimentellen Werten gut überein. Zum gleichen Ergebnis hinsichtlich der Dissoziationsenergien führt ein komplizierteres Modell von RITTNER [30], das über das PAULING-Modell hinaus weitere Wechselwirkungseffekte (Polarisation, VAN DER WAALS-Anziehung) berücksichtigt. Ein von KLEMPERER und RICE [31] entwickeltes Modell dient in sehr guter Weise der Voraussage aller physikalischen und chemischen Eigenschaften der Alkalimetallhalogenidmoleküle, es erfordert aber wesentlich mehr Eingangsdaten als z.B. das PAULING-Modell.

Während früher angenommen wurde, daß die Dämpfe über kondensierten Alkalimetallhalogeniden nahezu quantitativ aus Monomeren bestehen, haben besonders massenspektroskopische Untersuchungen in den letzten zwei Jahrzehnten gezeigt, daß Dimere und in verschiedenen Fällen auch Trimere in größeren Anteilen vorhanden sein müssen. Die praktischen Untersuchungen erfolgen zunächst bevorzugt an Lithiumhalogeniden, sind aber jetzt an allen weiteren Alkalimetallhalogeniden bis zum Caesium durchgeführt worden. Von SEARCY [27] wurden die von verschiedenen Autoren auf der Grundlage des PAULINGschen Ionenmodells berechneten Dissoziationsenergien der Alkalimetallhalogenid-Dimeren nach

$$M_2X_2 \rightarrow 2MX \tag{4.6}$$

zusammengestellt (Tab. 11), die eine gute Übereinstimmung mit experimentellen Werten zeigen.

Die Daten der aus den Konzentrationsverhältnissen von Dimeren und Monomeren oder nach theoretischen Modellen berechneten Werte der Dissoziationsentropien zwischen 136 und 116 J/K sind nicht so genau wie die entsprechenden Dissoziationsenergien. Da bei den betrachteten Alkalimetallhalogeniddämpfen Anzahl, Form und Komplexität der Gasmoleküle fast gleich sind, sind auch die Dissoziationsentropien nicht sehr unterschiedlich. An Hand von Elektronenbeugungsaufnahmen, aus denen sich die Formen

Tabelle 11

Experimentelle und berechnete Enthalpien der Dissoziation von Alkalimetallhalogenid-Dimeren

Alkalimetallhalogenid	ΔH_0^0 in kJ	
	experimentell	berechnet
LiF	254	230
LiCl	217	219
LiBr	198	210
LiI	178	197
NaF	237	227
NaCl	203	216
NaI	176	198
KF	211	196
KCl	185	194
KI	164	183
RbF	188	182
RbCl	177	185
CsF	171	162

dimerer Alkalimetallhalogenidmoleküle ableiten ließen, konnte, wie erwartet, gezeigt werden, daß die Energien für die Dissoziation zu den Monomeren am größten für die Polymeren mit den kleinsten inneratomaren Abständen sind (z. B. Lithiumhalogenide, Alkalimetallfluoride).

Massenspektrometrisch wurden auch höhere Polymere (Trimere, Tetramere) in den Dämpfen von Alkalimetallhalogeniden nachgewiesen, aber das Auftreten einer Vielzahl von Fragmentionen macht die Bestimmung der Dissoziationsenergien schwieriger. Nach Berechnungen sollten für Trimere planare Ringe mit Bindungswinkeln von 120° am stabilsten sein.

Für Moleküle mit mehrwertigen Metallatomen in maximaler Oxydationsstufe wird ebenfalls die Frage des strukturellen Aufbaus interessant. Folgende Anordnungen sollten eine relativ hohe Stabilität aufweisen:

Allgemeine Formel	Anordnung der Halogenidliganden um das Metallatom
MX_2	linear
MX_3	planar
MX_4	tetraedrisch
MX_5	trigonal bipyramidal
MX_6	oktaedrisch
MX_7	pentagonal bipyramidal oder tetragonale 1,2-Asymmetrie

Die Reaktionsfähigkeit gasförmiger Halogenide in der höchsten Oxydationsstufe des Metalls hängt von ihrer Stabilität ab, die sich aus den Dissoziationsenthalpien der Reaktionen

$$MX_{n(g)} \rightarrow M_{(g)} + nX_{(g)} \tag{4.7}$$

ergibt. Die Dissoziationsenthalpien können additiv aus den Enthalpien folgender Teilreaktionen erhalten werden:

$$MX_{n(g)} \rightarrow MX_{n(s)} \tag{4.8}$$

$$MX_{n(s)} \rightarrow M_{(s)} + {}^{n}/_{2}X_{2(g)} \tag{4.9}$$

$$M_{(s)} \rightarrow M_{(g)} \tag{4.10}$$

$${}^{n}/_{2}X_{2(g)} \rightarrow nX_{(g)} \tag{4.11}$$

Erwartungsgemäß nehmen die Dissoziationsenthalpien von den Fluoriden zu den Iodiden ab. Weiter zeigte sich, daß für die jeweiligen Halogenide der Metalle der 2. bis 4. Periode des PSE die Bindungsenthalpien pro Bindung nahezu konstant sind und ein Minimum der Stabilität bei den Halogeniden der Metalle der 3. Periode auftritt. In einer Periode nehmen die Bindungskräfte pro Atom in den gasförmigen Halogeniden der Elemente der IV. bis VII. Gruppe ab. Für die Übergangsmetallhalogenide wurde hierbei eine Beziehung zwischen Bindungskraft und Elektronegativitätsdifferenz von Metall zu Halogen festgestellt.

Die Stabilität gasförmiger Halogenide kann an Hand von Metallaustauschreaktionen, wie

$$^1/n\,MX_{n(g)} + {}^1/m\,M'_{(g)} = {}^1/m\,M'X_{m(g)} + {}^1/n\,M_{(g)} \qquad (4.12)$$

abgeschätzt werden. Der Metallatomaustausch sollte nur von den relativen Dissoziationsenthalpien abhängen, da die Gleichgewichtskonzentration der Reaktanten und Reaktionsprodukte druckunabhängig sind und auch die Entropieänderung sehr gering ist. An den Werten der relativen Dissoziationsenthalpien läßt sich zeigen, daß bei den Gasphasenreaktionen die Metalle der ersten drei Gruppen des PSE die Metalle anderer Gruppen in den Halogeniden ersetzen. Da für solche Austauschreaktionen in der gasförmigen Phase das elektropositive Element (Metall) im Überschuß angewendet werden muß, ist das Auftreten von Subhalogeniden zu berücksichtigen, deren Dissoziationsenthalpien pro Halogenatom meist höher sind als die der Halogenide von Metallen in der höchsten Oxydationsstufe.

Auch trimere Alkalimetallhalogenide sind bekannt, wie überhaupt eine Vielzahl von polymeren Halogeniden der Metalle in den Oxydationsstufen +1 bis +3 als Hochtemperaturmoleküle auftreten können. Von den Halogeniden der Metalle der Oxydationsstufe +1 ist das $(CuCl)_3$ am besten untersucht, das ein reguläres planares Sechsringmolekül darstellt mit Cu—Cl—Cu-Winkeln von etwa 90° mit allerdings höheren kovalenten Bindungsanteilen.

4.1.3. *Gasförmige Monohalogenide mit niederer Wertigkeitsstufe des Metalls*

Vergleicht man die Dissoziationsenergien gasförmiger Monohalogenide in Abhängigkeit von der Ordnungszahl des Metallatoms, so zeigen sich von den Fluoriden zu den Iodiden abnehmende Werte. Mit zunehmender Ordnungszahl in einer Gruppe des PSE nehmen die Dissoziationsenergien ab. Auffallend sind die relativ niederen Stabilitäten der Monohalogenide der II. Gruppe des PSE, die auf die extrem hohen Stabilitäten der Metallatome (Stabilität der Valenzorbitale) zurückzuführen sind.

Die Bildung von Monohalogeniden der Metalle (außer der I. Gruppe) hängt von Temperatur, Druck und Stöchiometrie der Gasphase ab. Liegen hinsichtlich gesättigter Valenzzustände der Metallatome stöchiometrische Anteile von Metall- und Halogenatomen im Gasgemisch vor, dann treten bei nicht zu hohen Temperaturen und zu niederen Drücken die Monohalogenide nur in geringen Konzentrationen auf. Die Gleichgewichte lassen sich dann wie folgt ausdrücken:

$$MX_{n(g)} = MX_{(g)} + (n-1)\,X_{(g)} \tag{4.13}$$

oder

$$MX_{n(g)} = MX_{(g)} + (n-1)/2\,X_{2(g)} \tag{4.14}$$

Bei der Dissoziation von Halogeniden der Metalle maximaler Oxydationsstufe zu Monohalogeniden und Halogenmolekülen wird jede aufgebrochene M—X-Bindung durch Bildung einer halben X—X-Bindung mit einem Enthalpieeffekt von −80 bis −125 kJ kompensiert, verbunden mit einer Entropiezunahme von 60 ··· 80 J/K für ein halbes Mol X_2. Bei der Dissoziation zu Monohalogenid und atomaren Halogen wird die Trennung jeder M—X-Bindung nur durch die Entropiezunahme bei der Bildung von Halogenatomen von etwa 125 J/K · mol kompensiert. Aus den Dissoziationsenthalpien der valenzgesättigten Metallhalogenide lassen sich so die Bildungsbedingungen für die Monohalogenide abschätzen, die z. B. für die Halogenide stark elektropositiver Elemente unter Normaldruck bei Temperaturen über 2000 °C liegen und sich bei niederen Drücken zu niederen Temperaturen verschieben.

Die Bildungsbedingungen für Metallmonohalogenide sind für einige technische Verfahren interessant geworden, so z. B. für die Reinigung oder auch Herstellung von Aluminium über Subhalogenide

$$2\,Al + AlX_3 = 3\,AlX \tag{4.15}$$

Für die Beschreibung der Bindungsverhältnisse und Modellberechnungen der interatomaren Abstände in den Monohalogeniden werden meist ionische Modelle benutzt, womit im allgemeinen auch eine gute Übereinstimmung mit den experimentellen Daten erreicht wird. Aber schon der Vergleich der beobachteten interatomaren Abstände in festen und gasförmigen Alkalimetallhalogeniden zeigt für die gasförmigen Verbindungen Werte, die mehr als 20% höher sind, woraus gefolgert werden muß, daß in den gasförmigen Spezies mit höheren kovalenten Bindungsanteilen zu rechnen ist.

Die gasförmigen, relativ stabilen Metallsubhalogenide disproportionieren im allgemeinen bei der Abkühlung auf Kondensationstemperaturen. In früherer Literatur beschriebene Erdalkalimetallmonohalogenide sind von EMONS u. Mitarb., z. B. [32], als Reaktionsprodukte der Monohalogenide mit gasförmigen Komponenten der Atmosphäre (N_2, H_2) identifiziert worden. Auf ein polymeres $(AlI)_n$ machten SCHUMB und BERNARD [33] aufmerksam, während andere Aluminiumhalogenide der formalen Zusammensetzung AlX in kondensierter Form nur als disproportionierte Produkte erhalten wurden. Werden allerdings nach Untersuchungen des Autors die bei Temperaturen um 1000 °C aus Aluminium und Aluminiumtrihalogenid gebildeten gasförmigen Aluminiummonohalogenide sehr schnell abgeschreckt (Kühlfinger), so bilden sich faserartige Produkte (AlCl, AlBr), die unter starker Wärmeentwicklung zur Disproportionierung neigen. In diesen festen Monohalogeniden liegen offensichtlich — wie auch in anderen polymeren Subverbindungen — Metall-Metall-Bindungen vor.

4.1.4. *Oxide und Chalkogenide*

Gasförmige Oxide und Chalkogenide der Metalle und Halbmetalle werden unter Hochtemperaturbedingungen gebildet. Die Metallverbindungen der Elemente der VI. Hauptgruppe des PSE liegen unter Normalbedingungen in kondensierter Form vor, entweder in amorpher oder kristalliner Phase mit ionischen und kovalenten Bindungsanteilen, wobei letztere zu einer Stabilisierung durch Ausbildung hochpolymerer Strukturen führen.

Im Vergleich zu den gasförmigen Oxiden der Nichtmetalle liegen für die gasförmigen Metalloxide relativ wenig Struktur- und Bindungsdaten vor. Die Dampfdrücke der gasförmigen Oxide sind bedeutend niedriger als die der entsprechenden Halogenide. Außerdem tritt bei hohen Temperaturen in stärkerem Maße als bei den Halogeniden ein Zerfall in die Elemente auf.

Die Bindungsabstände der diatomaren Moleküle nehmen beispielsweise in der 2. Periode des PSE vom BeO bis zum CO ab, um bis zum O_2-Molekül wieder anzusteigen — eine Tendenz, die generell auch bei den diatomaren Oxiden der Elemente anderer Perioden der PSE zu beobachten ist. Für gasförmige Oxide von Metallen in der höchsten, gradzahligen Oxydationsstufe sind nach einfachen ionischen und kovalenten Betrachtungsweisen symmetrische Formen der Moleküle zu erwarten, d. h., MO_2-Moleküle (z. B. TiO_2) sollten linear, MO_3-Moleküle (z. B. CrO_3) planar mit Bindungswinkeln von 120° und MO_4-Moleküle

(z. B. OsO_4) tetraedrisch gebaut sein. Entsprechende Niedertemperatur-Gasmoleküle (Nichtmetalloxide) zeigen ebenfalls die für die Metalloxide erwarteten Formen.

In gasförmigen Oxiden von Metallen niederer (nichtmaximaler) Oxydationsstufen übernehmen die ungebundenen Elektronen Ligandenfunktionen, wodurch ähnliche Strukturen wie in den Oxiden der Metalle maximaler Oxydationsstufe auftreten (vgl. SO_3—SO_2). Für polyatomare gasförmige Oxide von Metallen niederer Oxydationsstufe sind Strukturangaben selten. Aus Daten der entsprechenden kondensierten Verbindungen [34] kann jedoch abgeleitet werden, daß nichtbindende *d*-Elektronen der Übergangsmetalle keine deutlichen Ligandenfunktionen aufweisen und die Gasmoleküle (z. B. VO_2, CrO_2, MnO_2) nicht linear sind. Die Strukturbestimmungen von derartigen gasförmigen Molekülen sind sowohl für die Charakterisierung des Einflusses der 3*d*-Elektronen auf die Art der Bindungen als auch für thermodynamische Berechnungen nötig.

Die Berechnung von Bindungswinkeln in gasförmigen Oxiden von Metallen ungerader Oxydationsstufe auf der Basis verschiedener Modelle ist ein interessantes Problem hinsichtlich der Sauerstoffkoordination gegenüber den Metallatomen. Unter der Voraussetzung ionischer Bindung in den Alkalimetalloxiden M_2O müßte das Hochtemperaturmolekül linear gebaut sein. Im Falle kovalenter Bindungsverhältnisse sollte ein gewinkeltes Molekül mit angenäherten Tetraederwinkeln von 109° stabil sein. Sowohl an Li_2O als auch an B_2O_3 wurden Bindungswinkel gefunden, die nahezu den Tetraederwinkeln entsprechen, d. h., hier liegen hauptsächlich kovalente Bindungsanteile vor, was nicht ausschließt, daß die Oxide leicht ionisierbarer Metalle (z. B. Na_2O und K_2O) in stärkerem Maße ionische Bindungsverhältnisse aufweisen.

Massenspektrometrische Untersuchungen haben gezeigt, daß gasförmige Metalloxide teilweise in polymerer Form auftreten, für die auf Grund anderer spektroskopischer Daten (z. B. IR-Daten) partiell andere Strukturen diskutiert werden müssen. So konnte gezeigt werden [35], daß das Bormonoxid-Dimere $(BO)_2$ eine lineare OBBO-Anordnung aufweist; dagegen wird für die AlO-Dimere auf Grund höherer Dissoziationsenergie eine andere Struktur gefolgert [36]. Generell lassen sich für die dimeren Oxide, wie $(AlO)_2$, $(SiO)_2$, $(GeO)_2$, Strukturen annehmen, die den polymeren Alkalimetallhalogeniden entsprechen, aber sich durch Ionenmodelle nicht so genau beschreiben lassen.

Auch höhere Polymere gasförmiger Oxide sind durch massenspektroskopische Untersuchungen bekannt geworden, und auf der Grundlage der Dissoziationsenergien wurden die Strukturen dieser Hochtemperaturmoleküle diskutiert. Unter der Voraussetzung, daß z. B. die Polymeren des Berylliumoxides $(BeO)_n$ mit $n = 3 \cdots 6$ cyclische Verbindungen sind, sollten sich etwa konstante Dissoziationsenergien pro Bindung (und eine etwas geringere Dissoziationsenergie für das Dimere) ergeben, was auch festgestellt wurde. Aus einem Vergleich mit entsprechenden Germaniumoxiden $(GeO)_n$ mit $n = 1 \cdots 3$ kann gefolgert werden, daß das $(GeO)_3$ ein Ringmolekül darstellt.

Das Bestreben zur Stabilisierung gasförmiger Hochtemperaturspezies durch Bildung ringförmiger, polymerer Strukturen kann auch an verschiedenen Oxiden der Metalle der Nebengruppenelemente beobachtet werden. Bekannt sind die einfachen käfigartigen Netzwerke der den M_4O_6- und M_4O_{10}-Molekülen von Phosphor und Arsen ähnlichen Vanadiumoxiden V_4O_{10}, V_6O_{14} und V_nO_{2n} ($n = 1 \cdots 3$) und auch die Ringstrukturen der MO_3-Verbindungen (M = Mo, W), bei denen die Metallatome durch zweibindige Sauerstoffatome und die nichtbrückenbildenden Sauerstoffatome durch Doppelbindungen mit dem Metallatom verknüpft sind.

Aus den Dissoziationsenergien der gasförmigen Hochtemperaturoxide lassen sich nicht nur Schlußfolgerungen für die Stabilität der Verbindungen, sondern auch für die Bindungsverhältnisse ableiten. Während aber für die gasförmigen Oxide der Elemente der 2. Periode des PSE die Dissoziationsenergien lückenlos angegeben werden können (Tab. 12), ist das für die Oxide anderer Elemente schwierig, da die Oxydationszustände

Tabelle 12

Dissoziationsenergien der gasförmigen Oxide von Elementen der 2. Periode

Oxid	D_0^0 in kJ für			
	O	M	Atom	Bindung
Li_2O	720	360	239	360
BeO	444	444	222	444
B_2O_3	921	1382	553	691
CO_2	804	1608	536	804
N_2O_5	440	1101	314	368

der Metalle der gasförmigen Verbindungen oft nicht mit denen der Verbindungen in kondensierter Form korrelieren.

Nach Tab. 12 ist B_2O_3 das stabilste Oxid der Elemente der 2. Periode des PSE, wenn als Stabilität die Verdrängungen eines Elementes durch ein anderes in den Oxiden angesehen wird. Auch nach den Dissoziationsenergien pro Atom ist B_2O_3 das stabilste Oxid. Wird mit den Dissoziationsenergien das am meisten benutzte Stabilitätskriterium herangezogen, so erscheint das CO_2-Molekül als das stabilste Oxid der Elemente der 2. Periode des PSE in der höchsten Oxydationsstufe.

Bei der Darstellung der Dissoziationsenergien gegenüber der Ordnungszahl für die Elemente der III. und IV. Haupt- und Nebengruppe (Abb. 21) zeigt sich eine Zunahme der Sta-

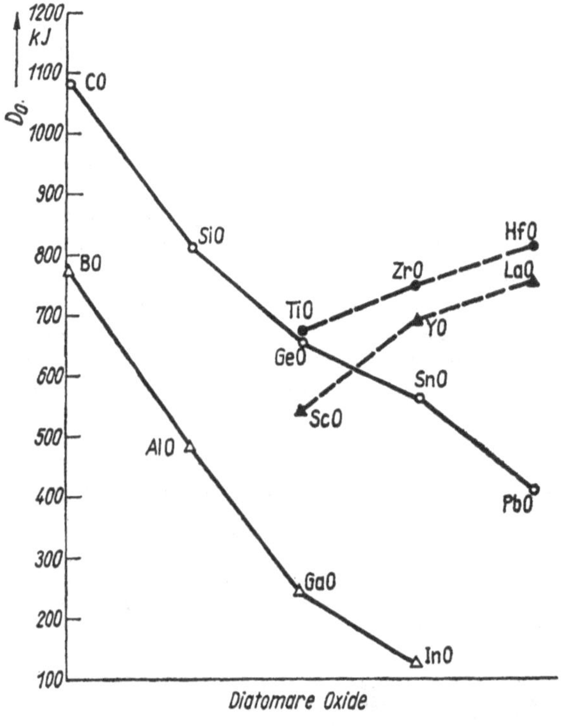

Abb. 21. Dissoziationsenergien von Monoxiden der Elemente der III. und IV. Haupt- und Nebengruppe

bilitäten der Monoxide der Elemente der linken Seite des PSE, während sich für die Oxide der Elemente der rechten Seite des PSE eine Abnahme der Stabilitäten mit der Ordnungszahl ergibt. Diese unterschiedlichen Trends korrelieren mit den Bindungsenergien sowohl anderer gasförmiger Moleküle als auch mit denen der kondensierten Verbindungen. Für eine gegebene Periode gehen die Dissoziationsenergien der gasförmigen Monoxide und Dioxide durch ein Maximum bei den Elementen der IV. Haupt- und Nebengruppe, was den Stabilitätsbetrachtungen entspricht.

Obwohl die Dissoziationsenergien der Oxide, insbesondere der elektropositiven Elemente, mit den Ionenpotentialen der Metalle korrelieren, lassen sich die Stabilitätsverhältnisse in den Molekülen auf der Basis kovalenter Bindungsverhältnisse (MO-Theorie) besser in Übereinstimmung bringen als mit Ionenmodellen, so daß wenigstens in den diatomaren gasförmigen Monoxiden der Elemente der 2. Periode des PSE in erster Näherung kovalente Bindungsverhältnisse vorliegen sollten. Die Bindungsstabilisierung in den gasförmigen Molekülen läßt sich mit der in den entsprechenden kondensierten Verbindungen allerdings nicht vergleichen. Trotzdem werden Argumente aus der Ligandenfeldstabilisierung kondensierter Verbindungen [37] auch für gasförmige Spezies [38] herangezogen.

Angaben über die gasförmigen Metallverbindungen von Schwefel, Selen und Tellur sind recht selten. Aus den sich von Sauerstoff bis Tellur verändernden Elektronegativitäten können aber Analogieschlüsse von den entsprechenden Halogenverbindungen hinsichtlich der Art der gebildeten Gasmoleküle (Zusammensetzung und Struktur) sowie der Bindungsenergien gezogen werden. Auf Grund der geringen Elektronegativitäten treten in den S-, Se- und Te-Verbindungen auch höhere Oxydationsstufen der Chalkogenide auf.

Aus Analysen von Verdampfungsgleichgewichten und massenspektroskopischen Untersuchungen kann geschlossen werden, daß Chalkogenide der Nebengruppenelemente unzersetzt verdampft werden können; die oft niedrigen Chalkogenidkonzentrationen in der Gasphase zeigen jedoch, daß oft schon eine Zersetzung der kondensierten Verbindungen oder ein schneller Zerfall der gasförmigen Spezies eintritt (z. B. ZnS, CdS, CdSe, CdTe). Durch genauere massenspektroskopische Untersuchungen lassen sich Nebengruppenelementsulfide (ZnS, CdS) und besonders Hauptgruppenelementsulfide (SrS, BaS, Al_2S, Al_2S_2, Ga_2S_2, GeS, US) in der Gasphase jedoch eindeutig nachweisen. Die höchsten

Stabilitäten zeigen die Chalkogenide der Elemente, die in der Nähe der IV. Hauptgruppe des PSE angeordnet sind. Das stabilste Monosulfid ist das CS mit einer Dissoziationsenergie von 733 kJ/mol. Auch CSe und CTe sind nach begründeten Abschätzungen stabiler als die entsprechenden Chalkogenide anderer Elemente.

4.1.5. *Gasförmige Hydroxide*

Die im festen Zustand ionogen aufgebauten Hydroxide der Alkalimetalle bilden ebenso wie die Alkalimetallhalogenide bei der Verdampfung Monomere, Dimere und auch Spuren von Trimeren, von denen die letzteren Strukturen wie die Alkalimetallhalogenidpolymeren aufweisen. Auch gemischte Dimere, wie $NaK(OH)_2$, sind bekannt.

Von mehrwertigen, elektropositiven Elementen existieren bei hohen Temperaturen ebenfalls gasförmige Hydroxide, die vor allem bei chemischen Transportreaktionen und bei der Umwandlung bzw. Reaktion von Oxiden (Mineralisatorwirkung) eine bedeutende Rolle spielen. So konnte gezeigt werden, daß BeO mit H_2O bei Temperaturen oberhalb von 1400 °C gut zum $Be(OH)_2$ reagiert. Weitere Hydroxide zweiwertiger valenzgesättigter Hauptgruppenelemente sind nicht bekannt. Mit steigendem Atomradius der Metalle überwiegt bei hohen Temperaturen die Tendenz der Wasserabspaltung. Aber es gibt vielfache Hinweise für das Auftreten von gasförmigen Hochtemperaturhydroxiden von Metallen der Oxydationsstufe +1 der II. Hauptgruppe des PSE. Die nicht linear gebauten Moleküle, wie CaOH und SrOH, weisen relativ hohe Dissoziationsenergien zwischen 380 und 400 kJ/mol auf, während der Wert für das MgOH bei 225 kJ/mol liegt.

Auch der Borsäuretransport bei hohen Temperaturen mit Wasser über die Dampfphase, in der sich H_3BO_3, HBO_2 und kleine Anteile von $(HBO_2)_3$, das strukturell aus Sechsringen besteht, befinden, ist bekannt. Bei der Umsetzung von SiO_2 mit H_2O-Dampf bei Temperaturen zwischen 1600 und 1800 °C bilden sich ebenfalls gasförmige Hydroxide oder Oxidhydroxide; sehr wahrscheinlich ist die Existenz von $SiO(OH)_2$.

Die Nebengruppenelemente bilden leichter gasförmige Hydroxide als die elektropositiveren Hauptgruppenelemente. Gasförmiges $Zn(OH)_2$ läßt sich durch Reaktion von ZnO mit H_2O bei 1300°C darstellen, wie auch das gasförmige CuOH bei hohen Temperaturen (in Flammen) nachgewiesen wurde. Sowohl das MoO_3 als auch das WO_3 verflüchtigen sich leicht in Gegenwart von H_2O-Dampf, wobei gasförmige Moleküle der Art $MoO_2(OH)_2$ und $WO_2(OH)_2$ auftreten, deren Strukturen ähnlich der des ebenfalls leichtflüchtigen MoO_2Cl_2 sind.

4.1.6. *Gasförmige Hochtemperaturverbindungen von Kohlenstoff und Stickstoff*

Im Kap. 4.1.4. wurde bereits darauf hingewiesen, daß Kohlenstoff mit Nichtmetallen (besonders Elemente der VI. Hauptgruppe des PSE) stabile Hochtemperaturmoleküle bildet. Metalle bilden offenbar wesentlich schwerer diatomare Kohlenstoffverbindungen, wenn auch spektroskopisch AlC und SiC bei hohen Temperaturen nachgewiesen werden konnten. Allerdings sind die berechneten Dissoziationsenergien (z. B. für AlC 155 kJ/mol) relativ niedrig. Die gasförmigen Metall-Kohlenstoff-Verbindungen zeigen ein ausgeprägtes Bestreben, oligomere Moleküle zu bilden (z. B. Al_2C_2, Ga_2C_2, La_2C_2). Die bevorzugte Dimerisation der gasförmigen Moleküle hängt sicher mit der Ausbildung ethinähnlicher C—C-Mehrfachbindungen zusammen. Aber auch eine Reihe anderer Carbidmoleküle, besonders der Elemente der Kohlenstoff-Gruppe selbst, konnte im Hochtemperaturdampf nachgewiesen werden (z. B. Si_2C, SiC_2 u. a.).

Stickstoff bildet relativ stabile diatomare Hochtemperaturspezies mit anderen Elementen der V. Hauptgruppe des PSE, d. h., diejenigen Moleküle, die 10 Valenzelektronen enthalten, sind in ihrer Stabilität mit den isoelektronischen diatomaren Halogenidmolekülen der Elemente der III. Hauptgruppe (s. Kap. 4.1.3.) bzw. den diatomaren gasförmigen Oxiden der Elemente der IV. Hauptgruppe des PSE vergleichbar. Die Dissoziationsenergien gemischter Moleküle der Elemente der V. Hauptgruppe liegen etwa zwischen denen aus jeweils gleichartigen Atomen, z. B. 925 kJ/mol für N_2, 683 kJ/mol für PN und 486 kJ/mol für P_2. Gegenüber diesen Nichtmetallverbindungen, die im kondensierten Zustand als Polymere vorliegen (z. B. Phosphorparanitrid $(PN)_n$) sind Hochtemperaturverbindungen der Elemente der V. Hauptgruppe des PSE nur selten und in geringen Konzentrationen beobachtet worden. So konnte GaN, wahrscheinlich als Polymeres, und auch InSb im Dampf über den kondensierten Verbindungen nachgewiesen werden.

Zusammenfassend läßt sich für das Gebiet der Untersuchungen von gasförmigen Hochtemperaturverbindungen feststellen, daß in den letzten zwei Jahrzehnten mit großem experimentellen Aufwand eine Reihe von Systemen untersucht worden ist und besonders zur Stabilität der Verbindungen, zur Struktur und zu den Bindungsverhältnissen trotz stark unterschiedlicher experimenteller Voraussetzungen verallgemeinerungsfähige Aussagen getroffen werden konnten, von denen besonders die von Searcy [27] hervorgehoben werden müssen. Um die Thermodynamik und Kinetik der Hochtemperatur-Gassysteme noch besser zu verstehen, sind insbesondere weitere systematische Untersuchungen (unter vergleichbaren Bedingungen) nötig. Dies erscheint im Hinblick auf die bewußte Ausnutzung chemischer Transportreaktionen in Wissenschaft und Technik wichtig. Hierzu sind auch weitere Informationen über kompliziert gebaute Hochtemperaturspezies notwendig. Einige erfolgversprechende Ansätze sind auf diesem Gebiet schon vorhanden. Beispielsweise wurden komplexe Metallhalogenidionen bei hohen Temperaturen massenspektroskopisch identifiziert, die z. B. auf folgende Moleküle im Gaszustand hinweisen: $NaBeF_3$, $LiAlF_4$, $NaAlF_4$, $NaAlCl_4$ und MZr_2F_9 (M = Li, Na, Rb). In solchen Salzkomplexen sollten Ionenmodelle die Bindungsverhältnisse am besten charakterisieren. Stärker kovalente Bindungsanteile liegen in den komplexen gasförmigen Hydriden, wie $Be(BH_4)_2$ oder $Al(BH_4)_3$, vor, in denen die B-Atome tetraedrisch von H-Atomen umgeben sind.

Auch leichtflüchtige oxidische Komplexe sind bekannt. Der sog. „Abbrand“ von Glasschmelzen ist z. B. auf leicht verdampfbare Alkalimetallborate zurückzuführen, deren Zusammensetzung und Struktur zwar im einzelnen noch nicht endgültig geklärt sind, deren Stabilität bei hohen Temperaturen aber durchaus mit der der erwähnten einfachen B—O-Verbindungen korreliert. In gasförmigen Perrhenat- und Molybdatmolekülen, die auf Grund des Stabilisierungsbestrebens der Zentralatome durch Ausbildung von Sauerstoff-Koordinationspolyedern oligomer auftreten können, bestehen kovalente (in den komplexen Anionen) und ionische (zu den elektropositiven Bindungspartnern der Anionenkomplexe) Bindungsanteile.

4.2. Gasgleichgewichte

Die Art und die Konzentration der Teilchen in einem gasförmigen Hochtemperatursystem kann sehr unterschiedlich sein. Neben mehreren Reaktanten kann eine Vielzahl von Zwischen- und Reaktionsprodukten auftreten (Atome, Moleküle, Radikale, Ionen usw.), die sehr verschiedenen chemischen Reaktionen unterliegen. Neben dem thermodynamischen Gleichgewicht im stationären Zustand besteht oft eine große Anzahl einzelner chemischer Gleichgewichte. Aus diesem komplexen chemischen Gleichgewichtszustand, der als Simultangleichgewicht bezeichnet wird, resultieren in Abhängigkeit von den thermischen Zustandsvariablen charakteristische Zusammensetzungen des Systems. Die Berechnung der chemischen Simultangleichgewichte, die computergerecht entwickelt worden ist [39], führt z. B. zu Aussagen über die Anteile an Produkten eines gasförmigen Reaktionssystems in Abhängigkeit von den Ausgangskonzentrationen der Reaktanten und der Temperatur. Für die Berechnungen gelten folgende Voraussetzungen:

- Gültigkeit der MAXWELL-BOLTZMANN-Verteilung der Energie (thermisches Gleichgewicht, das durch *eine* Temperatur charakterisiert ist),
- Nichtauftreten von Konzentrationsgradienten im gasförmigen System,
- Kenntnisse über die Art der möglichen Reaktionsprodukte aus vorgegebenen Reaktanten.

Obwohl sich in Hochtemperatur-Gassystemen (z. B. im Lichtbogen-Plasma) die chemischen Gleichgewichte nicht voll ausbilden können, zeigen die auf der Basis der o. a. Voraussetzungen durchgeführten Berechnungen oft gute Übereinstimmung mit praktischen Resultaten, so daß sie für die Charakterisierung von Hochtemperatur-Gleichgewichten leistungsfähig sind.

Die Berechnungen basieren auf Methoden der statistischen Thermodynamik, d. h., die Bestimmung der thermodynamischen Größen (z. B. Enthalpie, freie Enthalpie, Entropie) erfolgt über Zustandssummen auf der Grundlage spektroskopisch erhaltener molekularer Parameter. Hierfür ist die möglichst genaue Ermittlung der Zustandssummen notwendig; die Bindungsenergien und der Charakter der Spezies des Hochtemperatursystems müssen bekannt sein.

Um die Gleichgewichtswerte zu erhalten, muß das folgende, nichtlineare, algebraische Gleichungssystem gelöst werden, wobei die Partialdrücke von n Komponenten aus s Reaktanten im Gleichgewicht vorliegen:

$(n-s)$ MWG-Gleichungen

$$p_j = K_{p_j} \prod_{i=1}^{s} p_i^{\nu_{ij}}$$

p — Partialdrücke der Komponenten
K_p — Gleichgewichtskonstante
ν — stöchiometrische Koeffizienten
i — Reaktanten
j — Reaktionsprodukte

Druckbilanz (DALTONsches Gesetz)

$$P = \sum_{i=1}^{s} p_i + \sum_{j=1}^{n-s} p_j$$

P — Gesamtdruck

$(s-1)$ Massebilanzgleichungen

$$\frac{p_i + \sum_{j=1}^{n-s} + \nu_{i,j} p_i}{p_1 + \sum_{j=1}^{n-1} \nu_{i,j} p_i} = \frac{g_i^{(0)}}{g_1^{(0)}} = \mathrm{const}$$

Für die Berechnung der Gleichgewichtskonstanten K_p dient die VAN'T HOFFsche Reaktionsisobare

$$\Delta G = -RT \ln K_p$$

in folgender Form

$$R \ln K_{p_j}(T) = -\left(\frac{\Delta E_0^0}{T}\right)_{ij}$$

$$- \left[\sum_{j=1}^{n-s} \left(\frac{G - H_0^0}{T}\right)_j - \sum_{i=1}^{s} \nu_{ij} \left(\frac{G - H_0^0}{T}\right)_i\right]$$

ΔE_0^0 — Bildungsenergien der Reaktionsprodukte
$G-H_0^0$ — freie Enthalpien der Reaktionsprodukte

Die Lösung dieses Gleichungssystems ist mit einem von SPANGENBERG und SCHIRMER [39] angegebenen Iterationsverfahren möglich.

Als Beispiel sind in Abb. 22 die Ergebnisse der Berechnung der thermodynamischen Simultangleichgewichte für das System Kohlenstoff-Wasserstoff unter plasmathermischen Bedingungen für ein C:H-Verhältnis von 1:4 und Normaldruck (0,1 MPa) aufgeführt [40]. Aus der Abhängigkeit der Partialdrücke p von der Temperatur können leicht Schlußfolgerungen für die Bedingungen abgeleitet werden, unter denen — allerdings im Gleichgewichtszustand — bestimmte Nutzkomponenten (z. B. Acetylen um 3500 K) entstehen.

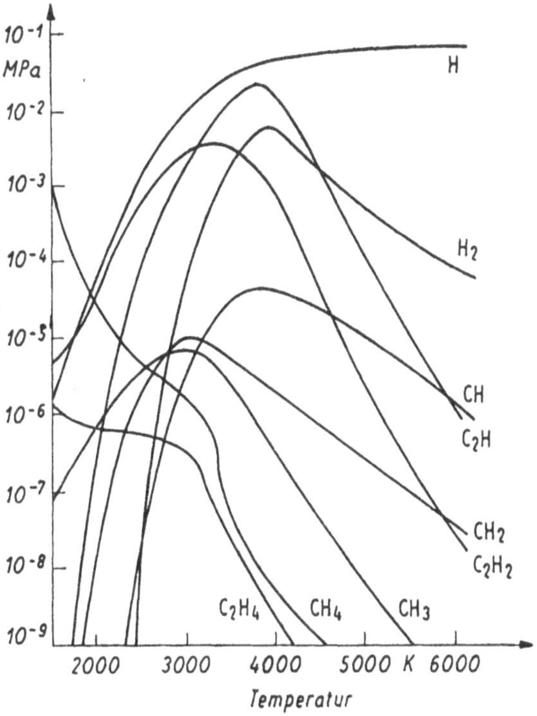

Abb. 22. Thermodynamische Simultangleichgewichte für das System Kohlenstoff-Wasserstoff [40]

Ein weiteres Beispiel (s. Abb. 23) ist die von Bronfin u. Mitarb. [41] berechnete Gleichgewichtszusammensetzung einer CH_4—N_2-Mischung (Verhältnis H:C:N = 4:1:4 bei 0,05 MPa). Hierbei wurde von zwei verschiedenen Voraussetzungen ausgegangen.

Abbildung 23a zeigt die Ergebnisse für das heterogene Gleichgewicht bei Annahme der Anwesenheit von festem Kohlenstoff. In Abb. 23b sind die Resultate für das metastabile homogene Gleichgewicht bei Abwesenheit von festem Kohlenstoff dargestellt. Man erkennt, daß die beiden Diagramme oberhalb des Kohlenstoff-Siedepunktes identisch sind. Unterhalb von 3000 K tritt erwartungsgemäß HCN in hohen Konzentrationen bei bestimmten

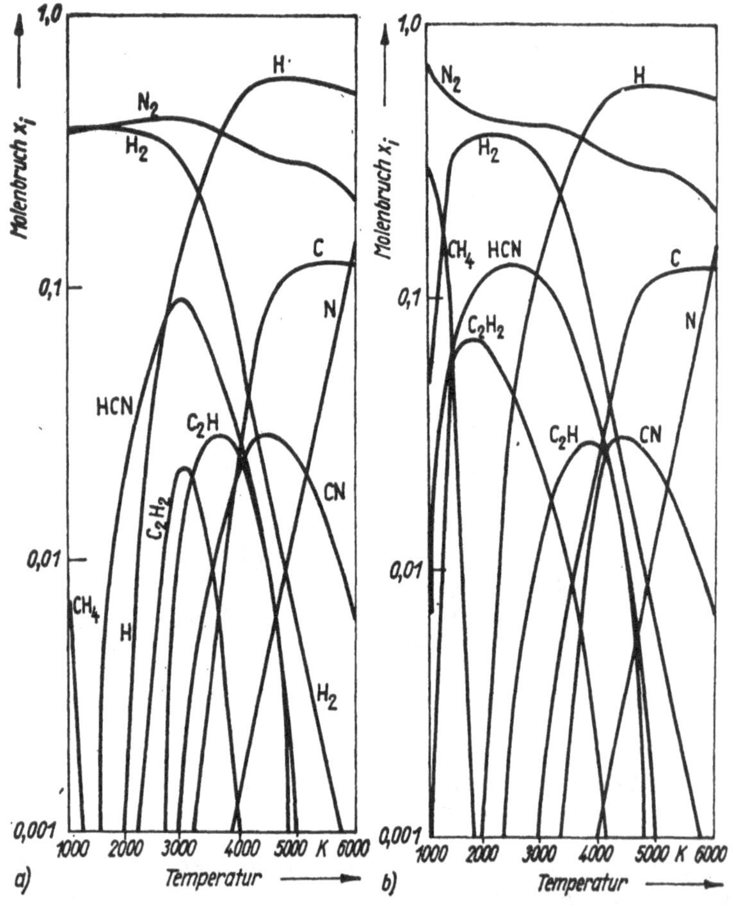

Abb. 23. Thermodynamische Simultangleichgewichte für das System Kohlenstoff-Wasserstoff-Stickstoff [41]

Temperaturen auf, aber auch C_2H_2 als wichtiges Nebenprodukt bei der Abschreckung des Systems H—C—N von 3000 K, was mit experimentellen Ergebnissen gut übereinstimmt.

5. Hochtemperaturreaktionen

Jeder Versuch, eine Klassifizierung von Hochtemperaturreaktionen vorzunehmen, ist problematisch. Eine Systematisierung nach stofflichen Gesichtspunkten würde den Rahmen dieses Taschenbuches weit überschreiten, da für jedes Element und seine Verbindungen eine Vielzahl von Hochtemperaturreaktionen bekannt ist. Für die Darlegung grundlegender Kriterien und Parameter, die den Ablauf von Hochtemperaturreaktionen bestimmen, scheint eine Einteilung nach Aggregatzuständen, in denen die chemischen Reaktionen ablaufen, sinnvoll zu sein, obwohl es für die kondensierten Phasen keine thermodynamisch begründete Hochtemperatur-Definition gibt. Weiterhin ist zu berücksichtigen, daß bei vielen Hochtemperaturreaktionen verschiedene Aggregatzustände auftreten.

Im folgenden sollen aus der Vielfalt von Hochtemperaturreaktionssystemen und chemischen Reaktionen, die in der Gas-, Flüssig- und Festphase bzw. an Phasengrenzen ablaufen, Beispiele aufgeführt werden, für die ein gesichertes Wissen vorliegt.

5.1. Flüssigphasenreaktionen

Chemische Hochtemperaturreaktionen in flüssiger Phase spielen eine wesentliche Rolle bei der Herstellung und Umwandlung von Hochtemperaturwerkstoffen (z. B. Metalle, Oxide, Nitride, Carbide, Silicide, Boride) und salzartigen Verbindungen (z. B. CaC_2) sowie bei elektrochemischen Prozessen (Schmelzflußelektrolysen).

Während einerseits in Schmelzen häufig feste Reaktanten an den Flüssigphasenreaktionen beteiligt sind und oft gasförmige Reaktionsprodukte entstehen, verlaufen andererseits typische Festkörperreaktionen über flüssige Phasen (an Grenzschichten zwischen den Reaktanten).

Im folgenden sollen einige, für technische Hochtemperaturprozesse wichtige Flüssigphasenreaktionen als Beispiele dargestellt werden, wobei insbesondere der Einfluß von Temperatur und Zusammensetzung der Flüssigphasen im Vordergrund der Betrachtungen stehen soll. Da bei praktisch genutzten Flüssigphasenreaktionen einerseits häufig Reaktionsprodukte (besonders gasförmige) aus der Reaktionsmischung entfernt werden und andererseits aus strukturellen Gründen (Vorliegen von Polymerschmelzen) die Einstellung thermischer und thermodynamischer Gleichgewichte nur langsam vor sich geht, haben thermodynamische Aussagen zum Ablauf von Hochtemperaturreaktionen in flüssiger Phase nur eine begrenzte Bedeutung. Die Flüssigphasenreaktionen werden bei hohen Temperaturen in vielen Fällen durch die Kinetik des Stofftransports, d. h. durch die struktur- und temperaturabhängige Diffusion der Reaktanten und Reaktionsprodukte bestimmt. Die chemischen Reaktionen verlaufen in Schmelzphasen bei hohen Temperaturen im allgemeinen sehr schnell.

Die folgende kurze Darstellung einiger Hochtemperaturreaktionen in flüssiger Phase bezieht sich deshalb auf carbidische, oxidische und halogenidische Schmelzen, weil diese Systeme auf Grund ihrer Praxisrelevanz bisher am genauesten untersucht worden sind, obwohl z. B. auch Reaktionen in sulfidischen Schmelzen für die Entwicklung von Brennstoffzellen in neuerer Zeit eine praktische Bedeutung erlangt haben.

5.1.1. Reaktionen in carbidischen Schmelzen

Flüssigphasenreaktionen in carbidischen Schmelzen sind besonders für die Herstellung der Carbide selbst interessant. Während eine Vielzahl von Hochtemperaturcarbiden, besonders jene mit starken kovalenten Bindungsanteilen, auf Grund der hohen, technisch schwer erreichbaren Schmelztemperaturen durch Festkörperreaktionen oder über gasförmig-fest-Reaktionen hergestellt werden, läßt sich das bei Temperaturen um 2450 °C schmelzende Borcarbid in der Schmelze herstellen (s. Kap. 6.4.1.).

Bedeutsamer für die praktische Nutzung sind Reaktionen in salzartigen, carbidischen Schmelzen. Hierbei nimmt das Calciumcarbid auf Grund der großen Produktionsmenge eine besondere Stellung ein, obwohl auch andere Carbide mit partiell salzartigem Charakter, wie z. B. der Zementit Fe_3C, für die Umwandlung von Metallstrukturen und -phasen eine erhebliche praktische Bedeutung haben.

Das Calciumcarbid entsteht durch fest-flüssig-Reaktion entweder unter Druck bei Temperaturen um 1200 °C aus den Elementen

$$Ca_{(l)} + 2C_{(s)} \rightarrow CaC_{2(s)} \tag{5.1}$$

oder im technischen Maßstab aus CaO, das in einer Schmelzphase vorliegt, und Kohlenstoff

$$CaO_{(l)} + 3C_{(s)} \rightarrow CaC_{2(l)} + CO_{(g)} \tag{5.2}$$

in einer stark endothermen Reaktion ($\Delta_R H = 461$ kJ/mol).

Die Reaktion (5.2) läuft in der Schmelze bei etwa 2000 °C ab und ist als Bruttoreaktion aufzufassen, der folgende zwei Teilreaktionen zugrunde liegen:

$$CaO_{(l)} + C_{(s)} \rightarrow Ca_{(l,g)} + CO_{(g)} \tag{5.3}$$

$$Ca_{(l,g)} + 2C_{(s)} \rightleftharpoons CaC_{2(l)} \tag{5.4}$$

Das nach dem Reaktionsschritt (5.3) gebildete Calcium wird zum großen Teil in der sich bildenden CaC_2—CaO-Schmelze gelöst, bevor eine Weiterreaktion nach Gl. (5.4) erfolgt (die gute Löslichkeit von Erdalkalimetallen in ihren Salzen bei hohen Temperaturen ist besonders an halogenidischen Salzschmelzen gut untersucht worden [42]). Auf Grund des hohen Ca-Partialdampfdruckes muß aber auch eine partielle Umsetzung von gasförmigen Calcium mit dem festen Kohlenstoff angenommen werden, wobei die Reaktionsgeschwindigkeit besonders durch die Ca-Diffusion in das Kohlenstoff-Gitter bestimmt wird.

Die CaC_2-Bildung nach Gl. (5.4) verläuft in der Flüssigphase um 2000 °C unter Normaldruck nicht vollständig. Unter den genannten Bedingungen werden bei Anwendung reiner Ausgangsreaktanten (CaO, C) CaC_2-Ausbeuten von etwa 70% erreicht (s. Abb. 24). Durch den hohen Dampfdruck verdampft ein Teil des Calciums aus der Flüssigphase, wodurch sich infolge der Tendenz zur Einstellung des Reaktionsgleichgewichtes (5.4) bereits gebildetes CaC_2 teilweise wieder zersetzt. Dadurch fallen die CaC_2-Ausbeuten mit der Reaktionszeit nach Erreichen eines Maximums wieder ab, und zwar um so stärker, je höher die Temperatur der Schmelze ist.

Eine weitere Reaktion, die im System CaC_2—CaO zum elementaren Calcium führt, ist die Umsetzung der schmelzflüssigen Reaktanten miteinander nach

$$CaC_{2(l)} + CaO_{(l)} \rightarrow 3Ca_{(l,g)} + 2CO_{(g)} \tag{5.5}$$

Diese Reaktion wird, obwohl ein gasförmiges (CO) und ein aus der Schmelze leicht verdampfbares (Ca) Reaktionsprodukt entstehen, erst bei Temperaturen oberhalb von 2200 °C wirksam — ein Hinweis auf die geringe Reduktionswirkung des carbidisch gebundenen Kohlenstoffs gegenüber dem Ca^{2+} bei hohen Temperaturen. Diese Tendenz ist auch gegenüber anderen reduzierbaren Komponenten (Metalloxide) in CaC_2—CaO-Schmelzen festzustellen.

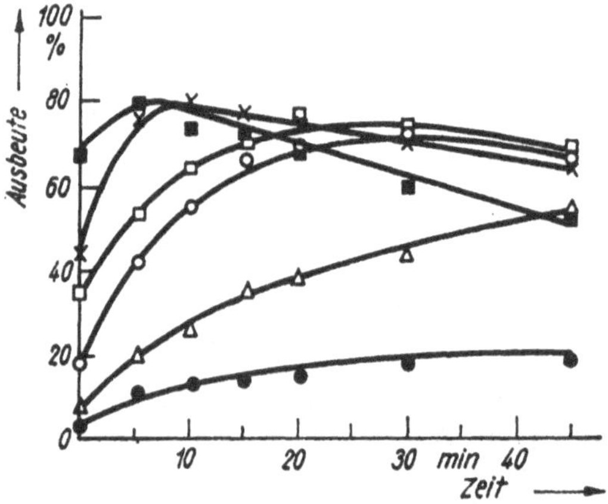

Abb. 24. Temperatur- und Zeitabhängigkeit der CaC_2-Ausbeute

- • 1600 °C
- △ 1800 °C
- ○ 1900 °C
- □ 2000 °C
- × 2100 °C
- ■ 2200 °C

Metalloxide üben besonders in technischen CaC_2-Schmelzen einen wesentlichen Einfluß auf die Reaktionen der Hauptreaktanten aus, wie die Temperaturabhängigkeiten der CaC_2-Ausbeuten bei verschiedenen Metalloxidzusätzen (s. Abb. 25) zeigen. Dabei werden die Fremdkomponenten teilweise schon während der Aufheizung der Reaktionsmischung in fester Phase, aber hauptsächlich in der Flüssigphase auf sehr unterschiedliche Weise umgesetzt, wobei die Reduktionswirkung der Hauptreaktanten gegenüber Metalloxiden, wie MgO, Fe_2O_3, Al_2O_3 und SiO_2, in der Reihe Ca $>$ C $>$ CaC_2 abnimmt. Das SiO_2 beispielsweise, das in der CaC_2—

CaO-Schmelze in silicatischer Form vorliegt, wird nach

$$SiO_2 + 2Ca \rightarrow Si + 2CaO \tag{5.6}$$

erst bei etwa 2000 °C über die Stufe des SiO zum Silicium umgesetzt, das mit dem in der CaC_2—CaO-Schmelze noch vorhandenen, unumgesetzten Kohlenstoff oder dem Kohlenstoff aus der CaC_2-Zersetzung zu SiC reagiert. Ist in der carbidischen Schmelze Eisen enthalten — aus der Eisenoxidreduktion bei niederen Temperaturen — entsteht mit dem nach Gl. (5.6) gebildeten Silicium eine flüssige FeSi-Phase, die sich von der flüssigen CaC_2—CaO-Phase abtrennt, wodurch das Silicium einer SiC-Bildung entzogen wird.

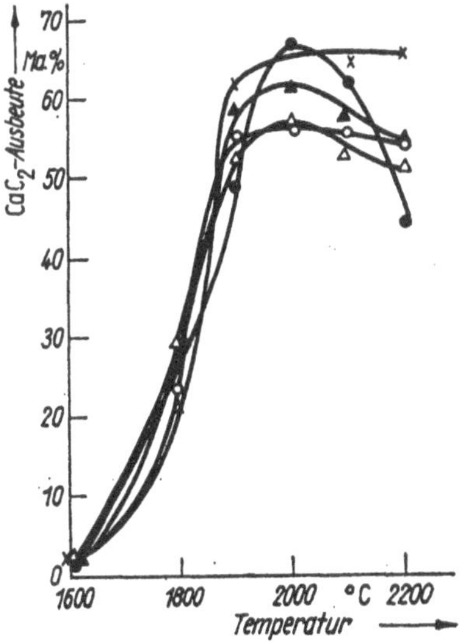

Abb. 25. Einfluß 10%iger Fremdoxidzusätze zur CaO—C-Reaktionsmischung auf die CaC_2-Ausbeuten

× ohne Fremdoxide
○ MgO-Zusatz
▲ Fe_2O_3-Zusatz
△ Al_2O_3-Zusatz
• SiO_2-Zusatz

5.1.2. Reaktionen in oxidischen Schmelzen

Während CaC_2-Schmelzen und Schmelzen von Halogenverbindungen der Metalle der I. bis III. Hauptgruppe des PSE (s. Kap. 5.1.3.) Salzschmelzen von großer praktischer Wichtigkeit darstellen, haben ionische Oxidschmelzen auf Grund der sehr hohen Schmelztemperaturen (z. B. CaO ~2500 °C) keine praktische Bedeutung. Dagegen sind Reaktionen in geschmolzenen Oxiden oder Oxidmischungen, in denen starke kovalente Bindungsanteile zwischen dem Sauerstoff und dem elektropositiven Bindungspartner vorliegen, äußerst bedeutungsvoll. Die kovalenten Bindungsanteile führen in solchen Schmelzen zu hochpolymeren Strukturen, wie sie z. B. im geschmolzenen B_2O_3 und SiO_2 sowie in Silicatschmelzen vorliegen. Die hochpolymeren Strukturen bedingen eine im Vergleich zu den Salzschmelzen hohe Viskosität dieser Oxidschmelzen. Der Einfluß der Temperatur auf die Geschwindigkeit der in den hochpolymeren oxidischen Schmelzen ablaufenden chemischen Reaktionen ist im Vergleich zu den Reaktionen in Salzschmelzen stark ausgeprägt, da bei kleinen Temperaturänderungen in den Schmelzen eine Vielzahl chemischer Bindungen getrennt (Temperaturerhöhung) oder geknüpft (Temperaturerniedrigung) wird. Damit ändern sich die Viskositäten in Abhängigkeit von der Temperatur in weit stärkerem Maße als in Salzschmelzen.

Die Depolymerisationen in geschmolzenen Silicaten bei Temperaturerhöhung sind bereits als typische Beispiele von Hochtemperaturreaktionen (positive Reaktionsenthalpie) anzusehen. In stärkerem Maße als durch Temperaturerhöhung (thermische Zersetzung, thermische Depolymerisation) werden durch chemische Reaktanten die festen Si—O-Bindungen aufgebrochen.

Die Art der Reaktion und Reaktionsprodukte oxidischer Reaktanten mit oxidischen Polymeren in der Schmelze hängt ganz besonders von der polarisierenden Wirkung bzw. dem Ionenpotential der unterschiedlichen Bindungspartner des Sauerstoffs ab. Bei der Reaktion von geschmolzenem SiO_2 mit Alkalimetalloxiden wird mehr oder weniger statistisch (abhängig vom Konzentrationsverhältnis der Reaktanten) das polymere Netzwerk nach folgendem Reaktionsschema zerstört:

$$-\underset{|}{\overset{|}{\mathrm{Si}}}-\overline{\underline{\mathrm{O}}}-\underset{|}{\overset{|}{\mathrm{Si}}}- + \mathrm{Na_2O} \rightleftharpoons -\underset{|}{\overset{|}{\mathrm{Si}}}-\overline{\underline{\mathrm{O}}}|^{\ominus}\ \begin{matrix}\mathrm{Na^+}\\ \mathrm{Na^+}\end{matrix}\ {}^{\ominus}|\overline{\underline{\mathrm{O}}}-\underset{|}{\overset{|}{\mathrm{Si}}}- \qquad (5.7)$$

Bei niederen Alkalimetalloxid-Konzentrationen in der oxidischen Schmelze liegen also Paare von Trennstellensauerstoffatomen neben Brückensauerstoffatomen vor. Der Depolymerisationsgrad ist abhängig vom Verhältnis der Reaktanten; bei einem Molverhältnis von $SiO_2:Na_2O = 1:2$ liegt eine Schmelze von Na^+- und SiO_4^{4-}-Ionen vor.

Die Oxide zweiwertiger Elemente (z. B. CaO) zeigen auf Grund der geringen Unterschiede im Ionenpotential der elektropositiven Bindungspartner des Sauerstoffs keine so große Reaktivität gegenüber dem geschmolzenen SiO_2 wie die Alkalimetalloxide. Bei der Reaktion werden polymere und oligomere Silicatanionen gebildet. Der Einfluß des Ionenpotentials der M^{2+}-Ionen auf die Struktur der oxidischen Schmelze ist nicht mehr so stark wie der der M^+-Ionen. In den $M^{II}O-SiO_2$-Schmelzen liegt bereits ein wesentlich stärkerer Temperatureinfluß auf die Struktur der Flüssigkeit vor. So werden z. B. durch Temperaturerhöhung kettenförmige Silicatanionen oder höhergliedrige Ringsilicatanionen zu kleineren Bruchstücken aufgespalten, z. B.

$$(SiO_3^{2-})_n \rightleftharpoons \frac{n}{4}\,(SiO_3)_4^{8-} \rightleftharpoons \frac{n}{3}\,(SiO_3)_3^{6-} \tag{5.8}$$

d. h., aus den polymeren Kettensilicatanionen bilden sich 4- bzw. 3gliedrige Ringsilicatanionen
oder

$$3(Si_2O_7)^{6-} \rightleftharpoons 3\,SiO_4^{4-} + (SiO_3)_3^{6-} \tag{5.9}$$

d. h., aus 3 Gruppensilicatanionen bilden sich 4 neue strukturelle Einheiten (Insel- und Ringsilicatanionen).

Sind die Ionenpotentiale der Metallkationen verschiedener Oxide ähnlich, wie z. B. in den binären Systemen $SiO_2-B_2O_3$ oder $SiO_2-Al_2O_3$, bilden sich bei der Reaktion in der Flüssigphase hochmolekulare Spezies, in denen teilweise das Bor bzw. das Aluminium ebenso wie das Silicium tetraedrisch mit Sauerstoff koordiniert in das unregelmäßige Netzwerk der Schmelze eingebaut wird und sich kovalente Bindungen ausbilden:

$$-\overset{|}{\underset{|}{Si}}-\overline{\underline{O}}-\overset{|}{\underset{|}{B}}- \quad \text{oder} \quad -\overset{|}{\underset{|}{Si}}-\overline{\underline{O}}-\overset{|}{\underset{|}{Al}}-$$

5.1.3. *Reaktionen in halogenidischen Schmelzen*

Reaktionen in halogenidischen Schmelzen sind besonders in solchen Systemen untersucht worden, die eine praktische Bedeutung erlangt haben, d. h. in fluoridischen und chloridischen geschmolzenen Salzen, in denen technische Schmelzflußelektrolysen, aber auch andere chemische Umsetzungen vorgenommen werden. Die reaktionschemischen Untersuchungen beziehen sich dabei besonders auf folgende Probleme:

- Löslichkeit und chemische Reaktionen von Gasen, Metallen, Oxiden und anderen Reaktanten in geschmolzenen Salzen,
- Komplexbildung und -zerfall in ladungsunsymmetrischen Salzschmelzen,
- Reaktionen von Salzkomponenten an Elektrodenoberflächen,
- Umsetzung anorganischer und organischer Reaktanten in Salzschmelzen.

Die Untersuchungen chemischer Reaktanten in halogenidischen Salzschmelzen waren stets verbunden mit der Erarbeitung eines umfangreichen Materials zu den thermodynamischen, kinetischen und Transporteigenschaften der geschmolzenen Salzsysteme, aus denen wichtige Schlußfolgerungen für die Struktur geschmolzener Halogenide abgeleitet werden konnten [42].

Die Löslichkeit von Metallen in geschmolzenen Salzen spielt besonders bei der Durchführung elektrolytischer Prozesse eine wesentliche Rolle; Wechselwirkungen zwischen Metall und Salzschmelze müssen aber auch z. B. für den elektrothermischen Prozeß der CaC_2-Bildung in flüssiger Phase (s. Kap. 5.1.2.) diskutiert werden. Für eine Metallauflösung in Salzschmelzen gibt es prinzipiell zwei Möglichkeiten: entweder das Metall löst sich „physikalisch", d. h., das Metall liegt in der Salzschmelze in elementarer Form vor, oder es finden Redoxprozesse statt unter Bildung von Metallionen mittlerer Wertigkeitsstufe. Nach Untersuchungen von Emons u. Mitarb. [42] läßt sich aus den Zn-Löslichkeiten in Zinkhalogeniden bei Temperaturen um 500 °C folgende Reaktion ableiten:

$$Zn + Zn^{2+} \rightleftharpoons Zn_2^{2+} \tag{5.10}$$

Ebenso verhält sich das Cadmium in Cadmiumhalogeniden, wobei die dimeren Cd_2^{2+}-Kationen durch $AlCl_3$ in Form des festen $Cd_2(AlCl_4)_2$ fixiert werden können. Dagegen werden bei der Reaktion von Bismut in geschmolzenen Bismuthalogeniden nach

$$2\,Bi + Bi^{3+} \rightleftharpoons 3\,Bi^{+} \qquad (5.11)$$

einfache Subionen gebildet. Die Bildung von einfachen oder oligomeren Subionen konnte in geschmolzenen Systemen $M-MX_2$ (M = Erdalkalimetall, X = Halogen) nicht beobachtet werden. Wird den Schmelzen M^{II}-$M^{II}X_2$ Alkalimetallhalogenid zugesetzt, nimmt die M^{II}-Löslichkeit in der Schmelze ab, wobei aber z. B. die Zugabe von NaBr anstelle KBr zu einer Zunahme der Leitfähigkeit der Salzschmelze führt. Eine Erklärung ist nur aus den Redox-Verhältnissen in der Schmelze möglich. So findet beispielsweise im geschmolzenen System $Ba-BaBr_2$ nach

$$Ba + 2\,NaBr \rightleftharpoons BaBr_2 + 2\,Na \qquad (5.12)$$

die Bildung von elementarem Natrium statt, wodurch die Leitfähigkeit erhöht wird. Aus Untersuchungen an einer Vielzahl von Systemen kann abgeleitet werden, daß die Metall-Löslichkeit in den halogenidischen Salzschmelzen auf Elektronen-Donator-Acceptor-Wechselwirkungen zwischen gelösten Metallatomen und der Schmelze beruht, wobei der LEWIS-Acidität der Salzkomponenten eine wesentliche Bedeutung zukommt. Aus thermodynamischen und Transporteigenschaften binärer Salzmischungen läßt sich für die Betrachtung der Metallöslichkeiten nach EMONS [43] in Chlorid- und Bromidsystemen folgende Aciditätsreihe aufstellen:

$$AlX_3 > ZnX_2 > CdX_2 > PbX_2 > MgX_2 > LiX >$$

$$CaX_2 > SrX_2 > BaX_2 > NaX > KX > CsX.$$

In den ladungsunsymmetrischen, geschmolzenen Salzmischungen MX_2-MX bilden sich in Abhängigkeit vom Ionenpotential der Reaktanten und von den Struktureigenschaften der Schmelze komplexe Anionen. So wurde z. B. für Mischungen $MgCl_2-KCl$ und $CaCl_2-KCl$ festgestellt, daß eine Koordinierungstendenz der Halogenidionen um die M^{2+}-Ionen besteht, was sich in folgendem Reaktionsgleichgewicht

$$[MCl_3]^- + Cl^- \rightleftharpoons [MCl_4]^{2-} \qquad (5.13)$$

ausdrücken läßt. Auch in $ZnCl_2-MCl$-Schmelzen liegen $[ZnCl_3]^-$- und $[ZnCl_4]^{2-}$-Ionen vor.

Komplexbildungs- und Zerfallsreaktionen sowie Redoxvorgänge unter Beteiligung von Elementmetallen als Reaktanten laufen in sehr komplizierter Weise bei technischen Schmelzflußelektrolysen ab. Die Untersuchungen konzentrieren sich vornehmlich auf die Schmelzsysteme zur elektrolytischen Al- und Mg-Herstellung.

In dem für die elektrochemische Al-Gewinnung hauptsächlich angewandten Schmelzsystem $NaF-AlF_3$ treten nach GRJOTHEIM und HOLM [44] zwei Komplexverbindungen auf (s. Abb. 26): die kongruent schmelzende Verbindung Kryolith Na_3AlF_6 und die inkongruent schmelzende Verbindung Chiolith $Na_5Al_3F_{14}$.

Die oft diskutierte Verbindung $NaAlF_4$ tritt im geschmolzenen System nicht als stabile Verbindung auf, wohl aber im Dampfzustand.

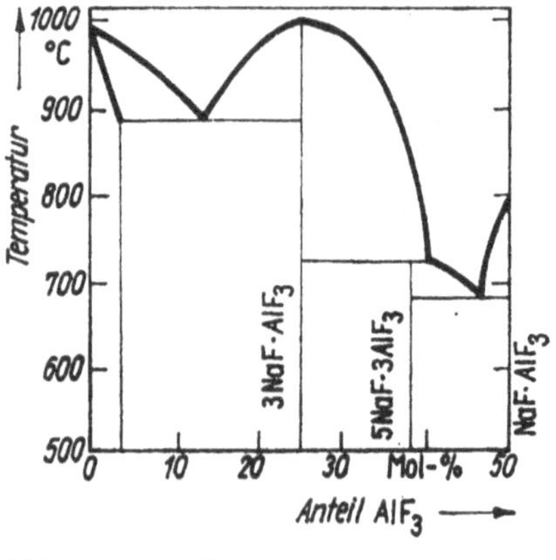

Abb. 26. Ausschnitt aus dem Phasenzustandsdiagramm des Systems $NaF-AlF_3$

Das in Abb. 26 dargestellte flache Dystektikum deutet auf eine ausgeprägte Dissoziation des Kryoliths hin

$$Na_3AlF_6 \rightleftharpoons 3Na^+ + AlF_6^{3-}, \quad (5.14)$$

wobei das komplexe Anion teilweise nach

$$AlF_6^{3-} \rightleftharpoons AlF_4^- + 2F^- \quad (5.15)$$

dissoziiert.

Wird in der geschmolzenen Kryolithphase Al_2O_3 aufgelöst, so wird der Schmelzpunkt des Kryoliths von 1010 °C auf etwa 960 °C erniedrigt. Bei dieser Temperatur liegt eine eutektische Mischung mit etwa 20 Mol-% Al_2O_3 vor. Für die Kryolith-Tonerde-

Schmelze wird eine Vielzahl verschiedener komplexer Ionen angegeben, wobei aber nur die Existenz von $[AlOF_x]^{1-x}$- und $[AlF_y)^{3-y}$-Ionen ($x = 3 \cdots 5$, $y = 4 \cdots 6$) mit den thermodynamischen Ergebnissen in Übereinstimmung steht.

Auf Grund der guten Löslichkeit für Gase, Metalle und Oxide, der guten thermischen und elektrischen Leitfähigkeit sowie den katalytischen Eigenschaften bestimmter halogenidischer Salze ($ZnCl_2$, $AlCl_3$, $FeCl_3$) werden Salzschmelzen in zunehmendem Maße als Reaktionsmedien genutzt. SUNDERMEYER [45] teilt die chemischen Reaktionen in geschmolzenen Salzen in 3 Gruppen ein:

- Reaktionen, bei denen eine oder mehrere Komponenten der Salzmischungen als Reaktanten dienen,
- Reaktionen, bei denen Salzkomponenten katalytisch wirken,
- Reaktionen, bei denen die Salzschmelze als Lösungsmittel und Katalysator fungiert.

Aus einer sehr großen Anzahl von in Salzschmelzen untersuchten Reaktionen sind in Tab. 13 (S. 126) einige Beispiele aufgeführt.

Auch Isomerisierungen von n-Paraffinen lassen sich bei Temperaturen bis zu 200 °C vornehmen. Die Umsetzung von Ethin mit NH_3 führt in einer $ZnCl_2$—NaCl-Schmelze bei 500 °C zu Acetonitril. Aus Acetaldehyd und Ammoniak entstehen in einer $ZnCl_2$-haltigen Salzschmelze bei 300 °C nach EMONS u. Mitarb. [42] α- und γ-Picolin.

5.2. *Festkörperreaktionen*

Festkörperreaktionen nehmen in der Hochtemperaturchemie eine besondere Stellung ein, da für viele Umwandlungs- und Aktivierungsvorgänge durch relativ hohe Energiezufuhr (meist als Wärmeenergie) die starken Bindungskräfte zwischen den Festkörperteilchen aufgehoben werden müssen.

Im folgenden soll der Begriff „Festkörperreaktionen" auf alle chemischen Prozesse, bei denen kristalline und amorph erstarrte Festkörper als Reaktanten beteiligt sind, ausgedehnt werden, d. h. auf alle Reaktionssysteme gasförmig—fest, flüssig—fest und fest—fest. Diese Begriffsdefinition ist in der Literatur nicht immer üblich; in den meisten Publikationen werden als Festkörperreaktionen diejenigen angesehen, bei denen nur feste Phasen reagieren. Treten — wie häufig — amorphe Phasen als Reaktanten auf, wird der enggefaßte Reaktionsbegriff schon problematisch, da

Tabelle 13

Beispiele für Reaktionen in geschmolzenen, halogenidischen Salzen

Art der Reaktion	Reaktionsbeispiele	Salzschmelze	Temperatur in °C
Halogenierung	$B_2O_3 + 3\,C + 3\,Cl_2 \rightarrow 2BCl_3 + 3\,CO$	NaCl, $CaCl_2$, $BaCl_2$	800
	$(CH_3)_3SiCl + NaF \rightarrow (CH_3)_3SiF + NaCl$	LiF, NaF, KF	500
Nitridisierung	$B_2O_3 + 2\,NH_3 \rightarrow 2BN + 3H_2O$	NaCl, KCl	900
Carbidisierung	$MgCl_2 + CaC_2 \rightarrow MgC_2 + CaCl_2$	$MgCl_2$	800
Hydrierung	$4\,LiH + SiCl_4 \rightarrow SiH_4 + 4\,LiCl$	LiCl, KCl	400
Metallreaktionen	$2\,Al + AlCl_3 \rightarrow 3\,AlCl_{(g)}$	NaCl, $AlCl_3$	1200
katalysierte Chlorierungen	$C_2H_2 + Cl_2 \rightarrow CCl_2{=}CHCl(CHCl{=}CHCl, CCl_2{=}CH_2)$	NaCl, $AlCl_3$, $FeCl_3$	450
katalysierte Abspaltungen	$CH_2Cl{-}CH_2Cl \rightarrow CH_2{=}CHCl + HCl$	$ZnCl_2$, KCl	330
	$CHCl_2{-}CHCl_2 + {}^1/_2O_2 \rightarrow CCl_2{=}CCl_2 + H_2O$	$ZnCl_2$, CuCl	400

amorphe Stoffe besonders bei hohen Temperaturen teilweise flüssigkeitsähnliche Eigenschaften zeigen. Weiterhin wurde bei genaueren Untersuchungen „typischer“ fest—fest-Reaktionen gefunden, daß in Mikro- und Teilprozessen der Stofftransport zwischen den festen Reaktanten über die Gas- oder Flüssigphase abläuft und dadurch Reaktionsmechanismen und Kinetik des Gesamtprozesses bestimmt werden.

Die Chemie fester Stoffe ist sowohl in bezug auf die theoretische Durchdringung als auch hinsichtlich der gezielten Anwendungen ein relativ neues Gebiet. Die Ursache hierfür ist darin zu suchen, daß lange Zeit angenommen wurde, feste Stoffe könnten nicht miteinander reagieren oder werden bei der Umsetzung mit gasförmigen und flüssigen Reaktanten nur von der Oberfläche her abgebaut; es reagieren aber in vielen Fällen ganze „Gitter“-Bereiche. Außerdem konnte eine Reihe von Gesetzmäßigkeiten der Gleichgewichtslehre und Reaktionskinetik, die für fluide Systeme abgeleitet worden sind, nicht ohne weiteres auf Festkörperreaktionen übertragen werden, da Mechanismen und Kinetik, die durch Zersetzung und Bildung fester Phasen bestimmt werden, völlig anders als in gasförmigen und flüssigen Systemen sind. Daher läßt sich auch eine Hochtemperaturdefinition, wie sie für gasförmige Systeme möglich war (s. Kap. 1.1. und 2.2.), für Reaktionssysteme mit festen Phasen nicht mehr vornehmen.

Es bestehen sehr enge Beziehungen zwischen der Festkörperchemie und der Festkörperphysik, die die Realstruktur fester Stoffe untersucht. Von der Struktur der festen Reaktanten hängt in starkem Maße die Reaktivität gegenüber flüssigen und gasförmigen Reaktionspartnern ab.

Die wissenschaftliche Durchdringung der Festkörperchemie und -physik ist eng an wesentliche Fortschritte in letzter Zeit auf den Gebieten der Präparationstechnik und neuer bzw. empfindlicher Charakterisierungsverfahren gebunden. Auf den entsprechenden Ergebnissen ließen sich auch erfolgreich theoretische Konzeptionen aufbauen. Nur dadurch ist es gelungen, chemische Hochtemperaturprozesse, die auf der Umwandlung von Festkörpern basieren, zu optimieren und völlig neue Werkstoffe nach Maß zu entwickeln.

Auf folgenden technischen Gebieten haben Festkörperreaktionen eine ganz besondere Bedeutung: Metallurgie, Elektrochemie, Elektrothermie, Katalyse, Baustoff- und Silicatchemie, Herstellung von Hochtemperaturwerkstoffen (Metalle, Keramik), Gewinnung reiner Werkstoffe und Produkte.

5.2.1. *Systeme gasförmig—fest*

Die Reaktionssysteme gasförmig—fest lassen sich in zwei Gruppen einteilen:

- Reaktionssysteme zur Umsetzung fester Phasen mit gasförmigen Reaktanten,
- Reaktionssysteme zur Umsetzung fester Phasen unter Bildung gasförmiger Produkte (thermische Zersetzungen).

Die Hochtemperatur-Reaktionssysteme von Festkörpern und gasförmigen Reaktanten können nach der Gleichgewichtslage bezüglich der Herstellung bestimmter Reaktionsprodukte wie folgt klassifiziert werden:

- Systeme mit extremer Gleichgewichtslage („vollständige" Umsetzungen),
- Systeme mit mittlerer Gleichgewichtslage (komplexe Reaktionen, chemische Transportreaktionen),
- Nichtgleichgewichtssysteme (Plasmareaktionen).

Bei den Reaktionssystemen gasförmig—fest spielt der Einfluß des Druckes (Partialdruck der Reaktanten und Reaktionsprodukte) auf die Gleichgewichtslage eine wesentliche Rolle. Von den genannten Reaktionssystemen haben diejenigen mit extremer Gleichgewichtslage (einschließlich der thermischen Zersetzungen) eine große technische Bedeutung (s. Kap. 7.).

Man kann bei den Reaktionen fester Phasen und gasförmigen Reaktanten davon ausgehen, daß die Reaktionen (der Abbau) der festen Phase von deren Oberfläche nach dem Korninnern erfolgt. Das läßt sich z. B. an der thermischen Zersetzung von $CaCO_3$ (bei 1000 °C) oder von CaC_2 (bei 2000 °C) nach

$$CaCO_{3(s)} \rightarrow CaO_{(s)} + CO_{2(g)} \tag{5.16}$$

$$CaC_{2(s)} \rightarrow 2C_{(s)} + Ca_{(g)} \tag{5.17}$$

zeigen, wobei die neugebildete feste Phase (CaO bzw. C) den Ausgangsstoff ($CaCO_3$ bzw. CaC_2) umhüllt und die Zersetzungsgeschwindigkeit von der Diffusion des gasförmigen Reaktionsproduktes (CO_2 bzw. Ca) durch das feste Reaktionsprodukt bestimmt wird. Da die Abdiffusion der gasförmigen Reaktionsprodukte durch große lokale Partialdruckdifferenzen bei gasdurchlässigen festen Reaktionsprodukten gewährleistet ist, verlaufen die Zersetzungsreaktionen quantitativ.

Bilden sich aus gasförmigen und festen Reaktanten gasförmige (oder flüssige) Reaktionsprodukte, die auf Grund ihrer Fluidität von dem festen Reaktionspartner abtransportiert werden, sind bei einfachen Reaktionen auch quantitative Umsetzungen zu erwarten. Das ist nicht der Fall, wenn sich feste Reaktionsprodukte auf den festen Reaktanten abscheiden und die Gasdiffusion hemmen. So sollten sich z. B. in einer Hochtemperaturreaktion bei 1100 °C nach

$$Ca_{(g)} + 2C_{(s)} \rightarrow CaC_{2(s)} \tag{5.18}$$

Calcium und Kohlenstoff vollständig zu CaC_2 umsetzen, was aber durch die sich auf dem C-Korn ausbildende CaC_2-Schicht verhindert wird (Abb. 27). Durch die Diffusionshemmung wird hier das Vorliegen eines Gleichgewichtszustandes (horizontale Kurventeile) vorgetäuscht. Abbildung 27 zeigt auch, daß die Reaktion des Kohlenstoffes in starkem Maße von der Struktur der festen Phase abhängen muß.

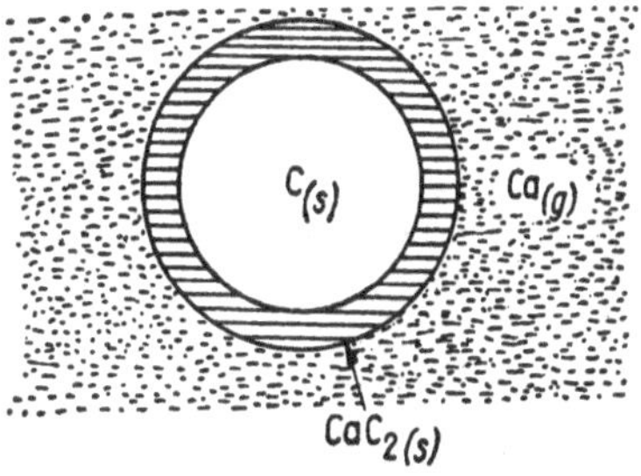

Abb. 27. Schematische Darstellung der CaC_2-Reaktionsproduktschicht auf einem Kokskorn unter gasförmigem Calcium

Während auf weitere technisch wichtige Reaktionssysteme gasförmig—fest im Kap. 7. eingegangen wird, sollen im folgenden besonders die gut untersuchten chemischen Transportreaktionen, Plasmareaktionen und thermischen Zersetzungsreaktionen besprochen werden.

5.2.1.1. Chemische Transportreaktionen

Unter einer chemischen Transportreaktion wird die Umsetzung eines in kondensierter Phase vorliegenden Stoffes mit einem gasförmigen Reaktanten unter Bildung gasförmiger Reaktionssysteme und der unter anderen Bedingungen (meist Temperaturbedingungen) ablaufenden Rückreaktionen verstanden:

$$A_{(s,l)} + B_{(g)} = C_{(g)} + D_{(g)} \tag{5.19}$$

Die Gleichungen sind so zu formulieren, daß auf der linken Seite die kondensierte Phase steht.

Chemische Transportreaktionen sind an folgende Voraussetzungen gebunden:

— Geringer Partialdruck der kondensierten Phase,
— Reversibilität der Reaktion, d. h. keine extreme Gleichgewichtslage im Temperaturbereich des Transports der kondensierten Phase,
— Konzentrationsgefälle durch Temperaturdifferenz, Druckdifferenz und Enthalpiedifferenz (wenn zwei kondensierte Phasen vorliegen).

Chemische Transportreaktionen sind schon seit über 100 Jahren bekannt. Bereits BUNSEN [46] beschrieb die Möglichkeit des Fe_2O_3-Transports mittels HCl

$$Fe_2O_{3(s)} + 6\,HCl_{(g)} = 2\,FeCl_{3(g)} + 3\,H_2O_{(g)} \tag{5.20}$$

und SAINT-CLAIRE DEVILLE [47] den Transport anderer Oxide. Auch der chemische Transport von Metallen (Al, Si) über Subhalogenidbildung (TROOST und HAUTEFEUILLE [48]), z. B.

$$2\,Al_{(s)} + AlCl_{3(g)} = 3\,AlCl_{(g)} \tag{5.21}$$

und die ähnlichen Verfahren zur Reinigung von Metallen durch Umsetzung mit Halogenen (VAN ARKEL und DE BOER [49])

$$M_{(s)} + \frac{x}{2}\,I_{2(g)} = MI_{x(g)} \tag{5.22}$$

gehören zu den klassischen Transportreaktionen. Den Begriff „chemische Transportreaktionen" führte SCHÄFER [50] ein, der in neuerer Zeit entscheidende Beiträge zur Erforschung dieses interessanten und nützlichen Gebietes der Hochtemperaturreaktionen geleistet hat. Wesentliche Ergebnisse (auch die anderer Autoren) sind in der ausführlichen Monographie des Autors [50] enthalten, die besonders hinsichtlich der Charakterisierung und des Einflusses der Gasphase in jüngster Zeit durch eine Reihe von Arbeiten verschiedener Autoren ergänzt wurden. Die gegenwärtigen Forschungen auf dem Gebiet der chemischen Transportreaktionen sind bestimmt durch die Voraussage von Transporteigenschaften einer Vielzahl von Reaktionssystemen auf thermodynamischer und kinetischer Grundlage.

Eine große Bedeutung haben chemische Transportreaktionen für die Reindarstellung von Elementen und Verbindungen, die Synthese von Einkristallen und die reaktionschemische Verhinderung korrosiver Reaktionen erlangt.

5.2.1.1.1. Transportmethoden und theoretische Grundlagen

Für den Transport kondensierter Phasen durch chemische Reaktionen wird die Temperaturabhängigkeit heterogener Gleichgewichte ausgenutzt. Die Temperaturabhängigkeit der Gleichgewichtskonstanten wird durch die VAN'T HOFFsche Reaktionsisobare

$$\left(\frac{\partial \ln K}{\partial T}\right)_p = \frac{\Delta_R H}{RT^2} \tag{5.23}$$

bestimmt.

Danach wird die Transportrichtung der heterogenen Reaktionssysteme (unter der Voraussetzung, daß in der Reaktionsgleichung die kondensierte Phase links formuliert wird) durch den Wert der Reaktionsenthalpie bestimmt; ist $\Delta_R H < 0$ wird die Substanz von der niederen (T_1) zur höheren Temperatur (T_2) transportiert, ist $\Delta_R H > 0$ erfolgt der Transport von der höheren zur niederen Temperatur.

Für die Erreichung des notwendigen Temperaturgradienten können folgende experimentelle Varianten angewendet werden:

- Nutzung des Temperaturgradienten eines Ofens,
- Herstellung spezieller Transportöfen mit zwei Widerstandsheizungen,
- Benutzung von zwei Öfen,
- Arbeiten in einem Gradientenofen.

Die Transportexperimente lassen sich am besten bei Anwendung durchsichtiger Reaktionsgefäße aus temperaturbeständigem Glas (Supremaxglas, Kieselglas) beobachten. Für sehr hohe Temperaturen sind auch Reaktionsgefäße aus Korund, Platin, Molybdän und Wolfram angewandt worden.

Voraussetzung für den chemischen Transport kondensierter Phasen ist eine Gasbewegung durch Diffusion, thermische Konvektion oder aufgezwungene Strömung.

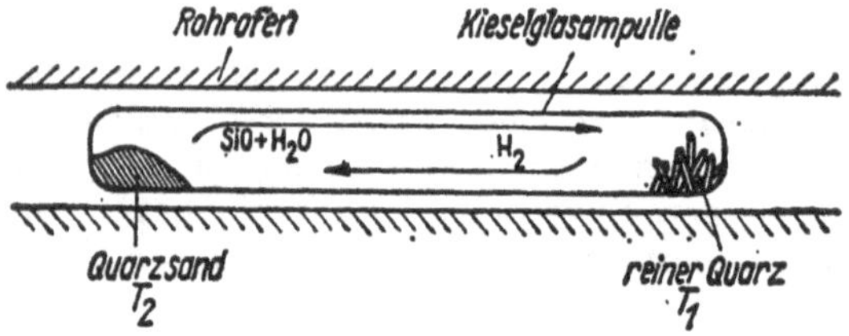

Abb. 28. Beispiel für die Kristallzüchtung durch chemische Transportreaktion

Die sicher am häufigsten angewandten Transportmethoden basieren auf der *Diffusion* der gasförmigen Reaktanten und Reaktionsprodukte, weil hierbei gut kontrollierbare Bedingungen vorliegen. Da Verunreinigungen in starkem Maße den chemischen Transport beeinflussen können, ist eine sehr saubere Präparation notwendig. In Abb. 28 ist der Transport von SiO_2 zur Herstellung reiner Quarzkristalle nach

$$SiO_{2(s)} + H_{2(g)} = SiO_{(g)} + H_2O_{(g)} \tag{5.24}$$

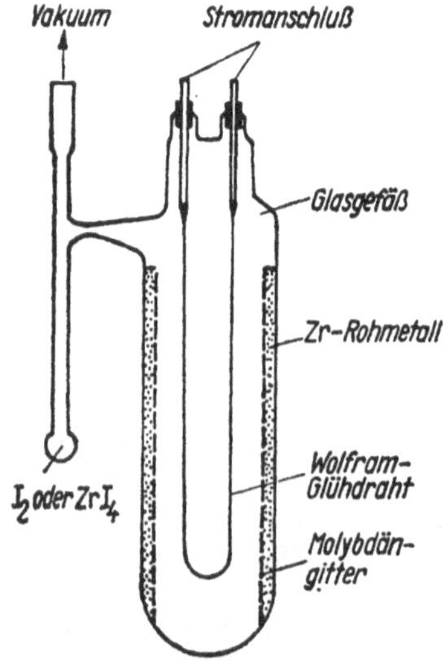

Abb. 29. Glühdrahtmethode für den Zirconium-Transport

dargestellt. Häufig werden von den Reaktanten oder Reaktionsprodukten Glas- bzw. Kieselglasapparaturen korrodiert (→ Kristallisation), so daß die Reaktionsgefäße bzw. die Substanztiegel aus restistenterem Sinterkorund benutzt werden müssen.

Auf der Gasdiffusion beruht auch der Metalltransport durch Halogenide. Als klassisches Beispiel ist in Abb. 29 die Glühdrahtmethode dargestellt.

Eine Erhöhung der Transportleistung (des Transporteffekts) wird durch Ausnutzung der *thermischen Konvektion* erreicht, d. h., der abgeschlossene längliche Reaktionsraum wird schräg angeordnet (s. Abb. 30) oder das Gas wird in einem geschlossenen Rohrsystem, in dem ein Temperaturgradient aufrechterhalten wird, durch die Konvektion im Kreislauf geführt. So läßt sich z. B. Silicium nach

$$Si_{(s)} + SiF_{4(g)} = 2SiF_{2(g)} \tag{5.25}$$

auf einfache Weise transportieren.

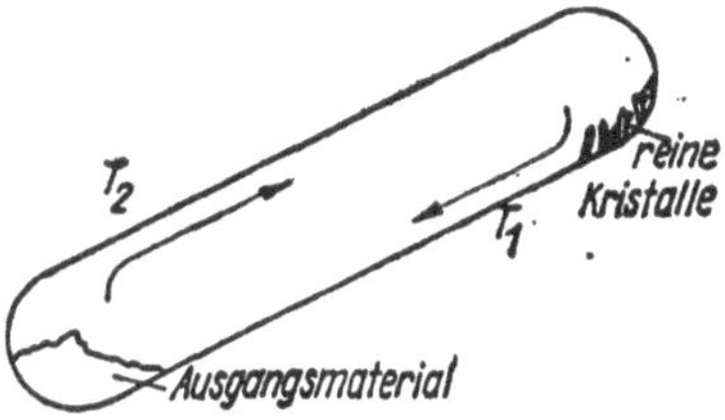

Abb. 30. Thermische Konvektion im Transportrohr

Eine weitere Möglichkeit, die transportierte Menge eines Feststoffes zu erhöhen, besteht in der Anwendung von *Strömungsapparaturen*, in denen das Reaktionsgas über den festen Reaktanten mit oder ohne Trägergas (entsprechend der Mitführungsmethode für Gleichgewichtsuntersuchungen und Dampfdruckmessungen) geführt wird (s. Abb. 31).

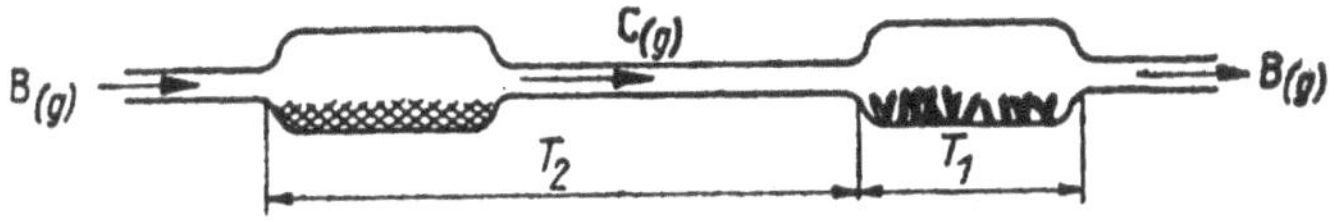

Abb. 31. Strömungsanordnung zum Festkörpertransport

Häufig werden Kreislaufapparaturen benutzt. Vielfach wird in Strömungsanordnungen ein Druckgefälle mit Entspannung ausgenutzt, wie z. B. beim Aluminiumtransport durch Subhalogeniddestillation (s. Gl. (5.21)).

Der Transportvorgang läßt sich in verschiedene Teilschritte zerlegen:

— heterogene gas—fest-Reaktionen unter Verbrauch des Ausgangsmaterials,
— Gasbewegung durch Diffusion, Konvektion und Strömung,
— heterogene gas—fest-Rückreaktion unter Bildung des reinen Produktes.

Liegen kleine Drücke im Gasraum vor ($< 10^{-4}$ MPa), hängt die transportierte Stoffmenge direkt von der Größe der Abscheidungsfläche (z. B. Glühdraht) ab, weil kaum Wechselwirkungen der gasförmigen Spezies im Gasraum (Reaktionen) auftreten. Bei mittleren Drücken ($\geqq 10^{-4}$ bis $3 \cdot 10^{-1}$ MPa) wird die Gasbewegung durch Diffusion bestimmt, wobei das Diffusionsgebiet von den experimentellen Bedingungen abhängt. Bei hohen Drücken ($> 3 \cdot 10^{-1}$ MPa) nimmt die thermische Konvektion an Bedeutung zu.

Mit zunehmenden Druck geht also die Molekularströmung über die Diffusion in die thermische Konvektion über. Die Druckabhängigkeit des Transporteffekts ist in Abb. 32 schematisch dargestellt. Bei niederen Drücken und damit schnellerer Molekularströmung im Gasraum wird die heterogene Reaktion zum geschwindigkeitsbestimmenden Schritt. Dadurch ist der Transporteffekt geringer als der für die Diffusion als geschwindigkeitsbestimmenden Schritt berechnete.

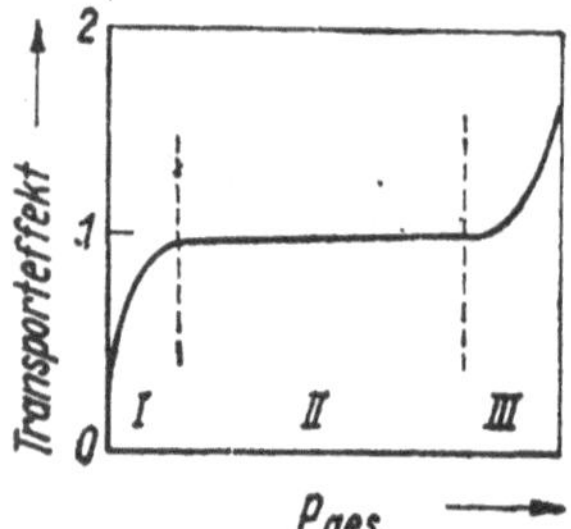

Abb. 32. Theoretische Abhängigkeit des Transporteffekts vom Gesamtdruck

Bei mittleren Drücken und mittleren Temperaturen (400 bis 1100 °C) stellt die Diffusion bei vielen Transportreaktionen den geschwindigkeitsbestimmenden Schritt dar, d. h., die heterogenen Hin- und Rückreaktionen an den festen Reaktanten befinden sich im Gleichgewicht. Es sind relativ wenig Transportreaktionen bekannt, deren Transporteffekte kleiner oder größer sind als dem jeweils geschwindigkeitsbestimmenden Diffusionsschritt entspricht. So ist z. B. beim Kohlenstoff-Transport nach der Boudouard-Reaktion

$$C_{(s)} + CO_{2(g)} = 2CO_{(g)} \tag{5.26}$$

im Temperaturgefälle von 1000 °C auf 600 °C die heterogene Reaktion geschwindigkeitsbestimmend, woraus ein relativ geringer Transporteffekt resultiert. Die Ursache ist in dem niederen Verdampfungskoeffizienten infolge der festen, kovalenten Bindungen im Kohlenstoffgitter, aber auch in der Stabilität des CO-Moleküls, zu sehen. Ähnliche Beziehungen zwischen Reaktivität einerseits sowie Verdampfungskoeffizienten, Struktur bzw. Bindungsverhältnissen andererseits sind für weitere feste Phasen, wie P, As und bestimmte Oxide, sowie stabile Gase (z. B. N_2) festgestellt worden (Verdampfungs- und Kondensationsbarrieren).

Beim Übergang zu niederen Temperaturen treten häufig Reaktionshemmungen auf, oft durch Ausbildung von kondensierten (evtl. polymeren) Reaktionsproduktschichten auf den festen Reaktanten, wie z. B. beim Zirconiumtransport nach der Iodidmethode

$$Zr_{(s)} + I_{2(g)} = ZrI_{2(g)} \tag{5.27}$$

die ZrI_2-Abscheidung in bestimmten Temperaturbereichen.

Für hohe Drücke wird ein höherer Transporteffekt als für geschwindigkeitsbestimmende Diffusion berechnet, da die thermische Konvektion einen zusätzlichen Transport bewirkt.

Der Einfluß der Gasbewegung auf den Transporteffekt wurde von Schäfer u. Mitarb. [51] für den Fe_2O_3-Transport durch HCl von 1000 °C auf 80 °C

$$Fe_2O_{3(s)} + 6\,HCl_{(g)} = 2\,FeCl_{3(g)} + 3\,H_2O_{(g)} \tag{5.28}$$

und den $CrCl_3$-Transport durch Chlor von 500 °C auf 400 °C

$$CrCl_{3(s)} + {}^1/_2 Cl_2 = CrCl_{4(g)} \tag{5.29}$$

nachgewiesen (s. Abb. 33), wobei der von 1 abweichende Wert für den Transporteffekt in Unsicherheiten bei der Abschätzung der Diffusionskoeffizienten liegt.

Die Vergrößerung des Temperaturgebietes der Diffusion kann durch präparative (Bodenkörpermenge) und apparative (enge Diffusionsstrecke) Variationen vorgenommen werden. Mit zunehmender Temperatur verschiebt sich das Diffusionsgebiet zu kleineren Drücken.

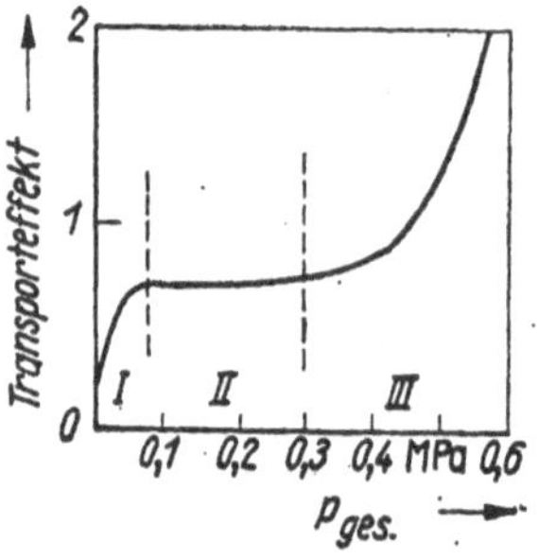

Abb. 33. $CrCl_3$-Transport durch Cl_2

Zur Berechnung der Transportleistung werden von SCHÄFER [50] Näherungsformeln für die unterschiedliche Art der Gasbewegung auf der Basis

- der FICKschen Diffusionsgesetze und der Stöchiometrie der Reaktionen (Diffusionsmethode)
- des HAGEN-POISSEUILLEschen Gesetzes (Konvektionsmethode)
- der Molzahländerungen in den Reaktionsräumen (Strömungsmethode)

abgeleitet.

Der Transporteffekt eines Reaktionssystems ist in entscheidendem Maße von den Druckbedingungen (Druckunterschied) und den thermodynamischen Größen abhängig. Für den Transport der festen Phase sorgt die Gasbewegung zwischen den Reaktionsgleichgewichtsräumen, wobei die Differenz der Gleichgewichtsdrücke (Δp) auf thermodynamische Größen zurückzuführen ist. In Abb. 34 ist der Zusammenhang von Δp mit den thermodynamischen Zustandsfunktionen ΔH^0 und ΔS^0 nach SCHÄFER [50] aufgeführt, der auch folgende Regeln für den Festphasentransport angibt:

- Ein chemischer Transport erfolgt nur, wenn auf einer Seite der Reaktionsgleichung keine kondensierte Phase auftritt.

- Reaktionssysteme mit extremer Gleichgewichtslage (großer Absolutwert von ΔH^0) führen zu keinem meßbaren Transport.
- Exotherme Reaktionen transportieren zur höheren Temperatur, endotherme Reaktionen zu niederer Temperatur; ist $\Delta H^0 = 0$ findet kein Transport statt.
- Zu jedem Wert $\Delta S^0 \neq 0$ existiert ein Wert ΔH^0 mit maximalem Transporteffekt.
- Bei großem Absolutwert von $\Delta S^0 (\geqq 40$ J/K · mol) findet ein guter Transport nur statt, wenn ΔH^0 und ΔS^0 gleiche Vorzeichen aufweisen.
- Bei kleinen ΔS^0-Werten (< 20 J/K · mol, aber $\neq 0$) ist ein Transport in beiden Temperaturrichtungen möglich (Reaktionen ohne Molzahländerung).
- Reaktionen mit $\Delta S^0 \geqq 40$ J/K · mol (Molzunahme in der Gasphase) zeigen nur von hohen zu niederen Temperaturen einen guten Transport (bei ΔS^0-Werten $\leqq 40$ J/K · mol ist es umgekehrt).
- Der Transport nimmt mit dem Absolutwert von ΔS^0 zu, wenn sich ΔH^0 gleichsinnig ändert.

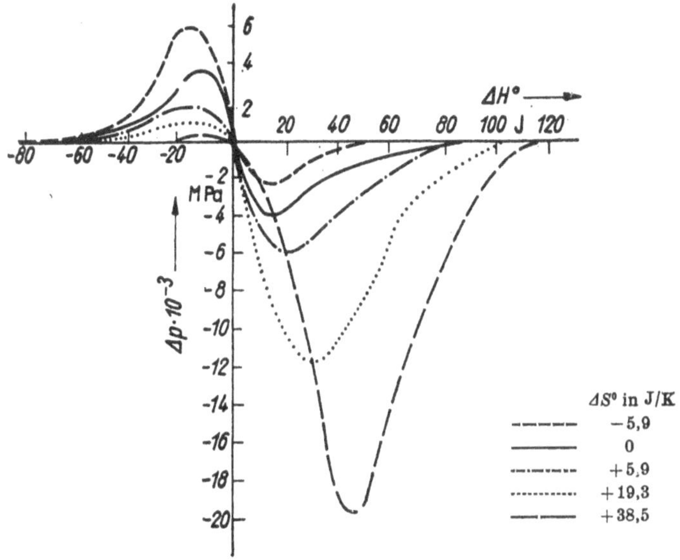

Abb. 34. Abhängigkeit des Transporteffekts (Δp) von ΔH^0 und ΔS^0

– Die Wahl verschiedener Temperaturbereiche (Änderung von $\lg K_p$) hat einen großen Einfluß auf den Transport.
– Eine für den Transporteffekt wichtige Vergrößerung von Δp läßt sich durch die Wahl der Gaszusammensetzung erreichen, so daß eine Verschiebung des Gleichgewichtes aus extremer Lage erfolgt.

Nach diesen Regeln lassen sich die chemischen Transportreaktionen hinsichtlich des Effekts einschätzen; für definierte, einfache Bedingungen sind quantitative Berechnungen des Transporteffekts möglich.

5.2.1.1.2. Anwendungen der Transportreaktionen

Das Ziel der Anwendung chemischer Transportreaktionen bzw. der Ausnutzung von Transportgleichgewichten ist in den meisten Fällen die Reindarstellung von Elementen und Verbindungen (aber auch thermodynamische Daten der Reaktionssysteme lassen sich aus Transportexperimenten gewinnen). Da durch chemische Transportreaktionen häufig auch Verunreinigungen der festen Phase transportiert werden, müssen die Gleichgewichtsverteilungen des zu transportierenden Stoffes und der Verunreinigungen für die Erzielung eines hohen Trenneffekts beachtet werden, d. h., die Kenntnis der Partialdampfdruckunterschiede und des auf Grund thermodynamischer Kriterien ausgewählten Reaktionssystems ist besonders wichtig. Werden Verunreinigungen unter ähnlichen Bedingungen (Temperatur, Druck, Transportmechanismen) transportiert wie der Hauptreaktant, kann eine stufenweise Reinigung (mehrfacher Transport bei gleichen oder etwas unterschiedlichen Bedingungen) der kondensierten Phase vorgenommen werden. Auch die Bindung von Verunreinigungen durch Komplexbildung sowie die Einführung eines Temperaturminimums in die Transportstrecke zur Abscheidung der Verunreinigungen haben sich bewährt. Um reine Reaktionsprodukte zu erhalten, ist es in jedem Falle günstig, wenn ein systemeigenes Transportmittel (gasförmiger Reaktant) angewandt wird, wie z. B. O_2 für den IrO_2-Transport oder $AlCl_3$ für den Al-Transport.

In bestimmten Fällen (z. B. bei der Herstellung von Halbleiterkristallen) kann durch Ausnutzung verschiedener Transportgleichgewichte eine gezielte, regelmäßige Dotierung mit

„Verunreinigungen“ vorgenommen werden. Dabei ist jedoch zu beachten, daß viele feste Stoffe gegen bestimmte Dotierungen resistent sind (aus strukturellen und sterischen Gründen).

Neben der Reindarstellung der Elemente und Verbindungen haben Transportreaktionen auch eine Bedeutung für die Verlängerung der Lebensdauer von Hochtemperaturmaterialien, z. B. die Egalisierung von Glühdrähten (W) durch Metalltransport nach der Halogenmethode von niederen zu höheren Temperaturen. Andererseits werden durch chemische Transportvorgänge Hochtemperaturmaterialien zerstört, z. B. Edelmetallmaterial (Pt, Rh, Ir) über Oxidbildung und Rekristallisation.

In der Tab. 14 ist eine Auswahl charakteristischer und gut untersuchter Transportsysteme zur Darstellung reiner Metalle, Chalkogenide, Halogenide und Verbindungen der Elemente der V. Hauptgruppe des PSE zusammengestellt. Für verschiedene, feste Elemente und Verbindungen sind in der Tabelle mehrere Transportreaktionen angegeben. Prinzipiell gibt es für jeden zu transportierenden festen Stoff eine Vielzahl von chemischen Transportmöglichkeiten, so daß es für eine sinnvolle Anwendung am aussichtsreichsten ist, auf der Basis theoretischer Betrachtungen die günstigsten Transportreaktionen und -bedingungen auszuwählen. So lassen sich z. B. Oxide besonders gut in Gegenwart von Chlorwasserstoff transportieren, ein Transport zur heißen Zone des Reaktors findet bei exothermer Reaktion mit negativer bis schwach positiver Reaktionsentropie statt, d. h., es sind bevorzugt Reaktionen auszuwählen, bei denen das gasförmige Chlorid polymolekular vorliegt (z. B. Aluminiumhalogenide). Die Auswahl thermodynamisch günstiger Halogenidreaktionen kann an Hand tabellierter Werte für Reaktionsenthalpien und -entropien vorgenommen werden.

Beim Transport fester Halogenide ist zu beachten, daß bei hohen Temperaturen sehr hohe Dampfdrücke der kondensierten Phasen erreicht werden, und deshalb Transportgleichgewichte ausgewählt werden müssen, die einen Transport bei niederen Temperaturen ermöglichen.

5.2.1.1.3. *Mineralisatorwirkung*

Unter Mineralisatorwirkung wird die Beteiligung einer fluiden Phase an der Ausbildung stabiler, kristalliner Modifikationen von Festkörpern verstanden. Die Umwandlung amorpher und mikro-

Tabelle 14

Ausgewählte Transportreaktionen zur Gewinnung reiner Elemente und Verbindungen

Reines Reaktionsprodukt[1])	Transportgleichung	Temperatur in °C		Reaktor[2])
		Hinreaktion	Rückreaktion	
Elemente (Metalle)				
Be	$Be_{(s)} + 2NaCl_{(g)} = BeCl_{2(g)} + 2Na_{(g)}$	1000	nied. Temp.	*St*
Al	$2\,Al_{(l,s)} + AlX_{3(g)} = 3\,AlX_{(g)}$ X = Halogen	1000	600	*St*
	$4\,Al_{(l,s)} + Al_2S_{3(g)} = 3\,Al_2S_{(g)}$	1300	1000	*St*
C	$C_{(s)} + CO_{2(g)} = 2\,CO_{(g)}$	1000	600	*R*
Si	$Si_{(s)} + SiX_{4(g)} = 2\,SiX_{2(g)}$ X = Halogen	1100	900	*St, R*
	$Si_{(s)} + AlCl_{3(g)} = SiCl_{2(g)} + AlCl_{(g)}$	1000	nied. Temp.	*St*
	$Si_{(s)} + 2\,AlCl_{3(g)} = SiCl_{4(g)} + 2\,AlCl_{(g)}$	1000	nied. Temp.	*St*
Cu	$3\,Cu_{(s)} + 3\,HCl_{(g)} = (CuCl)_{3(g)} + 1^1/_2H_{2(g)}$	600	500	*R*
Au	$2\,Au_{(s)} + Cl_{2(g)} = (AuCl)_{2(g)}$	1000	700	*St, R*
Ti(Ga, Si, Ge, Zr, Cr, Fe)	$Ti_{(s)} + 2\,TiCl_3 = 3\,TiCl_{2(g)}$	1200	1000	*R*
Zr (Si, Cu, Ti, V, Nb, Ta, Cr, Fe, Th, U)	$Zr_{(s)} + 2\,I_{2(g)} = ZrI_{4(g)}$	280	1450	*G*
Mo	$Mo_{(s)} + 2^1/_2Cl_{2(g)} = MoCl_{5(g)}$	400	1400	*G*
	$Mo_{(s)} + 2\,MoO_{3(g)} = 3\,MoO_{2(g)}$	1600	nied. Temp.	*R*
W	$W_{(s)} + 3\,Cl_{2(g)} = WCl_{6(g)}$	80	200	*R*
	$W_{(s)} + xH_2O_{(g)} = WO_{x(g)} + xH_{2(g)}$	2400	nied. Temp.	*G*

Tabelle 14 (Fortsetzung)

Reines Reaktionsprodukt[1])	Transportgleichung	Temperatur in °C		Reaktor[2])
		Hinreaktion	Rückreaktion	
Fe (Co, Ni)	$Fe_{(s)} + 2HCl_{(g)} = FeCl_{2(g)} + H_{2(g)}$	1000	800	*St*, *R*
Ni	$Ni_{(s)} + 4CO_{(g)} = Ni(CO)_{4(g)}$	50	190	*St*
Pt	$Pt_{(s)} + O_{2(g)} = PtO_{2(g)}$	1500	nied. Temp.	*St*
Ir	$Ir_{(s)} + 1^1/_2 O_{2(g)} = IrO_{3(g)}$	1325	1130	*R*
Chalkogenide				
Li_2O	$Li_2O_{(s)} + H_2O_{(g)} = 2LiOH_{(g)}$	1000	nied. Temp.	*St*
BeO	$BeO_{(s)} + H_2O_{(g)} = Be(OH)_{2(g)}$	1500	nied. Temp.	*St*
Al_2O_3 (BeO, TiO_2,	$Al_2O_{3(s)} + 6HCl_{(g)} = 2AlCl_{3(g)} + 3H_2O_{(g)}$	1100	nied. Temp.	*St*
Fe_2O_3)	$Al_2O_{3(s)} + 3Cl_{2(g)} = 2AlCl_{3(g)} + 1^1/_2 O_{2(g)}$	1240	nied. Temp.	*St*
SiO_2	$SiO_{2(s)} + xH_2O_{(g)} = SiO_2 \cdot xH_2O_{(g)}$	400	380	*R*
	$SiO_{2(s)} + H_{2(g)} = SiO_{(g)} + H_2O_{(g)}$	1400	nied. Temp.	*St*
	$SiO_{2(s)} + SiI_{4(g)} = 2SiO_{(g)} + 4I_{(g)}$	1270	1000	*R*
	$SiO_{2(s)} + 2SiI_{2(g)} = 2SiO_{(g)} + SiI_{4(g)}$	1270	1000	*R*
Cu_2O	$Cu_2O_{(s)} + 2HCl_{(g)} = 1^1/_2(CuCl)_{3(g)} + H_2O_{(g)}$	600	900	*R*
Ta_2O_5	$Ta_2O_{5(s)} + 6HCl_{(g)} = 2TaOCl_{3(g)} + 3H_2O_{(g)}$	1000	600	*St*
	$Ta_2O_{5(s)} + 3TaCl_{5(g)} = 5TaOCl_{3(g)}$	750	650	*R*
WO_3	$WO_{3(s)} + H_2O_{(g)} = WO_2(OH)_{2(g)}$	1100	900	*R*
FeS (GaS, SnS, ZnS, CdS, MnS, Ga_2S_3, In_2S_3, GeS_2, SnS_2, komplexe Sulfide)	$FeS_{(s)} + I_{2(g)} = FeI_{2(g)} + {}^1/_2 S_{2(g)}$	900	700	*R*

Tabelle 14 (Fortsetzung)

Reines Reaktions-produkt[1])	Transportgleichung	Temperatur in °C		Reaktor[2])
		Hinreak-tion	Rückreak-tion	
ZnSe (CdSe, komplexe Selenide)	$ZnSe_{(s)} + I_{2(g)} = ZnI_{2(g)} + {}^1/_2Se_{2(g)}$	1050	700	*R*
CrTe	$CrTe_{(s)} + I_{2(g)} = CrI_{2(g)} + {}^1/_2Te_{2(g)}$	1025	850	*R*
Halogenide				
$NbCl_3$($MoCl_3$)	$NbCl_{3(s)} + NbCl_{5(g)} = 2NbCl_{4(g)}$	390	355	*R*
$CrCl_3$(VCl_3, $RuCl_3$)	$CrCl_{3(s)} + {}^1/_2Cl_{2(g)} = CrCl_{4(g)}$	500	400	*R*
$CrBr_3$	$CrBr_{3(s)} + {}^1/_2Br_{2(g)} = CrBr_4$	500	nied. Temp.	*St*
FeI_2	$FeI_2 + {}^1/_2I_{2(g)} = {}^1/_2Fe_2I_6$	500	nied. Temp.	*R*
Nitride, Phosphide, Arsenide				
TiN	$TiN_{(s)} + 3HCl_{(g)} = TiCl_{3(g)} + 1{}^1/_2H_{2(g)} + {}^1/_2N_{2(g)}$	1500	1450	*R*
InP	$2InP_{(s)} + InI_2 = {}^1/_2P_{4(g)} + 3InI_{(g)}$	915	860	*R*
GaAs (InAs)	$2GaAs_{(s)} + GaI_{3(g)} = {}^1/_2As_{4(g)} + 3GaI_{(g)}$	1070	1030	*R*

[1]) Die in ( ) aufgeführten Produkte werden nach analogen Reaktionsmechanismen und Transportrichtungen (Temperaturgradient) transportiert

[2]) *St*: Strömungsapparatur; *R*: geschlossenes Rohr; *G*: Glühdrahtanordnung

kristalliner, strukturell gestörter Phasen in stabile Modifikationen mit regelmäßigem Kristallaufbau kann also durch Temperung in Gegenwart von Mineralisatoren erfolgen.

Die Mineralisatorwirkung ist besonders auf den Gebieten der Kristallzüchtung, des Sinterns, der Aktivierung und Desaktivierung von Katalysatoren und der Kornvergrößerung bestimmter Mineralphasen zur Trennung von Feststoffgemischen von Interesse.

Bei der Bildung stabiler Kristalle spielen häufig Schmelzphasen als Transportmedien eine wesentliche Rolle, so z. B. beim Metalltransport (Al, Ti) geschmolzene Salzmischungen der aus Halogeniden der entsprechenden Metalle und Alkalimetallhalogeniden (zur Verminderung des Partialdampfdruckes, z. B. von $AlCl_3$ und $TiCl_2$). Die Transportvorgänge führen prinzipiell zu Umkristallisationen, bei denen die Salzschmelzen als Lösungsmittel dienen.

Werden chemische Transportreaktionen zur Mineralisation angewandt, entspricht die Gasphase dem Lösungsmittel, in der sich eine Verteilung der gasförmigen Komponenten des Reaktionssystems entsprechend den Partialdampfdrücken einstellt.

Die Vorteile der Mineralisatorwirkung von Gasphasen bestehen in

- der leichten Abtrennbarkeit des Mineralisators vom festen Produkt,
- der Möglichkeit einer gezielten Auswahl der Transportsysteme durch thermodynamische Betrachtungen und
- der isothermen Arbeitsweise, da die Differenz der Partialdampfdrücke über den verschiedenartigen festen Phasen (unterschiedliche Enthalpien) für einen Transport ausreicht.

Obwohl die Unterschiede in den Partialdampfdrücken relativ klein sind, wird durch die kurzen Diffusionsstrecken (z. B. zwischen den Körnern der festen Substanz) ein großer Transporteffekt erzielt; oft genügen Partialdruckdifferenzen von 10^{-7} MPa für eine Mineralisatorwirkung bei Normaldruck.

Beispiele für gute Mineralisatorwirkung sind die Kristallisationsvorgänge von Metallen und Metalloxiden in Gegenwart kleiner Mengen von Halogenwasserstoffen, Halogenen oder Wasser

$$M^{II}_{(s)} + 2HCl_{(g)} = M^{II}Cl_{2(g)} + H_{2(g)} \tag{5.30}$$

$$MO_{(s)} + 2HCl_{(g)} = MCl_{2(g)} + H_2O_{(g)} \tag{5.31}$$

So lassen sich gut ausgebildete Eisenkristalle durch Reduktion von FeOCl mit Wasserstoff erhalten [52].

Wird die WO_3-Reduktion mit feuchten Wasserstoff vorgenommen, entstehen regelmäßige, große W-Kristalle im Gegensatz zur Anwendung von trockenem Wasserstoff. Hierbei ist sowohl eine Mineralisatorwirkung des Wassers hinsichtlich der Ausbildung großer WO_3-Kristalle, die dann reduziert werden, möglich, oder auch der Metalltransport durch Wasser [53].

Die Mineralisatorwirkung kleiner Mengen von SiC bei der Graphitierung von Kohlenstoffmaterialien erfolgt wahrscheinlich über Transportgleichgewichte unter Bildung der im Gasraum massenspektrometrisch nachgewiesenen Carbide Si_2C und SiC_2 mit relativ hohen Gleichgewichtsdrücken, wobei aber eine partielle thermische Zersetzung von SiC vorausgesetzt werden muß.

5.2.1.1.4. Herstellung von Einkristallen

Über chemische Transportreaktionen lassen sich in idealer Weise Einkristalle herstellen. Die klassischen Verfahren der Kristallzüchtung aus flüssigen Medien (Lösungen, Schmelzen) oder mittels Sublimation sind häufig nur begrenzt anwendbar durch die Löslichkeitsverhältnisse bzw. die thermische Zersetzung der festen Phasen. Die Vorteile der Einkristallherstellung über chemische Transportreaktionen liegen in einer breiten Palette der Anwendungsmöglichkeiten und den im Vergleich zu anderen Verfahren niedrigen Temperaturen.

Die Ausnutzung chemischer Transportreaktionen kann auf zwei Wegen erfolgen. Entweder wird der Transport der festen Phase im Temperaturgefälle oder durch Temperung (Mineralisatorwirkung) erreicht.

Als Beispiel für die Anwendung chemischer Transportreaktionen zur Kristalldarstellung soll die Verbindungsklasse der Oxidhalogenide dienen, deren Vertreter durch andere Verfahren nur unter sehr schwierigen Bedingungen in kristalliner Form (nur mikrokristallin) hergestellt werden können:

$$AlOCl_{(s)} + NbCl_{5(g)} = {}^1/_2\,Al_2Cl_{6(g)} + NbOCl_3 \qquad (5.32)$$

$$FeOCl_{(s)} + 2\,HCl_{(g)} = {}^1/_2\,Fe_2Cl_{6(g)} + H_2O_{(g)} \qquad (5.33)$$

(TiOCl)

$$VOCl_{(s)} + 2\,VCl_{4(g)} = VOCl_{3(g)} + 2\,VCl_{3(g)} \qquad (5.34)$$

$$2CrOCl_{(s)} + 2CrCl_{3(g)} = CrO_2Cl_{2(g)} + 3CrCl_{2(g)} \qquad (5.35)$$

$$NbOCl_{2(s)} + NrCl_{5(g)} = NbOCl_{3(g)} + NbCl_{4(g)} \qquad (5.36)$$

$(TaOCl_2, MoOCl_2)$

Der Transport erfolgt in den aufgeführten Beispielen von der höheren zur niederen Temperatur.

Chemische Transportreaktionen lassen sich gut nutzen, um lange, dünne Einkristalle mit hohen mechanischen Festigkeiten (Whisker) zu erzeugen, z. B. auf der Basis folgender Transportgleichgewichte:

$$Si_{(s)} + SiCl_{4(g)} = 2\,SiCl_{2(g)} \qquad (5.37)$$

$$Fe_{(s)} + 2\,HCl_{(g)} = FeCl_{2(g)} + H_{2(g)} \qquad (5.38)$$

$$Al_2O_3 + 2\,H_{2(g)} = Al_2O_{(g)} + 2\,H_2O_{(g)} \qquad (5.39)$$

$$Ta_2O_{5(s)} + 3\,TaCl_5 = 5\,TaOCl_{3(g)} \qquad (5.40)$$

Für die Einkristallherstellung über chemische Transportreaktionen ist es günstig, daß eine differenzierte Einstellung des Temperaturgradienten möglich ist, um die Keimbildungsgeschwindigkeit (geringe Keimanzahl) zu erniedrigen. Beispiele für die Herstellung großer Einkristalle sind technisch anwendbare Oxide, Sulfide und Selenide. Durch Hydrothermalsynthese von SiO_2 über eine komprimierte Gasphase ist beispielsweise die technische Herstellung von Quarzeinkristallen mit über 10 cm Durchmesser möglich (s. Abb. 35, S. 146).

5.2.1.2. *Plasmachemie*

Noch vor zwei Jahrzehnten wurde die Plasmachemie als ein wissenschaftlich uninteressantes Gebiet betrachtet, auf dem seit der Jahrhundertwende keine bedeutenden Fortschritte mehr erzielt wurden. In neuerer Zeit erlebte die Plasmachemie einen großen Aufschwung, besonders durch die apparativen Fortschritte bei der Plasma-Erzeugung und die zunehmenden wissenschaftlichen Erkenntnisse über die Natur thermischer Plasmen.

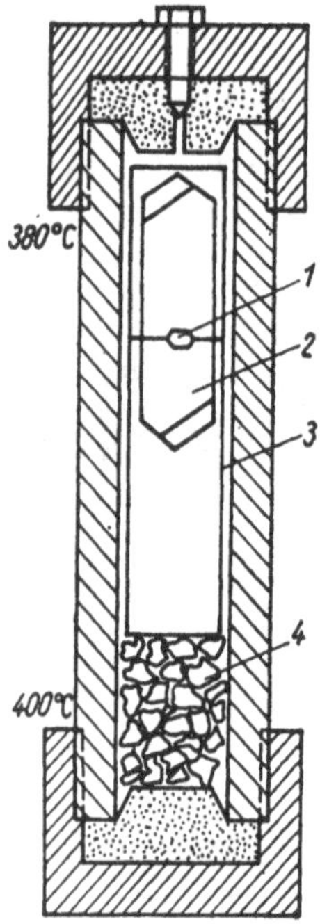

Abb. 35. Hydrothermalsynthese zur Kristallzüchtung

1 – Kristallit; *2* – gewachsener Kristall; *3* – Diaphragma; *4* – Ausgangssubstanz

5.2.1.2.1. Charakterisierung des thermischen Plasmas

Die oft benutzte Definition des Plasmas als „leitfähiges, leuchtendes Gas" ist sehr ungenau. Das Vorliegen von Ladungsträgern (Ionen, Elektronen) im Plasma, das einen gasförmigen, angeregten Zustand darstellt und somit auch Strahlung emittiert, ist nur ein — wenn auch das wesentlichste — Charakteristikum des Plasmazustandes. Die Abgrenzung des Plasmazustandes vom Zustand des Neutralgases ist nicht einfach, da zwischen dem nichtionisierten Gas und einem hochionisierten Plasma hinsichtlich des Ionisierungsgrades alle Abstufungen auftreten können. So kann Stickstoff bei 5000 K und Normaldruck als thermisches

Molekülplasma angesehen werden, obwohl nur ein Anteil von 0,5% des Gases in dissoziierter Form vorliegt.

Eine thermodynamische Abgrenzung zwischen dem Gas- und dem Plasmazustand kann auf der Basis der Temperaturabhängigkeit der Enthalpieänderung $\Delta H = f(T)$, die in einem Übergangsgebiet unterschiedlicher Zustände (z. B. bei Phasenumwandlung) einen steilen Anstieg zeigt, vorgenommen werden. Dieser steile ΔH-Anstieg zeigt sich auch bei den Temperaturen, bei denen im hocherhitzten Gas Dissoziations- und Ionisationsprozesse ablaufen. In dieser Hinsicht kann der Plasmazustand als 4. Aggregatzustand betrachtet werden.

Das thermische Plasma unterscheidet sich also vom Atom- und Molekülgas durch folgende Merkmale:

- Mindestkonzentration an Ladungsträgern, die so hoch ist, daß signifikante Eigenschaftsunterschiede zum Gas auftreten (Stromleitung, Strahlungsemission, Magnetfeld),
- gleiche Konzentration an positiven und negativen Ladungsträgern (Quasineutralität),
- erhöhter Enthalpiegehalt,
- stationärer Zustand der Ladungsträgerbildung und -rekombination,
- MAXWELL-BOLTZMANN-Verteilung der Energie und Geschwindigkeit der Plasmateilchen, d. h. die Charakterisierung des Energiezustandes des Plasmas durch *eine* Temperatur.

Das letztere Merkmal trifft auf die nichtthermischen (kalten) Plasmen, die bei niedrigen Drücken ($< 10^{-4}$ MPa) im elektrischen Feldgradienten (äußere Potentialdifferenz) erzeugt werden, nicht zu (nichtthermische Ionisierung). Im folgenden soll nur auf die für den Hochtemperatur-Chemiker interessanten thermischen Plasmen eingegangen werden, obwohl chemische Reaktionen auch im nichtthermischen Plasma ablaufen, die aber nicht als Hochtemperaturreaktionen angesehen werden können und auch eine im Vergleich zu den thermischen Plasmareaktionen geringere Bedeutung haben.

Für die Erzeugung und Anwendung thermischer Plasmen sind die durch Energiezufuhr hervorgerufenen Dissoziations- und Ionisationsvorgänge, durch die das Plasma leitfähig wird, besonders wichtig. Der Ionisierungsgrad x eines Plasmas wird durch die EGGERT-SAHA-Gleichung ausgedrückt, d. h., der Ionisierungsgrad des Plasmas steigt mit zunehmender Temperatur an:

$$\frac{x^2}{1-x^2}\,p = \frac{(2\pi m)^{3/2}}{h^3}\,(kT)^{5/2}\,e^{-\frac{eU_i}{kT}} \tag{5.41}$$

p — Druck
m — Elektronenmasse
h — PLANCKsches Wirkungsquantum
k — BOLTZMANN-Konstante
T — Temperatur
eU_i — Ionisierungsarbeit

In Abb. 36 sind Dissoziations- und Ionisationsvorgänge bei einigen wichtigen Gasen in Abhängigkeit von Wärmeinhalt (Energiezufuhr) und Temperatur für Normaldruck dargestellt. Bei den diatomaren Gasen sind die Dissoziations- und die bei wesentlich höheren Temperaturen liegenden Ionisationsstufen eindeutig zu erkennen.

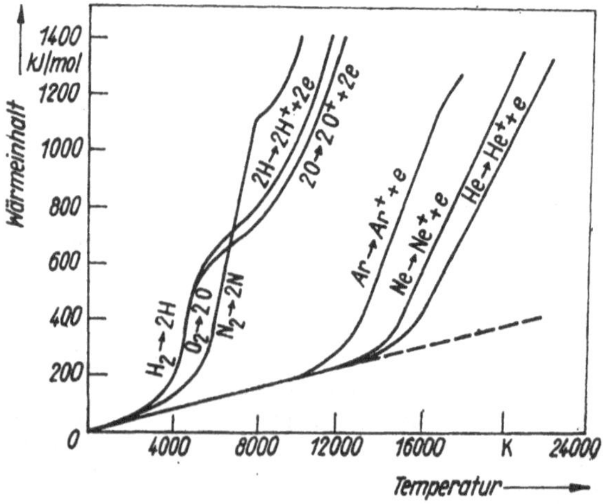

Abb. 36. Wärmeinhalt verschiedener Gase in Abhängigkeit von der Temperatur

Thermische Plasmen bestehen also aus Atomen, einfachen Kationen, Elektronen und Photonen (Strahlung). In den sog. Komplexplasmen, die durch plasmaangeregte chemische Prozesse entstehen, liegen außerdem noch Anionen vor. In Abb. 37 sind die verschiedenen Wechselwirkungsprozesse in einem Plasma schematisch dargestellt.

Eine Voraussetzung für die theoretische Behandlung thermischer Plasmen, d. h. die Charakterisierung durch thermodynamische Zustandsgrößen (z. B. für die Berechnung von Reaktionsprodukt-konzentrationen, s. Kap. 4.2.), ist das Vorliegen eines thermischen Gleichgewichtes. Dieses ist aber durch hohe Temperaturgradienten in den Plasmen häufig nicht realisiert, so daß man

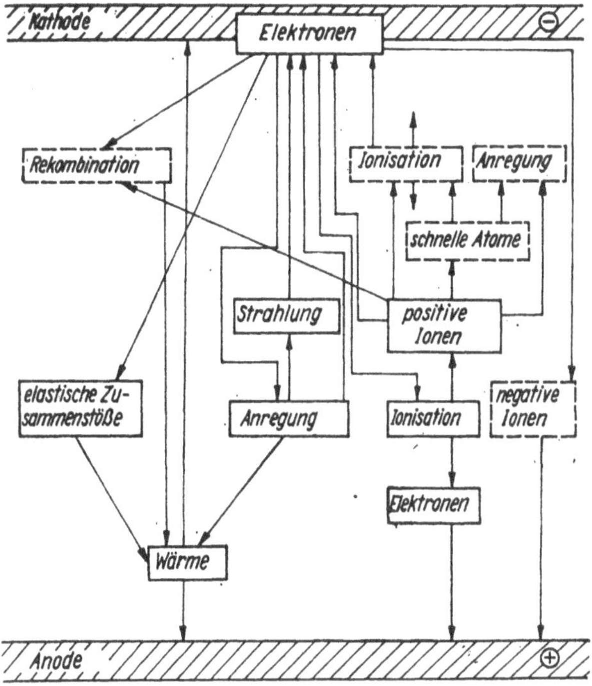

Abb. 37. Wechselwirkungsvorgänge im thermischen Plasma

den theoretischen Betrachtungen die Vorstellung des thermischen Gleichgewichtes in bestimmten Volumenelementen (lokale thermische Gleichgewichte) zugrunde legen muß.

Plasmen werden in der chemischen Forschung und Industrie meist angewendet, um Reaktionsgemische mittelbar auf hohe Temperaturen zu erhitzen. Fragen der Wärmeübertragung sind dabei von großem Interesse.

Bei Plasmastrahlen und elektrischen Lichtbögen, die auf ebene Flächen auftreffen, sind die Wärmeübertragungsintensitäten infolge der hohen Temperaturen, der hohen Gasgeschwindigkeiten und der hohen thermischen Leitfähigkeit besonders groß.

5.2.1.2.2. Plasmachemische Reaktionen

Der Begriff „Plasmachemie“ ist in sich widersprüchlich, da chemische Bindungen bei Plasmatemperaturen kaum existieren. Unter plasmachemischen Reaktionen sollen im folgenden die Reaktionen verstanden werden, die bei sehr hohen Temperaturen unter Anwendung thermischer Plasmen ablaufen.

Plasmareaktionen können auf sehr verschiedenen Wegen durchgeführt werden, die abhängig von der Art der Mischung der Reaktanten, dem Zustand der Reaktanten, den angewandten Temperaturbereichen und der Art der Abschreckung sind.

Die Durchführung von plasmachemischen Reaktionen in zwei thermischen Stufen ist eine oft praktizierte und einfache Methode. Die Reaktanten dissoziieren und ionisieren in einem elektrischen Lichtbogen bei hohen Temperaturen (z. B. ~ 8000 K) und setzen sich bei der Abschreckung (Quenchung) zu Endprodukten um. Dieser Reaktionsweg erscheint sehr energieaufwendig, da die chemischen Umsetzungen bei einem Bruchteil der Plasmatemperaturen verlaufen. In der Praxis zeigt sich jedoch, daß infolge des

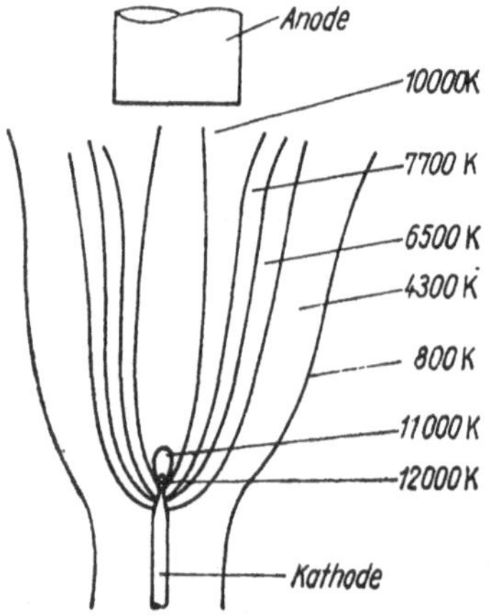

Abb. 38. Schema der Temperaturverteilung im thermischen Plasma

großen Temperaturgradienten durch das Plasma (s. Abb. 38) und die hohe Strömungsgeschwindigkeit nur ein Teil der Reaktanten die heißen Zonen des Plasmas erreicht, der den größeren Anteil an relativ kalten Reaktanten auf eine mittlere Temperatur aufheizt, bei der die erwarteten chemischen Reaktionen ablaufen, bevor das gesamte Reaktionsgemisch abgeschreckt wird.

Eine weitere Möglichkeit der Durchführung plasmachemischer Reaktionen besteht darin, daß ein geeignetes Gas (z. B. Wasserstoff oder Argon) als Wärmeübertragungsmedium benutzt wird. Nach Erhitzen des Gases auf Plasmatemperatur wird dieses mit den Reaktanten zur Erreichung der gewünschten Reaktionstemperatur turbulent gemischt. Nach einer, für eine gute Ausbeute an Reaktionsprodukten optimalen Reaktionszeit, die von der Gasgeschwindigkeit und den Reaktorparametern abhängt, wird das Gasgemisch abgeschreckt.

In Tab. 15 sind einige durch Anwendung thermischer Plasmen durchgeführte und untersuchte Hochtemperaturreaktionen aufgeführt.

Nach stofflichen Gesichtspunkten lassen sich diese Plasmareaktionen in folgende Gruppen einteilen:

- Reaktionen zur Umsetzung von Kohlenstoff und Kohlenwasserstoffen,
- Reaktionen zur Fixierung des Stickstoffs,
- Reaktionen zur Umsetzung und Synthese von Halogenverbindungen,
- Reaktionen zur Umsetzung stabiler Oxide,
- plasmametallurgische Prozesse.

Am gründlichsten sind im Labor, aber auch im halbtechnischen und technischen Maßstab die Umsetzungen von gesättigten Kohlenwasserstoffen und in jüngerer Zeit auch von Kohle zu ungesättigten Kohlenwasserstoffen (Ethin, Ethen) und auch Kohlenstoff (Pyrographit) untersucht worden (z. B. [54]). Die Ausbeute an bestimmten Reaktionsprodukten hängt sehr stark von der Art der Ausgangsprodukte, der Temperatur, der Reaktorform, dem Energieumsatz, dem Trägergas, dem Quenchmittel und der Einspeisung des Plasmas ab. Trägergas und Quenchmittel bestimmen vielfach die wesentlichen chemischen Reaktionen (z. B. die Rekombination verschiedener Spezies, wie der für die Ethingewinnung wichtigen C_2H-Radikale bei der Plasmareaktion des Methans). Je höhermolekularer die für die Stoffumwandlung im Plasma eingesetzten Kohlenwasserstoffe sind,

Tabelle 15
Plasmachemische Umsetzungen

Reaktanten	Reaktionsprodukte
CH_4, C_nH_{2n+2}	C_2H_2, C_2H_4
Kohlenwasserstoffe	C, C_2H_2
Kohlenwasserstoffe	C, H_2
$C + H_2$	C_2H_2
$CH_4 + O$	HCHO
$CH_4 + N_2$	HCN
$CH_4 + NH_3$	HCN
$C + H_2 + N_2$	$HCN + C_2H_2$
$C + NH_3$	$HCN + C_2H_2$
$C + N_2$	C_2N_2
NH_3	$N_2H_4 + H_2$
$CH_4 + Cl_2$	CH_2Cl_2, $CHCl_3$, CCl_4
$CF_2(CF_4) + C$	C_2F_4
$CF_4 + N_2$	NF_3, N_2F_4, N_2F_2, CF_4
CO_2	$CO + O_2$
O_2	O_3
$HCl + O_2$	$Cl_2 + H_2O$
$S + H_2$	H_2S
$SiCl_4 + H_2$	$SiHCl_3$
$MgSiO_3$	$MgO + SiO_2$
$MgO + Cl_2 + C$	$MgCl_2 + CO$
$TiCl_4 + H_2$	$Ti + HCl$
$TiCl_4 + H_2$	$TiCl_3 + HCl$
$TiCl_4 + O_2$	$TiO_2 + Cl_2$
$SiCl_4 + O_2$	$SiO_2 + Cl_2$
$Fe_2O_3(FeO) + H_2$	$Fe + H_2O$
$Ni(CO)_4$	$Ni + CO$
Al_2O_3	$Al + O_2$
$ZrO_2 + H_2$	$Zr + H_2O$
$Ta_2O_5 + CH_4$	TaC, Ta_2C, H_2O
$W + CH_4$	W_2C, $WC + H_2$
$UO_2 + C$	$UC + CO$
$TiCl_4 + N_2(NH_3)$	TiN, HCl
$Ti + N_2$	TiN
$Mg + N_2$	Mg_3N_2
$Ca_3(PO_4)_2 + H_2$	$P + CaO + H_2O$
$Ca_3(PO_4)_2 + CO$	$P + CaO + CO_2$

desto geringer ist der Anteil an ungesättigten Verbindungen im Reaktionsproduktgemisch und desto schwieriger wird das Problem des Zwangsanfalls an Kohlenstoff. Die letztgenannte Nebenreaktion wird bei der Herstellung von Pyrographit bewußt ausgenutzt. Bei der Kohlevergasung im Plasmastrahl lassen sich Ethinausbeuten von 45% und HCN-Ausbeuten von 35% erzielen [55].

Die Stickstoff-Fixierung kann durch plasmachemische Reaktionen als NO_x, HCN, C_2N_2 und N_2H_4 erfolgen. Die NO-Synthese im Lichtbogen ist als technischer Prozeß bereits seit 80 Jahren als BIRKELAND-EYDE-Verfahren bekannt, aber auch heute ist der Energieaufwand für diese Stickstoff-Fixierung noch zu hoch. Das gilt auch für die Dicyan- und HCN-Synthese, obwohl besonders für die plasmathermische HCN-Gewinnung aus stickstoffreichem Erdgas (mit relativ hohem Alkangehalt gegenüber Methan) bzw. Kohle sich gute Möglichkeiten einer technischen Realisierung abzeichnen. Die Hydrazin-Synthese ist auf Grund des exothermen Charakters der Verbindung auf plasmathermischem Wege ungeeignet.

Von den Halogenreaktionen in thermischen Plasmen ist besonders die DEACON-Reaktion

$$2\,HCl + {}^1/_2\,O_2 \rightleftharpoons Cl_2 + H_2O \tag{5.42}$$

zur Chlorgewinnung interessant geworden, da durch Rekombination der Hochtemperaturspezies während des Quenchprozesses höhere Cl_2-Ausbeuten als thermodynamisch berechnet möglich sind. Für die Herstellung von Nichtmetallfluoriden und organischen Halogenverbindungen ist die Anwendung thermischer Plasmen ungünstig. Plasmachemische Reaktionen sollten sich besonders eignen, um extrem stabile oxidische Verbindungen umzusetzen. Mit einigem Erfolg lassen sich so siliciumorganische Verbindungen aus SiO_2 und Kohlenwasserstoffen herstellen. Besonders wichtig ist die plasmathermische Zersetzung natürlicher Phosphate zur Phosphorgewinnung, bei der auch bereits ein hoher technischer Realisierungsgrad erreicht wurde [56].

Unter plasmametallurgischen Verfahren wird die Umsetzung gasförmiger Reaktanten zu Metallverbindungen und Metallen durch heterogene Reaktionen verstanden, die meist der Beschichtung von Werkstoffen dienen. Es handelt sich dabei um die Bildung von Metallen, Carbiden, Nitriden, Boriden und Siliciden aus Metalloxiden, Metallchloriden und Metallen im

Hochfrequenz-Plasma mit H_2, CH_4, N_2, NH_3, Borwasserstoff- oder Siliciumwasserstoffverbindungen als/oder im Trägergas. Dabei werden Umsetzungsgrade von 10 ··· 50% erreicht.

5.2.1.2.3. *Physikalisch-chemische Syntheseprinzipien*

Werden die in Tab. 15 aufgeführten Plasmareaktionen verglichen, so zeigen einige Reaktionen hohe Umsetzungen, während andere niedrige Werte aufweisen. Durch Anwendung einfacher thermodynamischer Grundlagen können die verschiedenartigen Reaktionen charakterisiert werden. Die thermodynamischen Stabilitätsbereiche bei hohen Temperaturen lassen sich durch ELLINGHAM-Diagramme gut veranschaulichen, die nach der Beziehung

$$\Delta G = -RT \ln K = \Delta H - T\Delta S \tag{5.43}$$

sowohl die Temperaturabhängigkeiten der thermodynamischen Zustandsfunktionen als auch die Gleichgewichtskonstanten angeben.

Die thermodynamischen Parameter (z. B. Enthalpien) und Stoffdaten (z. B. spezifische Wärmen) können bis zu Temperaturen von 2000 K noch experimentell ermittelt werden (Kalorimetrie).

Für höhere Temperaturen müssen die Zustandsgrößen mit Hilfe der statistischen Thermodynamik berechnet werden. Dies erfolgt auf der Basis von Verteilungsfunktionen für die Zustände und der aus vielen Teilchen bestehenden Systeme durch Zustandssummen, die die energetischen Anteile der sich in den Systemen befindlichen Teilchen umfassen (z. B. Energieanteile für Translation, Rotation und Schwingung der Moleküle sowie Bewegungen von Teilchen innerhalb der Moleküle) [57].

Für einige bei Plasmatemperaturen durchgeführte Reaktionen ist in Abb. 39 ein ELLINGHAM-Diagramm dargestellt.

Es zeigt sich, daß mit zunehmender Temperatur der Umsetzungsgrad nur für endotherme Reaktionen ($\Delta H > 0$) zunimmt und zwar in praktisch akzeptablem Umfange ($K > 10^{-3}$), wenn ΔH nicht zu groß oder wenn ΔS groß und positiv ist.

Sollen ELLINGHAM-Diagramme zur Beurteilung von Hochtemperaturgleichgewichten bei Plasmareaktionen herangezogen werden, sind unbedingt die verschiedenen Zustände, in denen die Reaktanten und Reaktionsprodukte in einem breiten Hochtemperaturbereich vorliegen, zu berücksichtigen. Die Reaktion von

Kohlenstoff und Wasserstoff zu Ethin ist z. B. gut untersucht worden, wonach zwischen 1500 und 2500 K das C_2H_2 am stabilsten von allen auftretenden Kohlenwasserstoffspezies ist. PLOOSTER und REED [58] fanden experimentell, daß die Reaktionslinie das Gleichgewicht gut beschreibt (s. Abb. 39). Bei 3000 K beginnt aber der Wasserstoff in starkem Maße zu dissoziieren und bei etwa 4000 K siedet der Kohlenstoff, so daß oberhalb von 4000 K die Reaktionslinie für gasförmigen Kohlenstoff und atomaren Wasserstoff das Gleichgewicht bestimmt. Die C_2H_2-

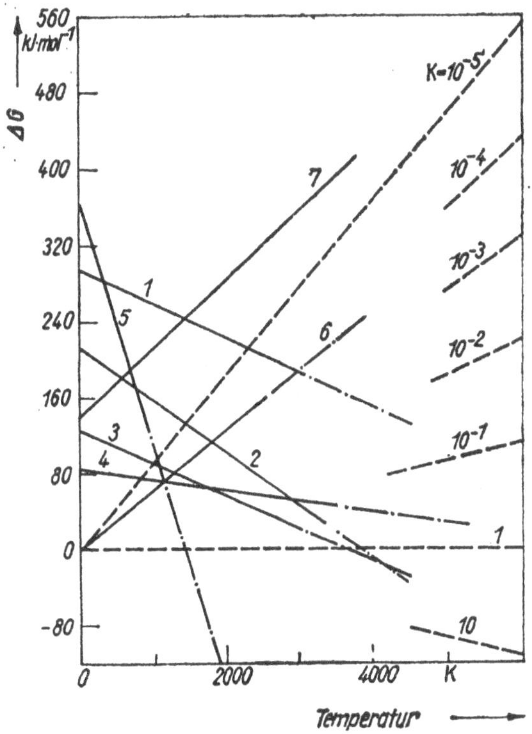

Abb. 39. ELLINGHAM-Diagramm verschiedener Reaktionen im Plasma

1 – $2C + 2N \rightarrow C_2N_2$
2 – $2C + H_2 \rightarrow C_2H_2$
3 – $C + {}^1/_2H_2 + {}^1/_2N_2 \rightarrow HCN$
4 – ${}^1/_2O_2 + {}^1/_2N_2 \rightarrow NO$
5 – $2CH_4 \rightarrow C_2H_2 + 3H_2$
6 – $Si + 2H_2 \rightarrow SiH_4$
7 – ${}^3/_2O_2 \rightarrow O_3$

Bildung wird daher zwischen 3000 und 4000 K optimal sein. Die nach den thermodynamischen Daten vorausgesagten C_2H_2-Ausbeuten waren jedoch geringer als PLOOSTER und REED [58] experimentell fanden. Durch Annahme von Rekombinationsreaktionen zwischen C_2H-Radikalen und Wasserstoff während des Abschreckens konnte zwischen der theoretischen Berechnung und dem Experiment eine gute Übereinstimmung erzielt werden.

Für weitere in Abb. 39 dargestellte Reaktionen ergeben sich folgende thermodynamische Schlußfolgerungen, die prinzipiell mit den Experimenten in Übereinstimmung stehen:

- Die CH_4-Spaltung zu C_2H_2 und H_2, die zwar unter großer Enthalpieänderung verläuft, aber auch eine große Entropie erzeugt, sollte nahezu vollständig unter 2000 K verlaufen.
- Für die Reaktion der Elemente zum HCN sind auf Grund der nicht zu großen Enthalpieänderung gute Ergebnisse zu erwarten, während die Reaktion der Elemente zum Dicyan weniger gut verlaufen sollte.
- Für die Ozonbildung aus Sauerstoff können auf Grund der Entropieabnahme keine guten Umsetzungsergebnisse bei hohen Temperaturen erwartet werden; das gleiche gilt auch für die Silanbildung aus den Elementen.

Aus diesen Beispielen könnte gefolgert werden, daß thermodynamische Daten eine wesentliche Grundlage zur Beurteilung plasmachemischer Reaktionen darstellen. Für viele Reaktionen trifft das auch zu, wenn man auch bereits für die Reaktionen im Kohlenstoff—Wasserstoff-System die Annahme relativ stabiler Radikale (C_2H) treffen muß, um Berechnung und Experiment in Übereinstimmung zu bringen.

Voraussetzung für die thermodynamischen Berechnungen sind Gleichgewichtszustände. Wenn diese jedoch bei allen Temperaturen existieren würden, wäre es unmöglich, die bei hohen Temperaturen gebildeten Verbindungen abzuschrecken, d. h., neben thermodynamischen Beurteilungskriterien spielen kinetische Gesichtspunkte beim Ablauf von Hochtemperaturreaktionen eine wesentliche Rolle.

So läßt sich beispielsweise der Zeitverlauf der plasmachemischen CH_4-Zersetzungsreaktion berechnen und mit den experimentellen Ergebnissen in gute Übereinstimmung bringen [58]. Dagegen zeigen Berechnungen der Gleichgewichtskonzentrationen verschiedener Hochtemperaturspezies des N—O-Systems und der Zeitabhängigkeit der Zusammensetzung der abgeschreckten Endprodukte von der Temperatur, daß die NO-Konzentrationen mit steigender Temperatur bis zu einem Maximalwert von 5% bei 3500 K zunehmen sollten, um bei weiterer Temperaturerhöhung wieder abzunehmen [59]. Die experimentellen Ergebnisse zeigten aber zunehmende NO-Konzentrationen bis 8000 K, wobei die NO-Ausbeute 8% betrug. In diesem Fall war sicher die Voraussetzung des Vorliegens von Gasgleichgewichten in homogener Phase für die Berechnungen zu stark vereinfacht, d. h., den heterogenen Wandreaktionen kommt für den Reaktionsverlauf eine wesentliche Bedeutung zu. Ein Nachteil thermodynamischer und kinetischer Berechnungen besteht darin, daß die benutzten Daten oft über mehrere tausend Kelvin aus Meßdaten extrapoliert sind. Trotzdem gilt für *homogene Plasmareaktionen*, daß die Ausbeuten an Zielprodukten — unabhängig vom Abkühlmechanismus — mindestens in der gleichen Größenordnung wie die aus thermodynamischen Gleichgewichtszusammensetzungen bei den Reaktionstemperaturen berechneten liegen, während bei *heterogenen Plasmareaktionen* die Ausbeuten oft wesentlich höher oder niedriger als die berechneten sind. Für letztere werden zwei Ursachen diskutiert [60]: Die Schwierigkeit der Verflüchtigung kondensierter Phasen im Plasma, d. h. das Nichterreichen eines Gleichgewichtszustandes (z. B. durch die Unmöglichkeit der Ausbildung thermischer Gleichgewichte auf Grund der schlechten Wärmeleitfähigkeit der kondensierten Phasen), kann als *Verdampfungsbarriere* bezeichnet werden. So sind die geringeren Al-Ausbeuten bei der thermischen Al_2O_3-Zersetzung und auch die äußerst niedrigen CaC_2-Gehalte in den Produkten der CaO—C-Reaktion im Plasma erklärlich.

Ein zweiter Grund für das Versagen thermodynamischer Berechnungen an heterogenen Hochtemperatursystemen ist das Vorliegen von *Kondensationsbarrieren* [61], d. h., die Bildung von thermodynamisch stabilen kondensierten Phasen geht viel langsamer vor sich, als die Bildung von thermodynamisch instabilen gasförmigen Spezies. Es entstehen also die gasförmigen Reaktionsprodukte in Konzentrationen, die weit über den Gleichgewichtskonzentrationen liegen. Die Ursache hierfür ist im geschwindigkeitsbestimmenden Schritt der Keimbildung zu sehen, d. h., eine genügend schnelle Abschreckung begünstigt kinetisch die homogene Reaktion gegenüber der heterogenen.

Die kinetische Verzögerung bei der Kondensation gasförmiger Reaktionsprodukte konnte in Reaktionsmischungen von Ethin und Sauerstoff nachgewiesen werden [62]. In Mischungen mit weniger als 70% C_2H_2 wurde kein fester Kohlenstoff bei der Explosion gebildet, obwohl nach Gleichgewichtsberechnungen die kritische C_2H_2-Konzentration bereits bei 55% erreicht ist. In Mischungen, die 70 bis 72% C_2H_2 enthalten, wurde nach einer zweiten Stoßwelle die C-Kondensation beobachtet. Der Kondensationsbarrieren-Chemismus läßt sich für das Kohlenstoff-Wasserstoff-System in einem Ellingham-Diagramm (Abb. 40) von Reed [61] verdeutlichen. Oberhalb von etwa 800 K sollte nach der hete-

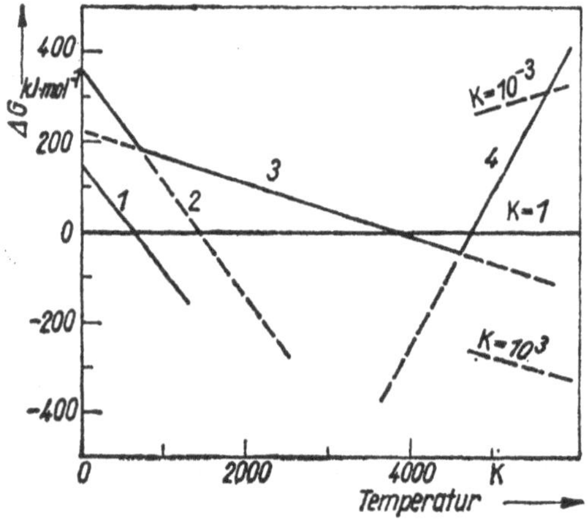

Abb. 40. Reaktionen im System C—H bei Plasmatemperaturen

1 – $2CH_4 \rightarrow 2C(s) + 4H_2$
2 – $2CH_4 \rightarrow C_2H_2 + 3H_2$
3 – $2C(s) + H_2 \rightarrow C_2H_2$
4 – $2C(g) + 2H \rightarrow C_2H_2$

rogenen Reaktion *1* unter Gleichgewichtsbedingungen fester Kohlenstoff gebildet werden. Bei hoher Abkühlungsgeschwindigkeit können sich aber keine Kohlenstoffkeime bilden, und das Methan zerfällt in die gasförmigen Reaktionsprodukte Ethin und Wasserstoff. Bei Temperaturen zwischen 5000 und 4000 K sollte während der Abkühlung zunächst die homogene Reaktion von gasförmigem Kohlenstoff und atomarem Wasserstoff zum Ethin nach Gleichung *4* erfolgen und anschließend nach der heterogenen Reaktion *3*. Durch sehr hohe Abkühlungsgeschwindigkeit erfolgt jedoch der Ablauf der Reaktion *4* nach der metastabilen Linie.

Auf Grund thermodynamischer und kinetischer Berechnungen und Experimente lassen sich für die plasmachemische Synthese zwei Prinzipien angeben:

- Hohe Ausbeuten der bei hohen Temperaturen gebildeten und durch große Bildungsentropien stabilisierten Reaktionsprodukte werden durch eine sehr hohe Abschreckungsgeschwindigkeit erreicht.
- Hochtemperaturmoleküle, die auch in Temperaturbereichen der Synthese instabil sind, lassen sich über homogene Reaktionen durch schnelle Abschreckung und Umgehung der thermodynamisch begünstigten heterogenen Reaktionen infolge des Vorliegens von Kondensationsbarrieren erhalten.

5.2.1.3. *Thermische Zersetzungen von Festkörpern*

Thermische Zersetzungen von festen Verbindungen gehören zu den am gründlichsten untersuchten Festkörperreaktionen. Die Ursachen hierfür liegen in der meist guten chemischen und physikalischen Charakterisierung des Ausgangsfestkörpers und der Reaktionsprodukte. Außerdem ist der Ablauf von Zersetzungsreaktionen an einem Reaktanten relativ übersichtlich im Vergleich zu den Umsetzungen in Systemen, an denen mehrere Festkörper oder flüssige Phasen und Festkörper bei hohen Temperaturen beteiligt sind.

Unter thermischen Zersetzungen im weiteren Sinne sind solche Reaktionen zu verstehen, die auf Grund der Zuführung von Wärmeenergie ablaufen. Das können exotherme Reaktionen sein, deren Aktivierungsenergie als Wärmeenergie zugeführt wird. So zersetzen sich beispielsweise Schwermetallacide (AgN_3, $Pb(N_3)_2$) mit hoher Reaktionsgeschwindigkeit beim Erhitzen. Da aber die Aktivierungsenergie für solche exothermen Reaktionen auch in anderer Weise zugeführt werden kann (z. B. mechanische Energie, Strahlungsenergie), sind diese thermisch aktivierbaren Umsetzungen keine typischen Hochtemperaturreaktionen.

Thermische Zersetzungen im engeren Sinne sind endotherme Reaktionen oder Umsetzungen, deren freie Reaktionsenthalpie mit zunehmender Temperatur kleiner wird und deren Ablauf durch Störung des Gleichgewichtszustandes gewährleistet ist. Die Störung des thermodynamischen Gleichgewichtes tritt bei thermischen Zersetzungen oft schon dadurch ein, daß gasförmige Reaktionsprodukte abgeführt werden oder Sekundärreaktionen eingehen, z. B. bei folgenden Reaktionen:

$$CaCO_{3(s)} \rightarrow CaO_{(s)} + CO_{2(g)} \quad (5.44)$$

$$CaC_{2(s)} \rightarrow 2C_{(s)} + Ca_{(g)} \quad (5.45)$$

Thermische Zersetzungsreaktionen fester Stoffe haben eine erhebliche praktische Bedeutung in der Metallurgie, bei der Herstellung technischer Silicate und Kerame, in der Katalyse und bei der Herstellung elektrotechnischer und elektronischer Bauelemente.

Trotz der relativ guten Übersichtlichkeit und Kenntnis thermischer Zersetzungsreaktionen fester Stoffe sind viele Fragen zu den Reaktionsmechanismen und zur Reaktionskinetik noch nicht geklärt. BOLDYREV [63] bezeichnet den folgenden, für thermische Zersetzungen typischen Reaktionsverlauf als *Lokalisation*: die Reaktion beginnt an reaktionsfähigen Zentren an der Oberfläche des Festkörpers und breitet sich über weitere Oberflächenbereiche und in das „Innere" des Festkörpers aus. Auch von inneren Baufehlern des Festkörperkorns kann die Zersetzungsreaktion ausgehen.

Das Fortschreiten der Reaktion ist in vielen Fällen gut zu beobachten, z. B. auf optischem Wege die thermische Zersetzung des Calciumcarbids bei 2000 °C, bei der sich um das CaC_2-Korn eine Schicht von Zersetzungskohlenstoff ausbildet, durch die das gasförmige Calcium diffundiert. Dabei beeinflußt die Dicke und Struktur der Kohlenstoffschicht in erheblichem Maße die Ca-Diffusionsgeschwindigkeit und damit die Zersetzungsreaktion. Oxidische Verunreinigungen (z. B. SiO_2, Al_2O_3, Fe_2O_3, MgO) wirken im CaC_2 als aktive Zentren, die die thermische Zersetzung stark fördern.

Neben der zeitlichen und räumlichen Abhängigkeit des Ablaufs der Zersetzungsreaktionen besteht auch ein deutlicher Einfluß der Geschwindigkeit der Keimbildung und des Keimwachstums (oft Kristallwachstum) auf die Ausbildung neuer, fester Phasen und damit auf die gesamte Zersetzungsreaktion. Im Detail wurden diese Einflüsse (z. B. kinetische Kondensationsbarrieren und Kristallisationshemmungen) bisher kaum untersucht. Aus verschiedenen Untersuchungen lassen sich folgende Einflußparameter auf die Lokalisation herausstellen:

— Bedingungen für das Entstehen der Festkörper, die als Reaktanten dienen: aktive Zentren an Oberflächen, Kristall- und Gitterdefekte.

- Bedingungen für die Weiterentwicklung der Zersetzungsreaktion am Festkörper: Diffusion, lokale Gleichgewichts- und Nichtgleichgewichtszustände, Keimbildung und Kristallwachstum.

Der Lokalisationsgrad thermischer Zersetzungen ist nach Sakovič [64] von kristallchemischen (Störung des Gleichgewichtszustandes durch Reaktion) und thermischen (Änderung der Phononenverteilung im Festkörper mit der Energie) Aktivierungskomponenten abhängig. Ist die thermische Aktivierungskomponente größer als die kristallchemische, so findet die thermische Zersetzungsreaktion im ganzen Kornvolumen statt. Überwiegt die kristallchemische Aktivierungskomponente, wird die Lokalisation oder Autolokalisation durch Keimbildungs- und Keimwachstumsvorgänge bestimmt.

Die thermische Zersetzung eines festen Stoffes, bei der die aktive und ständig neu aktivierte Reaktionsfront fortschreitet, wird als *Autolokalisation* bezeichnet. Über die Kinetik der Autolokalisation bestehen noch viele Unklarheiten (Primär- und Sekundäraktivierung). Von wesentlichem Einfluß soll das Verhältnis von Keimbildungs- und Keimwachstumsgeschwindigkeit sein, aber auch Keimverteilung und Kristallitanordnung spielen eine Rolle.

Die bestimmenden Parameter für die Autolokalisation, die bei thermischen Zersetzungen sehr häufig auftritt, sind:

- Charakteristika der Kristallstruktur des Reaktanten,
- Bildung fester Reaktionsprodukte,
- Veränderungen der Reaktivität des Reaktanten während der Zersetzung,
- Abdiffusion gasförmiger Reaktionsprodukte.

Die Ursache für die Autolokalisation kann in der kristallographischen Anisotropie der Festkörper gesehen werden, d. h., es bilden sich während der thermischen Zersetzung Zentren erhöhter Reaktivität. So läßt sich für viele kristalline Festkörper folgende Reihe abnehmender Reaktivität von Kristallbereichen erwarten:

$$\text{Ecken} > \text{Kanten} > \text{Flächen} > \text{Volumen}$$

Nach Beginn der Festkörperreaktion an aktivierten Zentren des Kristalls setzt sich an den neu aktivierten Zentren die Reaktion fort, die Reaktionszonen überlagern sich, und es entsteht häufig ein Reaktant mit kugelförmigem Habitus, der von der Oberfläche aus weiterreagiert (s. Abb. 41).

Neben den Reaktionen (5.44) und (5.45) lassen sich hierfür folgende Beispiele angeben:

$$HgO \rightarrow Hg + {}^1/_2 O_2 \tag{5.46}$$

$$Ag_2CN_2 \rightarrow 2\,Ag + C + N_2 \tag{5.47}$$

Ein Grund für die Autolokalisation fester Reaktanten besteht in der Bildung fester Reaktionsprodukte, wobei die Vorgänge ähnlich wie bei Kristallisationsprozessen durch Keimbildung und Kristallwachstum bestimmt werden. Die Keimbildung verläuft aber in fester Phase weitaus komplizierter als die Keimbildung in flüssigen Medien, z. B. über Punktdefekte bis zur Clusterbildung (Assoziation von Defekten), die einen Teilchentransport in der Umgebung der Defekte sowie die Ausbildung bestimmter Anordnungen des Reaktionsprodukts voraussetzt und zur Keimbildung führt.

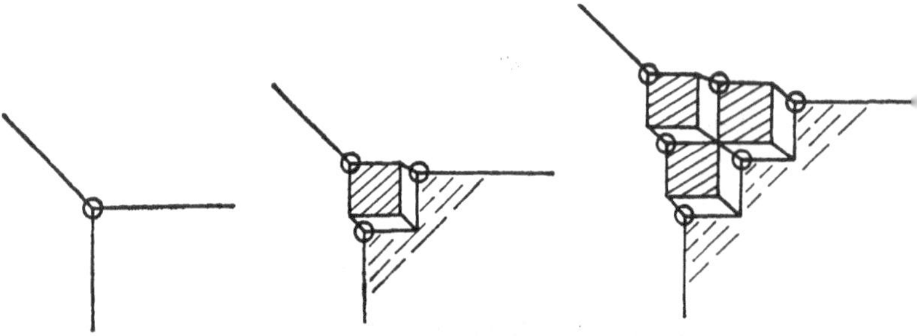

Abb. 41. Autolokalisation bei der thermischen Zersetzung

Bei der Bildung gasförmiger Reaktionsprodukte während der thermischen Festkörperzersetzung kann die Gasphase den Materietransport wesentlich beeinflussen. Es sind aber auch thermische Zersetzungen bekannt, bei denen sich ausschließlich feste Reaktionsprodukte bilden, z. B.

$$3\,CaO \cdot SiO_2 \rightarrow 2\,CaO \cdot SiO_2 + CaO \tag{5.48}$$

oder

$$4\,FeO \rightarrow Fe + Fe_3O_4 \tag{5.49}$$

Bei der FeO-Zersetzung zeigen die ursprünglich wenigen, in der Wüstit-Phase $Fe_{1-x}O$ schon vorhandenen Fe^{3+}-Ionen die Tendenz zur tetraedrischen Anordnung wie im entstehenden inversen Spinell Fe_3O_4.

Für das Wachstum der Keime bzw. Kristallite der durch thermische Zersetzung entstehenden Phase spielt die Gitterkohärenz zwischen alter und neuer fester Phase, durch die der Phasenwechsel gefördert wird, eine wesentliche Rolle. Die Phasenkopplung kann wie im Falle des Ag-Wachstums bei der AgBr-Zersetzung über ähnliche Kristallflächen erfolgen. Die Kohärenz ist abhängig von der Deformationsenergie E_D des zweidimensionalen Gitters der neuen Phase und der Bildungsarbeit A_B des unabhängigen dreidimensionalen Keimes. Im Falle von $E_D > A_B$ ist die Keimbildung der neuen Phase vom Gittertyp des Reaktanten unabhängig.

Häufig ist bei der thermischen Zersetzung fester Stoffe die Geschwindigkeit der chemischen Zersetzung größer als die der Phasenneubildung. Daraus resultiert die Ausbildung von Zwischenschichten metastabiler Verbindungen oder amorpher Phasen wie bei der thermischen Zersetzung von $CaCO_3$ nach Gl. (5.44) sowie Ag_2CO_3, $ZnSO_4$ und $CoSO_4$:

$$Ag_2CO_3 \rightarrow Ag_2O + CO_2 \tag{5.50}$$

$$ZnSO_4 \rightarrow ZnO + SO_2 + {}^1/_2\,O_2 \tag{5.51}$$

$$CoSO_4 \rightarrow CoO + SO_2 + {}^1/_2\,O_2 \tag{5.52}$$

Dabei sind die Aktivierungsenergie der thermischen Zersetzung und die ΔH-Werte der Reaktion nahezu gleich, wie auch bei bestimmten Modifikationsumwandlungen beobachtet wurde. Als Ursachen müssen thermodynamische Gründe (Minimum der freien Energie an Phasengrenzen) und kinetische Gründe (Reaktionsbarrieren für den Übergang aus dem metastabilen in den thermodynamisch stabilen Zustand) diskutiert werden.

Anstelle der Phasengrenzflächen können als Zwischenschichten auch Diffusionsschichten mit einem Konzentrationsgefälle zwischen Reaktant und Reaktionsprodukt bei bestimmten Verhältnissen von Keimbildungsgeschwindigkeit, Keimwachstumsgeschwindigkeit, Diffusionsgeschwindigkeit und Reaktionsgeschwindigkeit auftreten. Ähnliche Zwischenschichten resultieren auch aus der thermischen Zersetzung im Innern der Festkörper unter Abdiffusion gasförmiger Reaktionsprodukte.

Bestimmend für die Kristallform der neuen Phase ist die

auf Kosten der Energie der Phasengrenze erfolgende Gitterdeformation in der Nähe des wachsenden Keims, die mit einer Orientierungswechselwirkung an der Grenzfläche der beiden festen Phasen und Volumenänderung bei der Zersetzungsreaktion verbunden ist. Aus dem unterschiedlichen Verhältnis von Deformations- und Dilationskomponente ergeben sich die verschiedenartigsten Kristallformen.

In jedem Falle wird bei der thermischen Zersetzung fester Körper eine entstehende feste Phase einen wesentlichen Einfluß auf den Reaktionsverlauf ausüben, d. h., die Ausbildung der neuen Phase führt zur Veränderung der Reaktivität des festen Reaktanten. Im Falle von Redox-Reaktionen beeinflußt z. B. die neue Phase den Elektronenaustausch zwischen dem Reaktanten und den Reaktionsprodukten, was zur Beschleunigung oder Hemmung des Zersetzungsprozesses führt. Für die Keimwachstumsgeschwindigkeit ist hierbei oft der Elektronenübergang (Redox-Prozeß) an der Grenzfläche zwischen den beiden festen Phasen (z. B. beim $Ba(N_3)_2$-Zerfall und bei der CaC_2-Zersetzung) bestimmend. Durch Veränderung der Elektronen- und Leerstellenkonzentration an der Phasengrenze, die sich bei Redox-Zersetzungsreaktionen aus der Entstehung eines festen Reaktionsproduktes ergibt, kann sich während des Reaktionsverlaufs die Reaktivität des Reaktanten ändern. Das konnte z. B. an der Permanganat-Zersetzung, die über Permanganatradikale nach

$$MnO_4 \rightarrow MnO_2 + O_2 \tag{5.53}$$

verläuft, beobachtet werden [65].

Aus einer Vielzahl von Untersuchungen an festen Stoffen lassen sich für die thermischen Zersetzungsreaktionen 2 Grenzfälle angeben [63]:

- Reaktionen, nach denen Gitterkohärenz zwischen dem festen Reaktanten und dem festen Reaktionsprodukt vorliegt und bei denen die festen Phasen guten Kontakt aufweisen,
- Reaktionen, die zur Zerstörung des Gitters des Reaktanten führen, wobei häufig die beiden festen Phasen von einer Zwischenschicht amorphen Materials getrennt sind.

Vom Anteil dieser beiden Grenzfälle an den konkreten Reaktionen hängt der Einfluß des festen Reaktionsproduktes auf die Geschwindigkeit der Zersetzungsreaktionen ab. Liegt Gitterkohärenz vor, ist mit einem großen Einfluß der Energie der Wechselwirkungen der festen Gitter auf die Reaktivität des

Reaktanten zu rechnen. Tritt durch die Bildung der neuen festen Phase eine Änderung des spezifischen Volumens (auch bei Nichtkohärenz) ein, bestimmt die Gitterdeformation die Reaktivität des Reaktanten. Auch Änderungen von Elektronenübertragungs- und Ionendiffusionsprozessen an der Phasengrenze während der Festkörperreaktion können die Reaktivität des Ausgangsstoffes bestimmen.

Eine Autolokalisation kann auch eintreten, wenn gasförmige Zersetzungsprodukte Folgereaktionen eingehen und die gasförmigen Folgeprodukte mit dem festen Reaktanten in Wechselwirkung treten.

Da den thermischen Zersetzungsreaktionen fester Stoffe eine große praktische Bedeutung zukommt, ist die Untersuchung der Art der Wechselwirkungsvorgänge, der günstigsten thermodynamischen Bedingungen, der kinetischen Einflußparameter und der Stofftransportvorgänge von erheblichem Interesse. Entsprechende theoretische Berechnungen liegen für eine Vielzahl von Einzelsystemen vor; sie lassen sich aber nur unter stark einschränkenden Bedingungen verallgemeinern. Praktische Ergebnisse und theoretische Berechnungen lassen sich dann in gute Übereinstimmung bringen, wenn eine genaue Phasencharakterisierung möglich ist und sich um den Ausgangsreaktanten eine gleichmäßige, homogene Reaktionsfront ausbildet. Sobald aber beispielsweise zwischen den festen Reaktanten und dem festen Reaktionsprodukt Gasporen entstehen, wird eine theoretische, reaktionskinetische Beschreibung schwierig.

5.2.2. *Systeme fest—flüssig*

5.2.2.1. *Umsetzung und Bildung fester Verbindungen in flüssigen Phasen*

Für Reaktionen bei hohen Temperaturen in fest—flüssig-Systemen lassen sich zahlreiche Beispiele anführen. Feststoffreaktionen im engeren Sinne (s. Kap. 5.2.3.) werden durch Flüssigphasenanteile wesentlich beschleunigt, da die Umsetzungsgrade von fest—fest-Reaktionen in jedem Falle an einen guten Kontakt der Reaktanten und oft an einen schnellen Abtransport der Reaktionsprodukte gebunden sind. So läßt sich beispielsweise CaC_2 nach der Bruttoreaktion

$$CaO + 3C = CaC_2 + CO \tag{5.54}$$

bereits bei 1800 °C in einer fest—fest-Reaktion mit guter Ausbeute herstellen, wenn auch bei Anwendung von Pulvergemischen die Reaktion relativ langsam verläuft (s. Abb. 42) und eine deutliche Abhängigkeit von der Korngröße der Reaktanten, d. h. von der Anzahl der Kontaktstellen, besteht. Weiterhin ist nach TAGAWA und SUGAWARA [66] ein großer Einfluß des CO-Partialdruckes festzustellen, d. h., die CaC_2-Ausbeute steigt mit besserem Abtransport des gasförmigen Reaktionsproduktes an. Werden bei gleicher Reaktionstemperatur Fremdoxide (z. B. Al_2O_3) der Reaktionsmischung

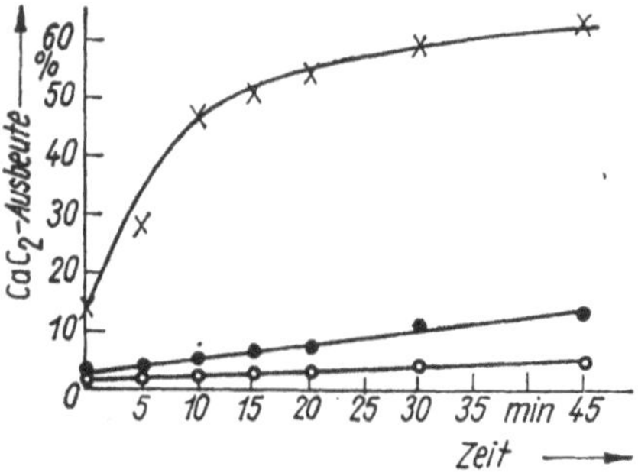

Abb. 42. Korngrößenabhängigkeit von CaC_2-Ausbeuten

• 2 ··· 3 mm bei 1800 °C
○ 4 ··· 5 mm bei 1800 °C
× 2 ··· 3 mm bei 2000 °C

zugesetzt, die schon zu geringen Schmelzanteilen führen, nimmt die Reaktionsgeschwindigkeit (CaC_2-Ausbeute pro Zeiteinheit) durch den besseren Kontakt der Teilchen stark zu. Die Anwendung noch höherer Temperaturen (2000 °C) begünstigt diese Tendenz, da durch den hohen Anteil an flüssiger Phase auch das kondensierte Reaktionsprodukt (CaC_2) aus der Reaktionszone entfernt wird und dadurch die Reaktanten schneller reagieren können.

Ein weiterer, wesentlicher Einflußparameter auf den Reaktionsverlauf ist die Viskosität der flüssigen Phase; durch die Schmelzphase bzw. durch Flußmittel niedriger Viskosität steigt die Reaktionsgeschwindigkeit an, d. h., der Stofftransport wird durch die niedrigviskose Schmelzphase beschleunigt.

Die Bildung stabiler fester Elemente und Verbindungen bei hohen Temperaturen aus flüssigen Phasen ist ein Gebiet der Hochtemperaturchemie mit einer großen praktischen Bedeutung. So läßt sich aus geschmolzenen Salzen, Oxidschmelzen und Schmelzen anorganischer Hochpolymerer eine Reihe wichtiger anorganischer Verbindungen synthetisieren. Theoretische Grundlagen hierfür sind die Gesetzmäßigkeiten der Keimbildung und Kristallisation aus den Schmelzphasen (s. Kap. 2.3.) sowie die Löslichkeits- und thermodynamischen Stabilitätsverhältnisse.

Die Schmelzlösungsmethode zur Synthese kristalliner Festkörper setzt voraus, daß die Komponenten (Ausgangsreaktanten, Schmelzkomponenten als Lösungsmittel, kristallines Reaktionsprodukt) im schmelzflüssigen Zustand eine völlig homogene

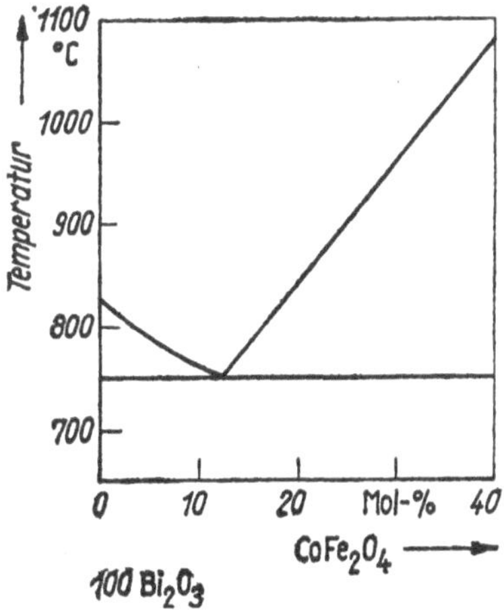

Abb. 43. Ausschnitt des Schmelzdiagramms des binären Systems $Bi_2O_3-CoFe_2O_4$

Schmelze ergeben und beim Abkühlen keine festen Lösungen zwischen Lösungsmittel und auszuscheidendem Stoff gebildet werden. Das ist dann der Fall, wenn im System feste, stabile Verbindungen auftreten (Dystektika in den Schmelzdiagrammen). Im Falle von Eutektikumsbildung aus dem Lösungsmittel einerseits und der sich aus verschiedenen Komponenten bildenden Verbindung andererseits ist es möglich, die Kristallisation nicht bis zu Ende zu führen oder die eutektische Mischung nach der Erstarrung des gesamten Systems durch Löseprozesse von dem grobkristallinen Syntheseprodukt abzutrennen. Auf diese Weise kann z. B. aus einer $CoO-Fe_2O_3-Bi_2O_3$-Schmelze ein gut kristallisierter Cobaltspinell $CoFe_2O_4$ gewonnen werden (s. Abb. 43).

Durch Verbindungsbildung in der Schmelze sind insbesondere viele oxidische Werkstoffe, besonders Ferromagnetika (Ferrite, Titanate, Granate) und Silicate gewonnen worden. Durch Anwendung der Schmelzlösungsmethode ist es auch möglich, hochschmelzende Oxide (z. B. MgO, BeO, Al_2O_3, TiO_2) in grobkristalliner Form unter Umgehung der hohen Schmelztemperaturen der reinen Stoffe zu synthetisieren. Weiterhin lassen sich inkongruent schmel-

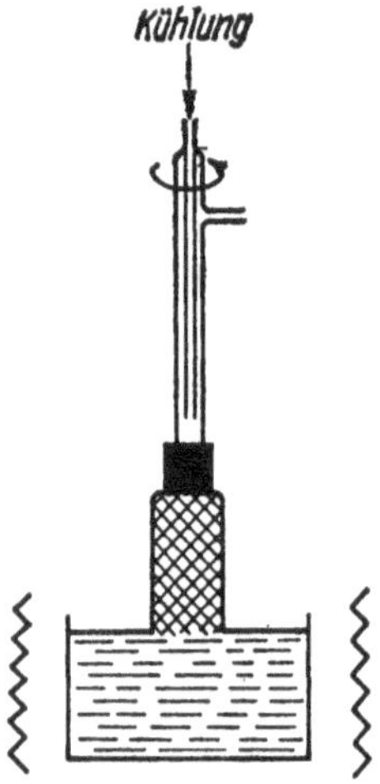

Abb. 44. Czochralski-Verfahren der Kristallzüchtung aus der Schmelze

zende Verbindungen in kristalliner Form darstellen und Modifikationen kristalliner Verbindungen gewinnen, die unter Normalbedingungen thermodynamisch in- oder metastabil sind. Als Lösungsmittel für die Oxidsynthese dienen insbesondere leichtschmelzende Oxide (z. B. PbO, Bi_2O_3, B_2O_3), Phosphate, Molybdate sowie halogenidische Schmelzkomponenten (Fluoride, Chloride).

Die technische Durchführung der Kristallzüchtung aus der Schmelze kann sehr verschiedenartig sein. Die Möglichkeiten reichen von der langsamen Abkühlung der Schmelze in einem homogenen Temperaturfeld über die Ausnutzung eines Temperaturgradienten in der Schmelze (Gradientenofen) bis zur Anwendung von Kristallziehverfahren nach Czochralski (s. Abb. 44). Für die Herstellung gut ausgebildeter Einkristalle müssen in Extremfällen Abkühlungsraten von 1/1000 K pro Minute eingehalten werden.

Eine Variation der Verbindungsbildung und Kristallzüchtung aus flüssiger Phase stellt das VERNEUIL-Verfahren dar, bei dem in einer Hochtemperaturflamme (Knallgasflamme) oder im Plasmabrenner (Induktionsreaktor) hochschmelzende Stoffe (Oxide, Metalle, Kohlenstoff) zur Flüssigphasenreaktion gebracht werden und die Verbindungen sich an einer Kühlfläche abscheiden (s. Abb. 45). Hierbei spielen auch Gasphasenreaktionen mit zunehmender Temperatur (bis 15000 K) eine Rolle.

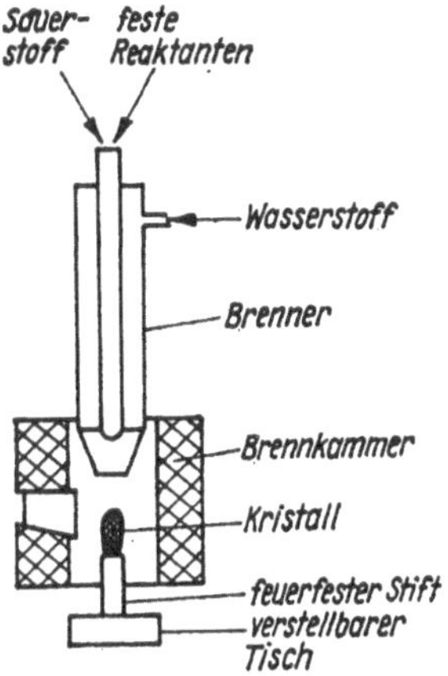

Abb. 45. Schema des VERNEUIL-Verfahrens der Kristallzüchtung

Bei vielen chemischen Hochtemperaturprozessen sind auch thermische Zersetzungen von Flüssigphasen unter Ausscheidung von Feststoffen zu beobachten. So treten beispielsweise bei der CaC_2-Synthese erhebliche Carbidverluste durch die CaC_2-Zersetzung in der flüssigen $CaO—CaC_2$-Schmelze nach

$$CaC_{2(l)} \rightarrow Ca_{(g)} + 2C_{(s)} \tag{5.55}$$

auf, die in entscheidendem Maße durch die Möglichkeit der C-Keimbildung und den Abtransport des gasförmigen Calciums aus der Schmelzphase bestimmt wird.

5.2.2.2. *Stofftransport über die flüssige Phase*

Bei einer Reihe von typischen Festphasenreaktionen, für deren Stofftransport die ausschließliche Teilchendiffusion zwischen den festen Reaktanten angenommen wurde, ist durch genauere Untersuchungen die Beteiligung von Flüssigphasen am Stofftransport festgestellt worden. Entsprechende Aussagen konnten z. B. auf der Basis von Unstetigkeiten in der Temperaturabhängigkeit der Reaktionsgeschwindigkeit getroffen werden.

Die Flüssigphase zwischen zwei festen Reaktanten führt — auch bei sehr geringen Anteilen — zu einem besseren Kontakt (Benetzung, Kapillarkräfte) und zu einer höheren Diffusionsgeschwindigkeit der reagierenden Teilchen. Bei höheren Anteilen an Flüssigphase spielt für den Stofftransport (Reaktantentransport, Abtransport der Reaktionsprodukte) die thermische Konvektion und die der Flüssigphase aufgezwungene Strömung eine große Rolle. So dient z. B. bei der Hydrothermalsynthese von kristallinen Oxiden und Silicaten die Flüssigphase der Auflösung und dem Transport der Reaktanten, die sich bei anderen Temperaturbedingungen als die neue kristalline Phase ausscheiden. Auf den Einfluß einer aluminatischen Flüssigphase auf die Festphasenreaktion von CaO und Kohlenstoff wurde bereits im Kap. 5.2.2.1. hingewiesen.

5.2.3. *Systeme fest—fest*

Die Reaktionen von Festkörpern mit flüssigen oder gasförmigen Reaktanten werden wesentlich durch die hohe Beweglichkeit der Teilchen in den fluiden Medien (Flüssigkeiten, Gase) bestimmt. Dagegen hängen die Reaktionsmöglichkeiten zwischen festen Reaktanten ganz entscheidend von den Bindefestigkeiten der Teilchen (Atome, Moleküle, Ionen) und der Struktur des Feststoffgitters ab. Wesentliche Untersuchungen zu den Festphasenreaktionen im engeren Sinne gehen auf Jander [67], Tammann [68] und Hedvall [69] zurück. Die Aussagen sind durch andere Autoren in der Folgezeit an vielen Beispielen präzisiert worden, obwohl sich nach Haber [70] etwa neun Zehntel aller Festkörperreaktionen in Oxidsystemen auf der Grundlage der aus theoretischen Überlegungen abgeleiteten Gleichung von Jander [67] kinetisch beschreiben lassen:

$$K \cdot j \cdot t = 1 - (1 - x)^{1/3} \tag{5.56}$$

K — Konstante (abhängig von Temperatur und Art des Reaktionssystems)
j — Teilchenstrom pro Oberflächeneinheit
t — Reaktionszeit
x — Dicke der Reaktionsproduktschicht

Delmon [71] nennt als wesentliche Teilvorgänge, die die Reaktionen in fest—fest-Systemen bestimmen, folgende: chemische Reaktionen, Phasenänderungen, Texturänderungen, Teilchentransport in Poren, Volumendiffusion und Wärmetransport.

Diese Faktoren bedingen und beeinflussen sich gegenseitig. Sie müssen für die genaue Charakterisierung der Festphasenreaktionen sämtlich beachtet werden.

5.2.3.1. Sinterprozesse

Reaktionen fester Körper laufen häufig bei hohen Temperaturen ab. Bevor zwischen festen Reaktanten ein chemischer Umsatz erfolgt, finden bei Temperaturerhöhung zunächst physikalische Vorgänge statt, d. h., die Schwingungsbewegungen der Teilchen im Feststoff nehmen mit der Temperatur zu, die Teilchen schwingen über ihre Gleichgewichtslagen hinaus, Bindungen werden gelöst, Anziehungskräfte der Teilchen (z. B. Ionen) werden — wenigstens kurzzeitig — überwunden, und es finden Translationsbewegungen der Teilchen statt, die zur Sinterung der festen Phase führen (Egalisierung von Kornoberflächen, Verfestigung von Pulvergemischen). Die Platzwechselvorgänge in den kompakten Reaktanten erfordern die Überschreitung bestimmter Schwellenwerte der Temperatur, die für die einzelnen festen Stoffe sehr unterschiedlich sind. Bei Metallen beträgt dieser Temperaturschwellenwert 30 ··· 40% der absoluten Schmelztemperatur, bei einfachen ionischen Salzen etwa 60% und bei Silicaten 80 ··· 90%. Hierin drückt sich auch die Festigkeit der Bindungen in den festen Stoffen aus. Liegen Mehrkomponentensysteme vor, sind die Schwellenwerte der Temperatur niedriger.

Für die Sinterung ist ein guter Kontakt der Feststoffkörner wichtig, der durch Druckanwendung erreicht werden kann.

Der Teilchentransport bei erhöhter Temperatur ist als *Diffusion* bekannt, wobei zwischen Korngrenzen- oder Oberflächendiffusion und Gitter- oder Volumendiffusion unterschieden wird.

Auf Grund der strukturell gestörten (aktivierten) Oberfläche von Festkörpern erfordert die Oberflächendiffusion eine geringere Aktivierungsenergie als die Gitterdiffusion.

Bei allen realen Festkörpern läßt sich die *Selbstdiffusion* als Wanderung von Zwischengitterteilchen bzw. Leerstellen beobachten, wenn bestimmte Temperaturgrenzen überschritten werden. Erfolgt die Selbstdiffusion in den Körnern eines Pulvergemisches über die Korngrenzen hinaus, so tritt eine Verfestigung durch Sinterung ein. Durch *Sammelkristallisation* (Rekristallisation, OSTWALD-Reifung) wird die Verfestigung bei der Sinterung unterstützt.

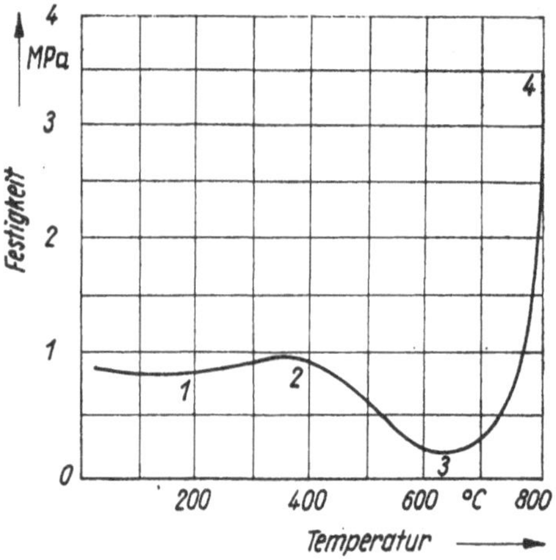

Abb. 46. Sinterverlauf an einer TiO_2-Preßprobe

1 – Entfestigung infolge Verdampfung d. Wasserhaut; *2* – Verfestigung infolge Oberflächenaktivierung; *3* – Entfestigung als Folge einer Desaktivierung der Oberflächen; *4* – starke Verfestigung durch Selbstdiffusion u. Sammelkristallisation

Die Vörgänge, die während der Sinterung ablaufen, sind hauptsächlich physikalischer Natur [72]. Bei vielen Sintervorgängen spielen allerdings auch chemische Prozesse (Solvatations- und Desolvatationsvorgänge) eine Rolle. Während der Erhitzung gepreßter Formkörper aus oxidischen Materialien lassen sich z. B. folgende Teilschritte unterscheiden (s. Abb. 46):

– Entfestigung durch Zerstörung der Solvathüllen,
– Verfestigung durch thermische Aktivierung der Oberfläche,
– Entfestigung durch thermische Desaktivierung der Oberfläche (Strukturstabilisierung),
– starke Verfestigung durch Diffusions- und Kristallisationsprozesse.

Der Verfestigungseffekt durch den Materietransport kann durch Ausbildung großer Kristalle (infolge Sammelkristallisation) teilweise wieder kompensiert werden.

Der in Abb. 46 dargestellte Sinterverlauf läßt sich auch an anderen oxidischen (z. B. BeO, MgO, ZrO_2, SiO_2, Kerame, Cermets) und carbidischen (z. B. SiC) Werkstoffen beobachten.

Von großem Einfluß auf das Sinterverhalten sind die Oberflächenbeschaffenheit des körnigen Festkörpers, die Korngröße und Korngrößenverteilung, der strukturelle Aufbau, die Bindungsverhältnisse im Feststoffgitter und evtl. Kapillareffekte im Falle von Solvatationen bzw. Desolvatationen oder Schmelzprozessen.

5.2.3.2. *Verbindungsbildung durch Diffusion in Festkörpern*

Chemische Reaktionen zwischen Festkörpern setzen prinzipiell die gleichen Stofftransportvorgänge wie bei der Sinterung voraus, und auch die Faktoren, die die Sinterung beeinflussen, bestimmen häufig die chemische Verbindungsbildung, da die Stofftransportprozesse (Diffusionsvorgänge) meist geschwindigkeitsbestimmend sind. Nach dem Stofftransport in den Feststoffen durch Diffusion findet die chemische Reaktion zwischen den diffundierten Teilchen statt. Durch die Ausbildung von thermodynamisch mehr oder weniger stabilen Reaktionsproduktschichten zwischen den Reaktanten werden allerdings die Diffusions- und Reaktionsvorgänge schon bei Zweikomponentensystemen unübersichtlich, und es müssen empfindliche und zuverlässige Methoden (z. B. radiometrische Verfahren, Mikroanalyse) angewandt werden, um die Festkörperreaktionen genau zu charakterisieren.

Der Ablauf der Festkörperreaktionen ist in erster Linie von der Struktur und vom Energiezustand der festen Reaktanten abhängig. Bei der Verbindungsbildung lassen sich folgende Teilschritte unterscheiden: Teilchendiffusion, Oberflächenadsorption, Verbindungsbildung und Ordnung der Teilchen (Kristallisation).

Die chemische Reaktion der diffundierten Teilchen erfolgt oft mit hoher Geschwindigkeit (insbesondere an den aktiven Korngrenzen), so daß Diffusionsprozesse in den meisten Fällen die geschwindigkeitsbestimmenden Schritte darstellen, d. h., es lassen sich folgende Faktoren, die die Reaktionsgeschwindigkeit wesentlich beeinflussen, herausstellen: Reaktivität der Oberfläche, Geschwindigkeit der Diffusion der Teilchen an die Reaktionsgrenzschicht und der Transport der Teilchen durch die Reaktionsproduktschicht.

Entscheidend für die Temperaturbedingungen, unter denen Festkörperreaktionen ablaufen, sind die Aktivierungsenergien, die durch den Raumbedarf der neuen Phase, die Koordination der Neutralteilchen und die Ionenabschirmung bestimmt werden. Nach Weyl [73] beeinflussen lokalisierte, aktivierte Zustände die Aktivierungsenergie des Gesamtsystems, d. h., durch Gitterdeformation läßt sich eine Erniedrigung der Aktivierungsenergie erreichen. Eine heterogene Oberflächenaktivierung liegt außerdem bei Nichtstöchiometrie und Lockerstellen (Polarisationseffekte) vor.

Gitterdefekte treten besonders durch Einbau von Ionen anderer Ladung, durch Mischkristallbildung und durch Verunreinigung auf. Dabei muß zwischen reversiblen und irreversiblen Störungen unterschieden werden.

Reversible Gitterstörungen, die durch Wärmeschwingungen der Teilchen hervorgerufen werden, führen wie die irreversiblen Defekte zu einer Erhöhung der Geschwindigkeit von Festkörperreaktionen.

Die irreversiblen Defekte resultieren z. B. aus eingefrorenen reversiblen Baufehlern, topochemischen Erbstrukturen (aus der Darstellung der Reaktanten bei niederen Temperaturen), instabilen Übergangsphasen (durch Umwandlung oder molekulare Umlagerung), eingebauten Fremdpartikeln (feste Lösungen), stöchiometrischen Fehlordnungszuständen, unvollständigen Modifikationsumwandlungen, tribochemischen Gitterstörungen, magnetischen und elektrischen Störungs- und Übergangszuständen sowie Anregungszuständen durch Strahlungsabsorption.

Die für eine hohe Reaktivität der festen Phasen wichtige Auflockerung des Gitters kann durch Polarisation und Deformation erfolgen. Mit zunehmender Temperatur findet eine immer stärkere Gitterstörung statt. Der Störungsgrad ist eine Funktion der Polarisationswirkung der Kationen und der Polarisierbarkeit der Anionen. Die durch Polarisation hervorgerufenen energetischen Störungen setzen sich ohne Teilchentransport bis zu inneren oder äußeren Oberflächen fort. Dadurch wird der nachfolgende Materietransport erleichtert.

Neigen die festen Reaktanten zur thermischen Zersetzung, finden besonders starke Gitterauflockerungen statt, die zum schnellen Umsatz führen.

Eine hohe Reaktivität fester Stoffe liegt auch im Temperaturgebiet von Modifikationsumwandlungen vor. Diese als Hedvall-Effekt bekannte Erscheinung ist auf die bei der Phasenumwandlung stattfindende temporäre Destrukturierung (Amorphisierung) des

Gitters zurückzuführen, was für einen schnellen Ablauf von Festkörperreaktionen ausgenutzt werden kann. In Abb. 47 ist der Effekt an zwei von HEDVALL untersuchten Reaktionen zwischen SiO_2 und NiO bzw. Co_3O_4 gezeigt. Die Umsatzgrade der festen Oxide steigen in den Temperaturbereichen der SiO_2-Umwandlungen (β-Quarz → α-Quarz bei 575 °C, α-Quarz → α-Tridymit bei 870 °C) stark an.

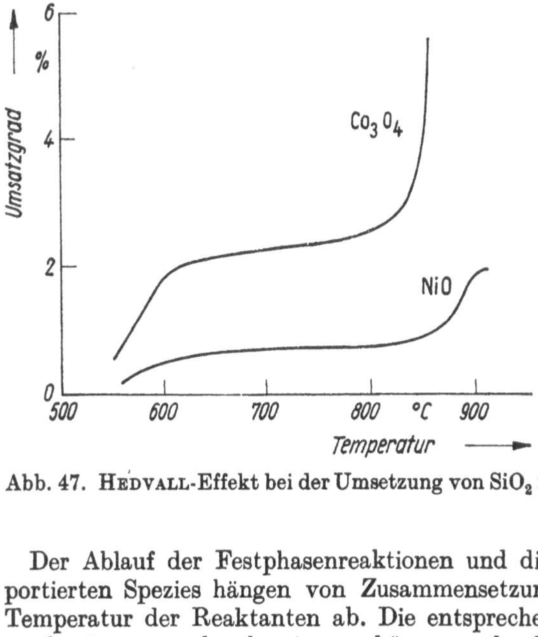

Abb. 47. HEDVALL-Effekt bei der Umsetzung von SiO_2 mit Co_3O_4 bzw. NiO

Der Ablauf der Festphasenreaktionen und die Art der transportierten Spezies hängen von Zusammensetzung, Struktur und Temperatur der Reaktanten ab. Die entsprechenden Reaktionsmechanismen und -chemismen können sehr kompliziert sein. Neben der Diffusion einfacher Atome, Moleküle und Ionen ist die Diffusion komplexer neutraler und geladener Spezies möglich.

Bereits TAMMANN konnte zeigen, daß sogenannte Mineralisatoren, die oft als Verunreinigungen in den Feststoffen in sehr geringen Konzentrationen vorhanden sind, besonders die Keimbildungs- und Kristallisationstendenz der Reaktionssysteme wesentlich verbessern, d. h., die Ausbildung neuer, fester Phasen kann bei Festkörperreaktionen sehr beschleunigt werden. Als Mineralisatoren sind vor allem oxidische und halogenidische Feststoffe (oder auch gasförmiges H_2O) bekannt, deren reaktionsfördernde Wirkung vor allem auf die Bildung von Defektstrukturen durch den Einbau der Mineralisatorkomponenten in die Gitter der festen Reaktanten beruht. Durch Mineralisatorzusatz zu den festen Reaktanten wird z. B. die Diffusionsgeschwindigkeit der Teilchen wesentlich erhöht. Eine Ursache besteht nach WEYL [73] z. B. in der Kation-Kation-Abschirmung und der dadurch schnelleren Überwindung von Energieschwellen für den Teilchentransport. Die Mineralisatorwirkung läßt sich beispielsweise für die rationelle Herstellung von keramischen Erzeugnissen (schnelle Quarzumwandlung in Silikasteinen) und die thermische Zersetzung von Erdalkalimetallsulfaten für die SO_2-Gewinnung ausnutzen.

Geringe Schmelzphasenanteile (s. a. Kap. 5.2.2.2.) erhöhen wesentlich die Geschwindigkeit der Reaktion zwischen festen Phasen, wobei Lösungs- und Kristallisationsprozesse gleichermaßen eine Rolle spielen (z. B. bei der Herstellung von Zement, Keramen, Calciumcarbid).

Der Ablauf von Festkörperreaktionen ist ganz besonders an Oxidsystemen, die für die Herstellung von Silicaten, Aluminaten, Ferriten und Chromiten wichtig sind, untersucht worden. Die Reaktionsverhältnisse in Oxidsystemen sind noch relativ gut überschaubar, da hierbei in vielen Fällen keine Redoxprozesse ablaufen.

Aus der Beobachtung, daß Reaktionen zwischen festen Stoffen bereits bei Temperaturen ablaufen, bei denen noch keine Gas- bzw. Schmelzphase existieren kann, und aus der Charakterisierung der Reaktionsprodukte entwickelten bereits TAMMANN [68], JOST [74], HEDVALL [75], BOLDYREV [63], DELMON [76] und WAGNER [77] detaillierte Vorstellungen zu den Reaktionsmechanismen spezieller Systeme. Sowohl die methodischen Untersuchungen als auch die genaue Charakterisierung und Quantifizierung des Reaktionsverlaufs sowie die Berechnung von Teilprozessen ist meist sehr schwierig. An einigen Beispielen soll das angedeutet werden.

Für die von JANDER und HOFFMANN [78] und auch von anderen Autoren gut untersuchte Festkörperreaktion eines Pulvergemisches von $CaCO_3$ und SiO_2 lassen sich folgende Stadien unterscheiden:

Bis 1000 °C findet die thermische $CaCO_3$-Zersetzung statt. Bei Temperaturen zwischen 1000 und 1200 °C bildet sich zunächst Dicalciummonosilicat (s. Abb. 48) zwischen den oxidischen Reaktanten. Im weiteren Reaktionsverlauf entstehen als neue Reaktionsprodukte Tricalciumdi- und -monosilicat. Da letzteres im untersuchten Temperaturbereich thermodynamisch nicht stabil ist und CaO schneller diffundiert als SiO_2, entstehen auf Kosten dieser metastabilen Phase Dicalciummono- und Tricalciumdisilicat. Durch weitere Diffusion von CaO durch die Reaktionsproduktschichten und Reaktion geht der Anteil der CaO-reichen Silicatphasen zurück, und das sich bildende stabile Monocalciummonosilicat stellt das Hauptprodukt der Festkörperreaktion dar.

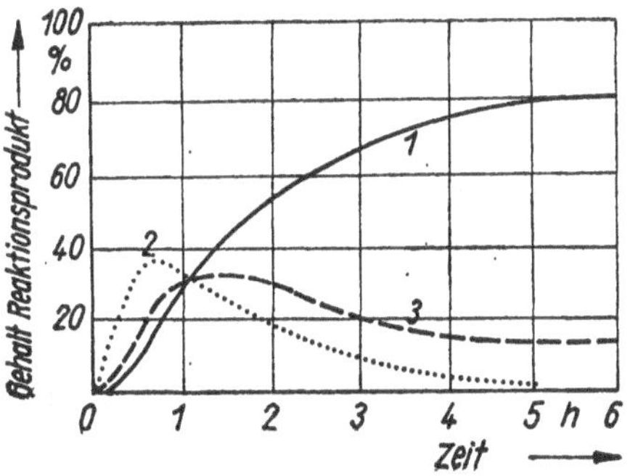

Abb. 48. Produkte der Umsetzung von SiO_2 und CaO in Abhängigkeit von der Reaktionszeit

1 – $CaO \cdot SiO_2$
2 – $2CaO \cdot SiO_2$
3 – $3CaO \cdot 2SiO_2$

Eine CaO-Diffusion ist allerdings in diesem Beispiel eine vereinfachende Annahme. In den oxidischen Systemen liegt meist eine Ionendiffusion vor.

Bei der Umsetzung von ZnO und Cr_2O_3 konnten Hüttig [79] und Jander [80] folgende Reaktionsschritte im Temperaturbereich von 20 ··· 1000 °C unterscheiden:

- Reaktionsbeginn bei Raumtemperatur während des Mahlens und Mischens der Oxide (Oberflächenreaktion, tribochemischer Effekt),
- Diffusion des Cr_2O_3 von den Kontaktstellen der Reaktanten aus in oberflächennahe Bereiche von ZnO bei Temperaturerhöhung und Bildung einer reaktionsfähigen Reaktionsproduktschicht,
- Kristallisation der Reaktionsproduktschicht (Desaktivierung) bei weiterer Temperaturerhöhung,

- Diffusion der reaktiven Komponente der Oberflächenschicht in das Volumen des Kristallgemenges (Aktivierung für Mischkristallbildung),
- nach Cr_2O_3-Sättigung des ZnO Keimbildung und Keimwachstum von $ZnCr_2O_4$,
- Ausbildung eines stabilen Spinellgitters (Kristallwachstum und Ausheilung von Defektstellen).

Die Tatsache der deutlichen Cr_2O_3-Diffusion in die gesamte Oberflächenschicht der ZnO-Phase deutet schon darauf hin, daß Gas- bzw. Flüssigphasenanteile, die evtl. durch lokale Temperaturerhöhungen zwischen den Reaktanten auftreten, den Ablauf von Festkörperreaktionen stark beeinflussen können [81]. Auch chemische Transportreaktionen (Gasphasentransport) können im Mikrobereich an Festphasenreaktionen beteiligt sein (z. B. Transport über Suboxide).

Ein weiteres Beispiel für die Beteiligung von fluiden Phasen an Festkörperreaktionen ist die Umsetzung von SiO_2 mit Kohlenstoff zu SiC bei 2100 °C

$$SiO_2 + 3C = SiC + 2CO \tag{5.57}$$

die über die Stufen des gasförmigen SiO und des elementaren Siliciums (lokal evtl. flüssig) erfolgt.

Die *Kinetik* von Festkörperreaktionen läßt sich mit der Kinetik fluider Systeme nicht direkt vergleichen. Es existieren zwar formale Ähnlichkeiten in den Reaktionsabläufen, aber auch grundsätzliche Unterschiede, wie

- die völlige Zerstörung der festen Phasen während der Reaktion,
- die Abhängigkeit der physikalischen und chemischen Prozesse von der Anordnung der Teilchen oder Teilchengruppen im Feststoff,
- der Änderung der geometrischen Anordnung von Atomgruppen,
- der großen Anzahl von Einflußfaktoren auf die Reaktionsgeschwindigkeit; besonders der Einfluß geometrischer Faktoren (die Variation von Korngröße und Kontakt der Reaktanten führen z. B. zu völlig verschiedenen Ergebnissen).

Werden zwei feste Reaktanten in Tablettenform zur Reaktion gebracht, läßt sich nach TAMMANN [68] für die zeitliche Abhängigkeit der Dicke der Reaktionsproduktschicht *d* die folgende empirische Beziehung angeben:

$$d = a \ln t + b, \tag{5.58}$$

t — Reaktionszeit
a, b — Konstanten

die aber nur für bestimmte Oxidreaktionen Gültigkeit hat.

Für die Spinellbildung nach

$$M^{II}O + M_2^{III}O_3 = M^{II}M_2^{III}O_4 \tag{5.59}$$

M — Metall

leitete WAGNER [77] auf der Basis bestimmter Voraussetzungen, wie

- Vorliegen eines kompakten Reaktionsproduktes ohne irreversible Fehlstellen im Gitter,
- Bestimmung der Reaktionsgeschwindigkeit durch Diffusion,
- Unabhängigkeit der Elektronen- und Ionenbeweglichkeiten,

folgende Beziehung für die Wachstumsgeschwindigkeit der Reaktionsproduktschicht zwischen den Reaktanten ab:

$$x^2 = 2kvt \tag{5.60}$$

x — Reaktionsproduktschichtdecke
k — reaktionsspezifische Geschwindigkeitskonstante
v — Volumen des Reaktionsproduktes pro Äquivalent der eindiffundierten Ionen
t — Zeit

Die Geschwindigkeitskonstante k ist von der Ladungszahl, den Diffusionskoeffizienten und den Äquivalentkonzentrationen der Ionen, der Temperatur und den chemischen Potentialunterschieden einer Komponente zu beiden Seiten der Reaktionsproduktschicht abhängig.

Die für die kinetischen Berechnungen notwendigen Diffusionskoeffizienten lassen sich nach einer von SCHMALZRIED [82] angegebenen Methode ermitteln. Durch empfindliche Methoden auf der Basis von Metallmarkierungen (Pt) oder der radioaktiven Tracer-Technik sind Geschwindigkeitskonstanten und Diffusionskoeffizienten experimentell bestimmbar.

Auch für Pulvergemische wurden Gleichungen der Reaktionsgeschwindigkeiten für geschwindigkeitsbestimmende Schritte (Diffusion durch die Reaktionsproduktschicht, Reaktion an der Phasengrenze, Keimwachstum der neuen Phase) abgeleitet.

Auf Grund der Vielzahl von Einflußfaktoren auf Festkörperreaktionen läßt sich die exakte kinetische Beschreibung der Reaktionsverläufe nur für einzelne — gut untersuchte — Reaktionen und eine Vorausberechnung nur für sehr ähnliche Systeme auf der Basis vereinfachender Annahmen vornehmen. Die für die Charakterisierung fluider Reaktionssysteme wichtige Angabe der Reaktionsordnung ist für Festphasenreaktionen gegenstandslos.

6. Hochtemperaturwerkstoffe

Als Hochtemperaturwerkstoffe sollen im folgenden diejenigen Materialien verstanden werden, die unter Inertbedingungen und oberhalb von 1500 °C temperaturbeständig sind. Hierzu zählen viele Elemente, Boride, Carbide, Silicide, Nitride und Oxide.

Mit der Entwicklung der Methoden der Physik und der Chemie sowie der Technologien bei hohen Temperaturen werden Hochtemperaturwerkstoffe in zunehmendem Maße in der Metallurgie, chemischen Industrie, Silicattechnologie, Raumfahrtindustrie, Elektro-, Labor- und Haushalttechnik sowie für Reaktoren zur Herstellung der Hochtemperaturmaterialien genutzt. Um den wachsenden Anforderungen an Materialien hoher thermischer, chemischer und mechanischer Resistenz nachzukommen, wurde eine große Anzahl unterschiedlicher Werkstoffe und Werkstoffkombinationen entwickelt, die meist nach Technologien hergestellt werden, die der Oxidkeramikherstellung ähnlich sind. Hierbei finden neben Sinterprozessen heterogene Festphasenreaktionen im weitesten Sinne statt, d. h., Festkörper können als Reaktanten und Reaktionsprodukte auftreten. Die chemischen Umsetzungen laufen dabei häufig als echte Hochtemperaturreaktionen ab (vgl. Kap. 2.2.), also mit abnehmendem ΔG_R bei zunehmender Temperatur in einem für die Herstellung günstigen Temperaturbereich. Aber auch kinetische Einflußgrößen lassen sich für die Darstellung von Hochtemperaturwerkstoffen ausnutzen (Reaktionshemmungen, Kondensationsbarrieren u. ä.), was besonders für die Herstellung einiger Materialien unter Plasmabedingungen (s. Kap. 5.2.1.2.) von Bedeutung ist.

In Tab. 16 sind wichtige Hochtemperaturmaterialien zusammengestellt, von denen die wesentlichsten im folgenden näher beschrieben werden sollen.

Tabelle 16
Technisch wichtige Hochtemperaturwerkstoffe

Werkstoff	Schmelztemperatur in K	Werkstoff	Schmelztemperatur in K
Elemente		Silicid	
C	3900 (Sublimation bei 0,1 MPa)	$MoSi_2$	2120
Ti	1940	Nitride	
Ta	3270	BN	3270 (Sublimation)
Cr	1825	AlN	2470 (unter 0,4 MPa N_2)
Mo	2895	Si_3N_4	2200 (Sublimation)
W	3685	TiN	3220
Fe	1813	Oxide	
Rh	2235	BeO	2790
Pt	2042	MgO	3070
Boride		Al_2O_3	2320
ZrB_2	3330	SiO_2	1978
CrB	3025	CeO_2	2870
Carbide		ThO_2	3320
B_4C	2720	TiO_2	2100
SiC	2570 (Zersetzung)	ZrO_2	2970
TiC	3520		
ZrC	3450		
TaC	4150 (Zersetzung)		
Cr_3C_2	2220		
Mo_2C	2670 (Zersetzung)		
WC	3150 (Zersetzung)		
UC	2860		

6.1. *Kohlenstoff*

Kohlenstoffmaterialien finden in Industrie und Labor auf Grund folgender Eigenschaften vielseitige Verwendungen: hohe Schmelz- und Sublimationstemperatur, gute Temperaturwechselbeständigkeit, niedriger elektrischer Widerstand, hohe thermische Leitfähigkeit, ausgezeichnete chemische Resistenz gegenüber sauerstofffreien Reaktanten.

Die meisten Eigenschaften der Kohlenstoffmaterialien werden in starkem Maße von strukturellen Parametern bestimmt, die wiederum durch die Art der Ausgangsprodukte und Methoden der

Herstellung in weiten Grenzen beeinflußbar sind, so z. B. von der Porengröße, -struktur und -verteilung, dem Graphitierungsgrad, der Anordnung strukturell vorgeordneter Bereiche (Bandstruktur, turbostratische Struktur), der Art und des Anteiles ad- und absorbierter Fremdbestandteile.

Anwendungsgebiete für technische Kohlenstoffe sind:

— Elektroden für elektrothermische und -chemische Prozesse,
— Kohleblöcke für Auskleidungen von Hochtemperaturöfen,
— Heizleiter in Widerstandsöfen für das Erschmelzen von Metallen, Silicaten u. a. Hochtemperaturmaterialien,
— Behälter für metallurgische Prozesse (Sinter- und Gußverfahren),
— Anodenwerkstoff für den kathodischen Korrosionsschutz,
— Dichtungs- und Stromübertragungsmaterialien (Ringe, Bürsten, Spektralkohlen),
— hochtemperatur- und chemikalienbeständige Spezialaggregate (z. B. Wärmeaustauscher bei der HCl-Gewinnung und in der Kernenergetik) sowie Faserstoffe,
— Moderator im Kernreaktorbau,
— Wärmeisolationsmaterial (Ruß),
— Adsorbentien.

Kohlenstoffwerkstoffe werden nach folgenden Verfahren hergestellt:

— keramische Methoden (größter Mengenanteil),
— thermischer Abbau von Polymeren (z. B. C-Fasern),
— Gasphasenabscheidung von Pyrokohlenstoff (thermische Zersetzung von Kohlenwasserstoffen).

Nach strukturellen und physikalischen Eigenschaften lassen sich bei den Kohlenstoffwerkstoffen die harten Kohle- und die weichen Graphitmaterialien unterscheiden. Die Herstellung geht von den bei der Erdölgewinnung anfallenden Petrol- und Pechkoksen aus, die mit einem C-reichen Bindemittel (z. B. Steinkohlenteer) zu Formkörpern verarbeitet und einer Hochtemperaturbehandlung unterzogen werden, bei der eine Vielzahl chemischer Zersetzungsreaktionen abläuft und der Aufbau bzw. die Stabilisierung des Kohlenstoffgitters (Graphitstruktur) erfolgt. Da die Herstellung von Elektroden den Hauptanteil der Produktion technischer Kohlenstoffe ausmacht, soll diese Technologie genauer beschrieben werden.

Die Herstellung von Kohleelektroden wird nach folgenden Teilprozessen vorgenommen:

— Aufbereitung und Vorbehandlung der Rohstoffe,
— Herstellung der Elektrodenmischung,
— Formgebung und Brennen zu Roheelektroden,
— Graphitierung der Roheelektroden,
— Nachbearbeitung der Kohleelektroden.

Die als Rohstoffe dienenden Kokse werden auf Korngrößen von 50 mm vorzerkleinert und bei 1200 ··· 1350 °C in elektrischen Kammer- oder Drehöfen calciniert, damit die Volumenabnahme der Rohstoffmischung während des Brennprozesses (Rissebildung) weitgehend vermieden wird. Nach der Calcinierung wird eine Zwischenzerkleinerung auf eine Korngröße von 1 ··· 3 mm vorgenommen. Von diesem Produkt werden 60 ··· 70% auf Korngrößen $\leqq$ 0,06 mm feinzerkleinert. Die Anteile der Kornfraktionen und des Bindemittels für die Rohstoffmischung sind abhängig von den geforderten Elektrodeneigenschaften (Abmessungen, Dichte, Porosität, elektrische und thermische Leitfähigkeit). Mit zunehmender Größe der Formkörper muß z. B. der Grobkornanteil der Rohstoffmischung steigen, um zur Vermeidung der Rissebildung die Schwindung während des Brennprozesses in engen Grenzen zu halten. Die Kornfraktionen des Kokses werden mit Steinkohlenteer und -pech in elektrisch oder dampfbeheizten Knetern bei etwa 140 °C gemischt.

Nach Abkühlung der plastischen Elektrodenmasse auf 100 °C werden durch Pressen bei 10 ··· 24 MPa und Schneiden Formstücke hergestellt, die in Ring- oder Tunnelöfen dem Brennprozeß unterworfen werden, wobei zur Vermeidung des Abbrandes (Oxydation) die Formlinge in eine Schüttung von Anthrazit und feinteiligem Koks eingebettet sind. Bereits bei niederen Brenntemperaturen von wenigen hundert Grad entstehen durch Verkokung des Bindemittels feste Elektroden. Der Brennprozeß wird bis zu 600 °C langsam durchgeführt, da das Austreiben flüchtiger Bestandteile des Bindemittels eine leichte Volumenabnahme der Masse zur Folge hat. Anschließend werden die Elektroden bei 900 ··· 1250 °C gebrannt. Diese Hochtemperaturbehandlung beträgt nur etwa $^1/_{10}$ der Zeit des gesamten (etwa 20tägigen) Brennzyklus.

Die Roheelektroden werden zur Verbesserung der Eigenschaften (thermische und elektrische Leitfähigkeit, Verarbeitbarkeit) graphitisiert. Der Graphitierofen (s. Abb. 49) ist aus Schamotte- oder SiC-Steinen gemauert. An den Stirnseiten sind wassergekühlte Kohle- und Graphitelektroden angebracht. Die Rohelektroden werden auf einer isolierenden Schüttung aus Siliciumcarbid oder einem Koks-Quarzsand-Gemenge in eine Heizmasse aus Graphit- oder Koksgrus eingebettet. Zwischen Heizmasse und die aus feuerfesten Steinen aufgebauten Seitenmäntel wird weiteres Isolationsmaterial eingebracht. Das in der Isolationsschicht vorhandene oder sich ab 1800 °C bildende SiC (s. Kap. 6.4.1.) zersetzt sich oberhalb von 2200 °C und der entstehende Kohlenstoff erhöht die elektrische Leitfähigkeit der Heizmasse. Während der

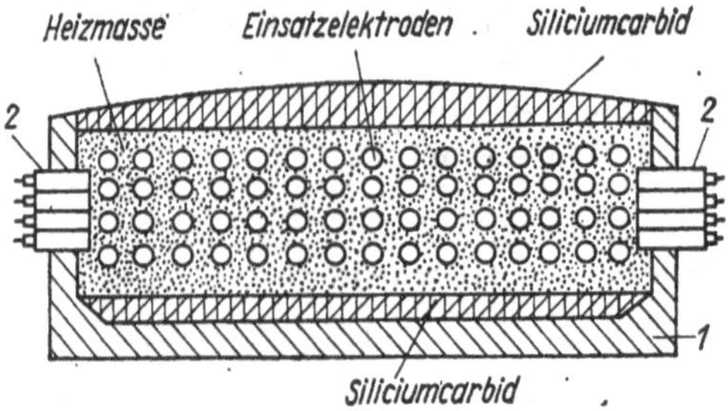

Abb. 49. Schema eines Graphitierofens
1 – feuerfestes Material; *2* – Stromanschluß

2- bis 4tägigen Betriebszeit der mit Gleich- oder Wechselstrom mit einer Leistungsaufnahme bis zu 10 MW betriebenen Öfen findet eine Entgasung (Luft, H_2O, CO) statt, und die turbostratische Kohlenstoffstruktur des Kokses wandelt sich bei Temperaturen bis 3000 °C in eine regelmäßigere, graphitähnliche Struktur um. Zur Vermeidung des Elektrodenabbrandes an der Luft muß eine relativ lange Abkühlzeit von 10 ··· 14 Tagen eingehalten werden. Nach der Entnahme aus dem Ofen lassen sich die Graphitelektroden durch mechanische Verfahren gut nachbearbeiten.

Während andere Hochtemperaturmaterialien aus Kohlenstoff auf ähnliche Weise hergestellt werden (Keramiktechnologien) geht die Produktion der bis zu 3600 °C hochtemperaturbeständigen C-Faserstoffe von natürlichen und synthetischen Fasern aus, die bei Temperaturen bis zu 3600 °C je nach Ausgangsmaterial und Eigenschaftsanforderung unter verschiedenen Bedingungen einer Pyrolyse, Carbonisierung und Graphitierung unterzogen werden [83].

Aus den Untersuchungen von FITZER (z. B. [84]) zum thermischen Abbau von organischen Polymeren bis zum Kohlenstoff resultiert eine Vielzahl von Vorschlägen für die Anwendung dieser relativ neuen Werkstoffart. Die während der thermischen Zersetzung der Polymeren (z. B. Polyvinylalkohol, Polyacrylnitril, Phenolharze, Polyfurfurylalkohol) stattfindenden chemischen Vorgänge bei Abbautemperaturen von 300 ··· 700 °C bestimmen in starkem Maße die Eigenschaften des entstehenden Glanzkohlenstoffs, wobei eine Bandstruktur, die einer Verknäuelung von Kettenpolymeren ähnelt, angestrebt wird. Die Spaltungsreaktionen setzen sich bis in den Hochtemperaturbereich (z. B. während der Glühbehandlung zwischen 1000 und 3600 °C) fort; es entsteht der sog. Polymerkohlenstoff, der außerordentlich hohe chemische und thermische Resistenz sowie mechanische Festigkeit aufweist (z. B. Zugfestigkeiten bis zu 4000 MN/mm^2). Neue Anwendungsgebiete für den hochfesten Polymerkohlenstoff sind z. B. der Verbund mit keramischen Graphitwerkstoffen (Apparategraphit) oder der Einsatz als biologisches Implantationsmaterial.

6.2. *Metalle*

Schwer schmelzbare Metalle, wie Titanium, Tantal, Molybdän, Rhodium und Platin, haben neben den Oxid-, Carbid- und Kohlenstoff-Hochtemperaturwerkstoffen in letzter Zeit eine besondere Bedeutung erlangt, nachdem im technischen Maßstab entsprechende Schmelzaggregate bzw. Sintertechnologien entwickelt wurden.

Hochtemperaturmetalle werden insbesondere als

- Legierungskomponenten,
- Elektrodenmaterialien (z. B. in Plasmatechnik und Glastechnologie),
- Korrosionsschutzschichten (Ti, Ta),
- Katalysatoren bei anorganischen und organischen Synthesen (Rh, Pt, Mo)
- Heizleiter (Ta, Mo, W),
- Hochtemperaturthermoelemente (Ta, Mo, W),
- Werkstoffe für die Raumfahrtindustrie

auf Grund ihrer besonderen Eigenschaften, wie

- hohe Schmelztemperaturen,
- gute chemische Resistenz,
- ausreichende Duktilität,
- hohe Temperaturwechselbeständigkeit,
- gute Wärme- und mittlere Elektronenleitfähigkeit

eingesetzt. Einem universellen Einsatz steht allerdings der rohstoffbedingte und durch aufwendige Herstellungsverfahren hohe Preis entgegen.

Außer Eisen und Chromium, die in reiner Form als Werkstoffe kaum Verwendung finden, lassen sich nur wenige der in Tab. 16 angegebenen Hochtemperaturmetalle auf ökonomische Weise durch schmelzmetallurgische Verfahren gewinnen. Zur Herstellung von Hartmetallen und schwerschmelzbaren Metallen ist besonders die Pulvermetallurgie entwickelt worden.

Danach werden durch

- Reduktion der Metalloxide (Fe, W, Mo) oder -chloride (Ti, Zr) mit Kohlenstoff, Wasserstoff bzw. Kohlenmonoxid,
- elektrolytische Reduktion in wäßriger Lösung (Fe, Cr),
- Zerstäuben flüssiger Metalle (Fe),
- Zersetzung von Carbonylverbindungen (Fe, Ni),
- mechanisches Pulverisieren (Fe-Legierungen)

Pulver geeigneter Korngröße hergestellt, aus denen Formkörper gepreßt werden, die sich bei Temperaturen von 1400 ··· 1600 °C (Hartmetalle) bzw. 2000 ··· 3000 °C (schwerschmelzbare Metalle) sintern lassen, wobei durch eine Vorsinterung der Preßlinge bei 800 ··· 1000 °C eine mechanische Zwischenbearbeitung möglich ist.

Um die oft aufwendige Herstellung der reinen Hochtemperaturmetalle als korrosionsresistente Werkstoffe zu umgehen, werden in neuerer Zeit herkömmliche Metalle und Metallegierungen mit zunderschützenden Metallschichten versehen. So stellen die von Fitzer u. Mitarb. (z. B. [85]) untersuchten Chromier-, Alitier- und Silicierschichten (Beschichtung von Eisenmetallen mit Cr, Al und Si), die durch Plasmaspritz- oder Schlickereinbrennverfahren (bei etwa 1000 °C) auf das Grundmetall aufgebracht werden, einen wirksamen Korrosionsschutz dar. Hierbei ist ein bestimmter Mindestgehalt an Beschichtungsmetall in der Oberfläche des Grundmetalls notwendig, wodurch die Bildung zunderbeständiger Verbindungen möglich wird. So entstehen beispielsweise bei der Si-Beschichtung hochlegierter Stähle in den Oberflächenschichten Silicide (z. B. $CrSi_2$, $NiSi_2$ und $TiSi_2$), die eine hohe Oxydationsbeständigkeit zeigen.

Auf die Herstellung einiger wichtiger Hochtemperaturmetalle soll im folgenden kurz eingegangen werden.

Titanium

Titanium wird aus der bei der Aufbereitung von Ilmenit ($FeTiO_3$) entstehenden TiO_2-haltigen Schlacke hergestellt.

Das TiO_2 wird zunächst durch reduzierende Chlorierung in Titantetrachlorid überführt

$$TiO_2 + 2C + 2Cl_2 \rightarrow TiCl_4 + 2CO, \quad (6.1)$$

das nach dem KROLL-Verfahren bei Temperaturen bis 1000 °C unter Edelgasatmosphäre (Ar, He) mit Magnesium zum Metall reduziert wird:

$$TiCl_4 + 2Mg \rightarrow Ti + 2MgCl_2 \quad (6.2)$$

Das dabei anfallende kompakte wasserfreie $MgCl_2$ ist ein erwünschtes Nebenprodukt, da andere Darstellungsverfahren sehr aufwendig sind.

Der aus der $TiCl_4$-Reduktion entstehende poröse Titaniumschwamm wird im Vakuumlichtbogen- oder Elektronenstrahlofen zum kompakten Metall geschmolzen, wobei besonders darauf geachtet werden muß, daß Sauerstoff und Stickstoff keinen Zutritt zum Metall haben. Nur durch wenige hundertstel Prozent Oxid oder Nitrid werden besonders die mechanischen Festigkeiten des Titaniums stark herabgesetzt.

Tantal

Als Rohstoffe für die Tantalgewinnung dienen Ta-reiche Niob-Tantal-Erze, aus denen im Verlauf von Aufschluß- und Fällungsverfahren die Niob-Verbindungen abgetrennt werden. Wesentliche chemische Umsetzungen sind im folgenden am Beispiel des Tantalits (Fe, Mn)$(TaO_3)_2$ als Ausgangsprodukt aufgeführt:

$$(Fe, Mn)(TaO_3)_2 + 6NaOH \xrightarrow{800°C} 2Na_3TaO_4 + (Fe, Mn)^{2+} + 2OH^- + 2H_2O \quad (6.3)$$

$$2Na_3TaO_4 + (x + 3)\,H_2O \xrightarrow{(H^+)} Ta_2O_5 \cdot xH_2O + 6Na^+ + 6OH^- \quad (6.4)$$

$$Ta_2O_5 \cdot xH_2O + 14HF \xrightarrow{60°C} 2TaF_7^{2-} + (x + .5)\,H_2O + 4H^+ \quad (6.5)$$

$$TaF_7^{2-} + 2KCl \rightarrow K_2TaF_7 + 2Cl^- \quad (6.6)$$

Auch ein chlorierender Aufschluß mit Kohlenstoff bei 700 °C und anschließender Hydrolyse zum $Ta_2O_5 \cdot xH_2O$ wird angewandt.

Aus dem nach der Niob-Abtrennung vorliegenden K_2TaF_7 kann auf zwei Wegen Tantal gewonnen werden:

1. durch Schmelzflußelektrolyse einer Mischung von K_2TaF_7 mit geringen Anteilen Ta_2O_5 (analog der Al-Gewinnung) und
2. durch thermische Reduktion von K_2TaF_7 mit Natrium (analog der $TiCl_4$-Reduktion).

Nach beiden Verfahren liegt das Metall in Pulverform vor und läßt sich entweder im Vakuumlichtbogen- bzw. Elektrostrahlofen oder pulvermetallurgisch durch Pressen und Sintern im Hochvakuum zum kompakten Metall verarbeiten.

Molybdän

Ausgangsprodukte für die Molybdän-Gewinnung sind Molybdänglanz (MoS_2) und Wulfernit ($PbMoO_4$). Durch chemisch-metallurgische Verfahren (Röstprozesse, salzsaure Zersetzung löslicher Molybdate) z. B.

$$MoS_2 + {}^7/_2\,O_2 \xrightarrow{750\,°C} MoO_3 + 2SO_2 \tag{6.7}$$

wird reines MoO_3 hergestellt, das durch Sublimation oberhalb von 700 °C noch nachgereinigt und durch Wasserstoff im Elektroofen bei 1000 ··· 1100 °C zum Molybdän reduziert werden kann. Der Reduktionsvorgang verläuft in zwei Stufen:

$$MoO_3 + H_2 \xrightarrow{650\,°C} MoO_2 + H_2O \tag{6.8}$$

$$MoO_2 + 2H_2 \xrightarrow{1050\,°C} Mo + 2H_2O \tag{6.9}$$

Das anfallende, feinkörnige Molybdänpulver wird zu Stäben verpreßt, die unter Inertgas (H_2) oder im Vakuum bei Temperaturen zwischen 2000 und 2200 °C durch direkten Stromdurchgang gesintert werden (COOLIDGE-Verfahren). Die Sinterprodukte lassen sich im Hochvakuumlichtbogen- oder Mehrkammer-Elektrostrahlofen zum kompakten Molybdän umschmelzen.

Wolfram

Die Herstellung des Wolfram erfolgt auf ähnliche Weise wie die des Molybdäns. Rohstoffe sind Wolframit (Fe, Mn(WO_4)) und Scheelit ($CaMoO_4$), die nach flotativer Anreicherung bei etwa 800 °C durch Sodaschmelze aufgeschlossen werden. Durch salzsaure Zersetzung des Natriumwolframats entsteht WO_3, das durch Wasserstoff (oder Kohlenstoff) bei 900 ··· 1100 °C stufenweise (s. Molybdän) zu Wolfram reduziert wird:

$$WO_3 + H_2 \xrightarrow{900\,°C} WO_2 + H_2O \tag{6.10}$$

$$WO_2 + 2H_2 \xrightarrow{1100\,°C} W + 2H_2O \tag{6.11}$$

Die aus dem Wolframpulver gepreßten Stäbe müssen auf Grund der geringen Festigkeit zunächst bei 1000 ··· 1100 °C unter Wasserstoff vorgesintert werden, bevor durch direkten Stromdurchgang die Endsinterung bei Temperaturen bis zu 3100 °C vorgenommen werden kann.

Lichtbogenschmelzverfahren werden für die Herstellung des kompakten Wolframs auf Grund des extrem hohen Schmelzpunktes nur selten angewandt. Eine begrenzte Bedeutung hat die Umsetzung von WS_3 mit CaO im Lichtbogenofen zum geschmolzenen Wolfram.

Das harte, spröde Metall erhält durch Hämmern und Schutzgasglühen eine relativ hohe Duktilität, die ein Walzen zu dünnen Blechen und das Ziehen von Drähten ermöglicht.

Platin

Die Platingewinnung geht von edel- und schwermetallhaltigen Konzentraten aus, die nach verschiedenen Verfahren verarbeitet werden. Nach dem ACTON-Verfahren werden die Edelmetalle durch Pb-Schmelze und anschließenden Treibprozeß weiter angereichert. Die Trennung der Edelmetalle erfolgt durch Lösen in Schwefelsäure und Königswasser, wobei Gold und Platin in Lösung bleiben. Das Gold wird durch Ausfällen mit $FeSO_4$ abgetrennt, und aus der Lösung läßt sich $(NH_4)_2PtCl_6$ ausfällen, aus dem das Platin durch thermische Zersetzung gewonnen werden kann:

$$(NH_4)_2PtCl_6 \rightarrow Pt + 2HCl + 2NH_3 + 2Cl_2 \tag{6.12}$$

Beim Königswasserverfahren werden die Platinmetalle und Gold ebenfalls aufgelöst und durch Eindampfen der Lösung und Erhitzen auf 140 ··· 150 °C in Chloride niederer Wertigkeitsstufen überführt. Nach Auflösung läßt sich $(NH_4)_2PtCl_4$ ausfällen und durch Glühen thermisch zum Metall zersetzen. Eine Raffination des Platins kann durch Bleischmelze, Auflösen in verdünnter Salpetersäure und Königswasser, $(NH_4)_2PtCl_4$-Fällung und erneutem Verglühen erfolgen.

Rhodium

Bei der Behandlung der Edelmetallkonzentrate mit Königswasser bleiben Rhodiumverbindungen mit der Gangart im Rückstand. Letzterer wird mit Kaliumhydrogensulfat und Kaliumhydroxid oder Kaliumnitrat aufgeschlossen und das Rhodium mit NH_4Cl gefällt. Durch Verglühen des Niederschlages wird das Rhodiummetall gewonnen:

$$(NH_4)_2RhCl_6 \rightarrow Rh + 2HCl + 2NH_3 + 2Cl_2 \qquad (6.13)$$

6.3. Boride

Die binären Metall-Borverbindungen der allgemeinen Formel M_mB_n werden als Boride bezeichnet. Während die salzartigen Boride hinsichtlich ihrer Zusammensetzungen normalen Wertigkeiten der Elemente entsprechen (z. B. Mg_3B_2), d. h. Salze des Borwasserstoffs darstellen und solvolyseempfindlich sind, weisen die Boride mit starken kovalenten Bindungsanteilen sehr unterschiedliche Stöchiometrien und Strukturen auf. Zur letzten Gruppe gehören die Boride mit außergewöhnlichen thermischen, elektrischen und mechanischen Eigenschaften.

Strukturell lassen sich die Boride in vier Gruppen einteilen:

- Boride mit isolierten Boratomen (z. B. M_4B, M_3B, M_2B, M_5B_2 und M_7B_3),
- Boride mit Einfach- und Doppelketten von Boratomen (z. B. M_3B_2, M_4B_3, MB, M_3B_4),
- Boride mit zweidimensionalen Netzwerken von Bor- und Metallatomen (z. B. MB_2 und M_2B_5),

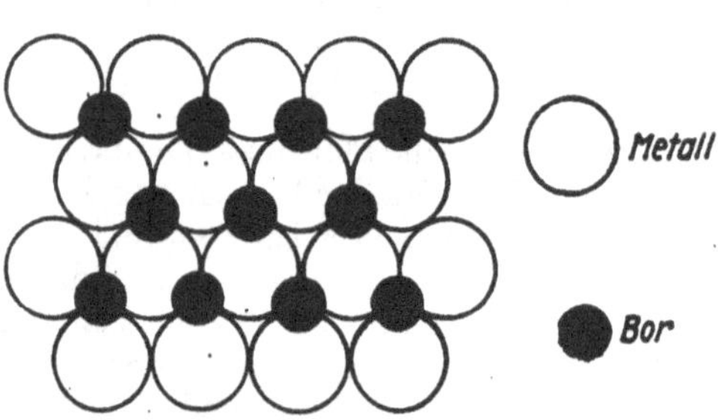

Abb. 50. Atomanordnungen in MB_2-Verbindungen

— Boride mit dreidimensionalen Bor-Netzwerken (z. B. MB_4, MB_6 und MB_{12}).

Typische Hochtemperaturboride wie ZrB_2 gehören der 3. Gruppe mit zweidimensionalen Netzwerken an. Die MB_2-Verbindungen bestehen aus alternierenden Schichten von Metallatomen in dichtester Packung und Schichten von Boratomen in 6-Ring-Anordnung (s. Abb. 50), so daß aus dieser Struktur die extremen mechanischen (große Härte durch Nichtverschiebbarkeit der Schichten), elektrischen (Metallschichten) und thermischen (stabile Bindungsverhältnisse) Eigenschaften resultieren.

Die Herstellung der Boride erfolgt nach 3 Methoden:

— Schmelzen oder Sintern der Metallpulver mit Bor, z. B.

$$B + Cr \rightarrow CrB \qquad (6.14)$$

— Umsetzung von Metalloxiden mit Mischungen von Kohlenstoff und Borcarbid, z. B.

$$2ZrO_2 + 3C + B_4C \rightarrow 2ZrB_2 + 4CO \qquad (6.15)$$

— Elektrolyse von Borverbindungen in geschmolzenen Salzen.

Als hochtemperaturbeständige Werkstoffe werden vor allem die Boride der Metalle der III. bis VI. Nebengruppe des PSE genutzt, so z. B. zur Herstellung von Gußformen, Schmelztiegeln, Schneidlegierungen und Strahltriebwerken. Auf Grund der großen Härte finden diese Boride häufig als Schleifmaterial Anwendung.

6.4. *Carbide*

Binäre Carbide der allgemeinen Formel M_mC_n sind Verbindungen des Kohlenstoffs mit Elementen niederer oder nahezu gleicher Elektronegativität. Aus dieser Definition sind die Wasserstoffverbindungen des Kohlenstoffs ausgenommen. Auf der Grundlage der Bindungsverhältnisse und Strukturen lassen sich die Carbide in salzartige Carbide, kovalente Carbide und Einlagerungscarbide einteilen. Die Carbide der beiden letztgenannten Gruppen finden als Hochtemperaturmaterialien eine vielseitige Verwendung. Den kovalenten Carbiden kommt vom Produktions- und Anwendungsumfang eine besondere Bedeutung zu.

6.4.1. *Kovalente Carbide*

Die kovalenten Carbide B_4C und SiC sind extrem harte sowie thermisch und chemisch resistente Materialien, deren Eigenschaften auf den starken Bindungskräften in den festen Werkstoffen beruhen.

Borcarbid

Der strukturelle Aufbau des Borcarbids B_4C aus linearen C-Dreierketten und ikosaedrischen B-Zwölfergruppen ist außergewöhnlich. Beide Baugruppen sind im B_4C in NaCl-ähnlicher Weise angeordnet. Die festen, kovalenten Bindungen treten sowohl zwischen den gleichartigen als auch zwischen den ungleichartigen Atomen auf.

Auf Grund der relativ niedrigen Schmelztemperatur von etwa 2450 °C läßt sich Borcarbid sowohl durch Reaktion im Schmelzfluß als auch durch Feststoffreaktion herstellen.

Die Flüssigphasenreaktion erfolgt in einem kippbaren, mit Kohleblöcken ausgekleideten Lichtbogenofen, in dem die Rohstoffmischung den Reaktionsraum abdeckt (gedeckter Ofen).

Nach der Bruttoreaktion

$$2B_2O_3 + 7C \rightarrow B_4C + 6CO \qquad (6.16)$$

werden wasserfreies Bor(III)-oxid und Pech- oder Petrolkoks zu Borcarbid umgesetzt. Die Borcarbidschmelze läßt sich leicht in Graphittiegel gießen; das abgekühlte, feste Produkt wird durch Backenbrecher, Stift- und Schwingmühlen zerkleinert. Die durch Abrieb in das Borcarbidpulver gelangenden Fe-haltigen Verunreinigungen lassen sich durch 20%ige Salzsäure entfernen.

Durch Festphasenreaktion von B_2O_3 und Kohlenstoff wird ein sauerstoff- und stickstoffhaltiges Borcarbid erhalten. Die Umsetzung von B_2O_3 mit Mg-Pulver und Ruß führt dagegen zu einem relativ reinen Produkt. Die Reaktion läuft bei etwa 1900 °C exotherm und mit großer Geschwindigkeit ab. Aus dem nach schnellem Abkühlen erhaltenen noch sauerstoffhaltigen Borcarbid lassen sich durch Säurebehandlung oxidische, basische Verunreinigungen (z. B. MgO) und durch anschließendes Glühen unter Vakuum der restliche Sauerstoff entfernen. Durch Gießen der Borcarbidschmelze sowie durch Sintern bis 2300 °C oder Heißverpressen bei 1650 °C und 20 ··· 50 MPa von Borcarbidpulver werden Formkörper des Werkstoffs hergestellt.

Borcarbid wird wegen seiner hohen chemischen Resistenz gegen Säuren und Basen zur Herstellung von Spritzdüsen und auf Grund seiner Härte zur Bestückung von Sandstrahldüsen und als Poliermittel verwendet. In Kernreaktoren dient Borcarbid (in feinverteilter Form in Aluminium) als wirksamer Neutronenabsorber. Da die geringe Temperaturwechselbeständigkeit und Schlagfestigkeit dem Einsatz des reinen Borcarbids Grenzen setzen, werden mit Erfolg Mischprodukte und Legierungen aus Borcarbid mit Carbiden des Siliciums, Chromiums und Titaniums als Hochtemperaturmaterialien angewandt, die in Elektroöfen hergestellt werden.

Siliciumcarbid

Von den 3 Strukturmodifikationen des Siliciumcarbids ist β-SiC die stabilste. Die diamantähnliche, dreidimensionale und kovalente Verknüpfung von Silicium- und Kohlenstoffatomen ist durch partielle d_π/p_π-Doppelbindungsanteile besonders fest und bedingt die außergewöhnlich guten Eigenschaften dieses Hochtemperaturwerkstoffes. Die im Gegensatz zum Diamanten tiefe Farbe des Siliciumcarbids beruht auf Verunreinigungen, von denen der Stickstoff den größten Einfluß hat.

Die Herstellung des Siliciumcarbids erfolgt nach einem diskontinuierlichen Hochtemperaturverfahren aus Quarzsand und Kohlenstoff nach folgender Bruttoreaktionsgleichung:

$$SiO_2 + 3C \rightarrow SiC + 2CO \qquad (6.17)$$

Nach praktischen Untersuchungen und thermodynamischen Berechnungen [86] verläuft die SiC-Bildung über folgende Hochtemperaturreaktionen, wobei sich Siliciummonoxid und Silicium eindeutig als Zwischenprodukte unter bestimmten Bedingungen nachweisen lassen:

$$SiO_{2(s)} + C_{(s)} \rightarrow SiO_{(g)} + CO \qquad (6.18)$$

$$SiO_{(g)} + C_{(s)} \rightarrow Si_{(g)} + CO \qquad (6.19)$$

$$Si_{(g)} + C_{(s)} \rightarrow SiC_{(s)} \qquad (6.20)$$

Die Technologie der Siliciumcarbidherstellung ist in Abb. 51 schematisch dargestellt. Petrol- und Pechkoks bzw. Anthrazit werden auf eine Korngröße von etwa 3,5 mm zerkleinert und mit feinteiligem Quarzit oder Quarzsand (Korngröße ~1,5 mm) unter Zusatz von feinkörnigem, verunreinigten Siliciumcarbid, Natriumchlorid und Holzmehl gemischt. Letzteres dient bei Verwendung von Rohstoffen mit geringem Gehalt an flüchtigen Bestandteilen (Feuchtigkeit des Sandes, Kohlenwasserstoffe aus der thermischen Kokszersetzung) zur besseren CO-Entgasung während der Hochtemperaturreaktionen (Kanalbildung). Verunreinigungen reagieren mit dem NaCl zu leichtflüchtigen Halogeniden.

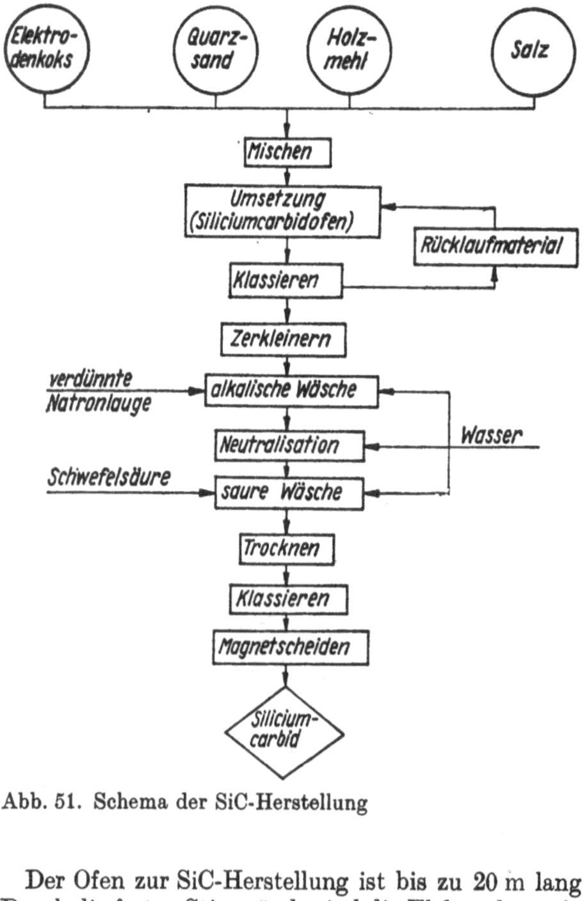

Abb. 51. Schema der SiC-Herstellung

Der Ofen zur SiC-Herstellung ist bis zu 20 m lang (s. Abb. 52). Durch die festen Stirnwände sind die Elektroden geführt, während die feuerfesten Seitenwände auswechselbar sind. Die Ofenwanne wird bis zur Elektrodenhöhe mit Rohstoffmischung gefüllt und zwischen die Elektroden ein Graphitkern gesetzt, der mit zwei

Koksschichten ummantelt wird. Die Rohstoffmischung wird dann weiter aufgefüllt, so daß die Elektroden zur Vermeidung von SiC-Ansätzen mit der Mischung nicht in Kontakt kommen. Bei einer Leistungsaufnahme des Ofens bis zu 4 MW beginnt bei Temperaturen oberhalb von 1800 °C um den Kohlenstoffkern (Widerstandsheizung) die SiC-Bildung. Innerhalb von etwa 30 Stunden entstehen SiC-Schichten bis zu 50 mm Dicke um den Kern. Das Kohlenmonoxid wird meist oberhalb des Ofens verbrannt. Nach einer 10stündigen Abkühlzeit wird die äußere, lockere Isolationsschicht entfernt, die gemeinsam mit dem feinteiligen SiC aus der Produktklassierung in einer neuen Rohstoffmischung wieder eingesetzt wird. Auch das Graphitmaterial des Ofeninneren läßt sich nach Abtrennung des Feinanteils wieder verwenden. Das grobkristalline Siliciumcarbid wird in Backenbrechern grob- und in Kollergängen bzw. Kugelmühlen feinzerkleinert Fe- und Si-Verunreinigungen lassen sich durch verdünnte Natronlauge und Magnetscheider oder durch Schwefelsäure entfernen.

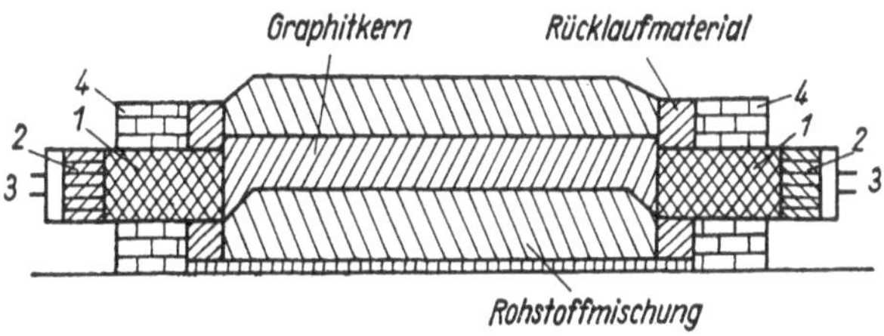

Abb. 52. Schema eines Widerstandsofens zur SiC-Herstellung

1 – Kohleelektroden; *2* – Stromanschlüsse; *3* – Stromzu- bzw. Stromabführung; *4* – Schamotte

Siliciumcarbid ist das Hochtemperaturcarbid mit dem größten Produktumfang. Die Weltproduktion liegt bei etwa 250000 t/a. Die technischen Einsatzmöglichkeiten sind äußerst vielseitig. Wesentliche Anwendungsgebiete sind in Tab. 17 (S. 196) angegeben.

6.4.2. *Einlagerungscarbide*

In den Einlagerungscarbiden liegen dichtestgepackte Metallgitter vor, deren oktaedrische Lücken — oft partiell — durch Kohlenstoffatome besetzt sind. Damit erhöhen sich Härte und

Tabelle 17
Technische Anwendungen von Siliciumcarbid

Industriezweig	Anwendungsbeispiele
Chemische Industrie	Grundprodukt zur $SiCl_4$- und Siliconherstellung Trägermaterial für Katalysatoren Füllkörper für Destillationskolonnen Filterplatten für Flüssigkeiten und Gase
Elektrotechnik	Heizelemente Überspannungs- und Blitzschutzkörper Varistoren, Thermoelemente
Metallurgie	Desoxydationsmittel Isoliermaterial für Schmelzöfen (SiC-Schaum)
Energetik	Turbinenschaufeln Isoliermaterial für Kernreaktoren
Schleifmittelindustrie	Schleifpapier, -scheiben, -gewebe
Feuerfestindustrie	SiC-Steine hoher Wärmeleitfähigkeit zum Ofenbau Kapselmaterialkomponente für Keramikherstellung
Raketentechnik	Raketendüsen, Isoliermaterial
Farbenindustrie	Farbpigment
Medizintechnik	Dentalbohrer, -schleifscheiben

Schmelztemperaturen der Metalle beträchtlich, während die elektrischen Leitfähigkeiten nicht wesentlich verändert werden.

In typischen Einlagerungscarbiden der Metalle Ti, Zr, Hf, V, Nb, Ta, Mo und W sind die Oktaederlücken der Metallgitter groß genug (> 130 pm), um die C-Atome ohne Verzerrung des Metallgitters einbauen zu können. Metalle mit kleineren Atomradien (< 130 pm) lassen einen C-Einbau nur unter Deformation der Metallgitter zu, wodurch die entsprechenden Carbide instabiler werden und besonders durch ihren partiell ionischen Aufbau chemisch nicht sehr resistent sind (z. B. Carbide von Cr, Mn, Fe, Co und Ni). Aus diesem Grunde sind auch nur die typischen Einlagerungscarbide als Hochtemperaturcarbide zu definieren.

Die Einlagerungscarbide lassen sich auf folgenden Wegen herstellen:

— Erhitzung von Gemischen aus Metallpulver und Kohlenstoff (Ruß, Graphit) unterhalb der Schmelztemperaturen von $1300 \cdots 1900\,°C$,

- Umsetzung von Metall bzw. Metalloxid und Kohlenstoff in der Schmelze,
- Umsetzung von Metallpulvern mit gasförmigen Kohlenwasserstoffen,
- Gasreaktion zwischen flüchtigen Metallverbindungen (z. B. $TiCl_4$), Wasserstoff und Kohlenstoff bei Temperaturen von 300 ··· 600 °C,
- Reaktion von Metall bzw. Metalloxid in geschmolzenem Eisen und Isolierung des Hochtemperaturcarbids durch Säurelaugung (TiC, VC, NbC, TaC).

Die Herstellung der Einlagerungscarbide wird in elektrischen Widerstandsöfen und Öfen mit Induktionsheizung unter Anwendung von H_2-Schutzgas vorgenommen. Die hohen Reaktionstemperaturen erfordern häufig eine Abdeckung des Reaktionsproduktes mit Kohlenstoff, um eine Entkohlung zu vermeiden. Bei der thermischen Carbidzersetzung verdampft die Komponente,

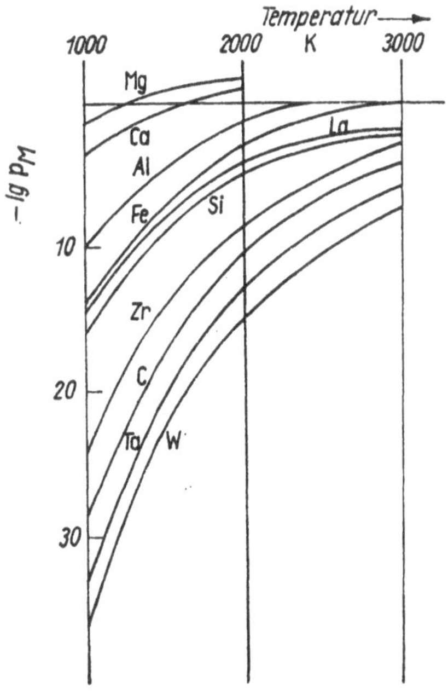

Abb. 53. Abhängigkeit der Dampfdrücke verschiedener Elemente von der Temperatur

die als Element den höheren Dampfdruck aufweist, d. h. nach Kulikov [87] im Falle des ZrC die Metallkomponente und im Falle des TaC der Kohlenstoff (s. Abb. 53).

In Tab. 18 sind die Umsetzungsreaktionen und Temperaturbedingungen für die Herstellung der technisch wichtigsten Einlagerungscarbide angegeben.

Neben den einfachen Einlagerungscarbiden finden in zunehmendem Maße Komplexcarbide auf Basis der Einlagerungscarbide Anwendung [88]. Um die oft aufwendige Trennung der Ausgangsprodukte (Metalle, Metalloxide) zu umgehen, nutzt man bei vielen Carbidsystemen die Bildung lückenloser Mischkristallreihen zur gemeinsamen Herstellung von Mischcarbiden, z. B. in folgenden Systemen:

TiC/ZrC, ZrC/NbC, VC/NbC, TiC/NbC

ZrC/TaC, NbC/TaC, TiC/TaC.

6.5. *Nitride*

Nitride werden analog den Hochtemperaturcarbiden als feuerfeste und harte Werkstoffe verwendet.

Zu den Nitriden mit weitgehend kovalentem Bindungscharakter gehören das Bornitrid BN, das Siliciumnitrid Si_3N_4 und das Phosphornitrid P_3N_5, während es sich bei den sogenannten metallischen Nitriden um Stickstoffeinlagerungsverbindungen der Metalle der IV. bis VII. Nebengruppe des PSE handelt. Von den letzteren haben aus ähnlichen Gründen wie bei den entsprechenden Carbiden nur die Nitride der Metalle der IV. bis VI. Nebengruppe technische Bedeutung. Der Stickstoff wird in die Oktaederlücken der Metallgitter eingebaut; dabei bleiben die typischen Metalleigenschaften erhalten (z. B. thermische und elektrische Leitfähigkeit), während Härte sowie thermische und chemische Resistenz wesentlich verbessert werden.

6.5.1. *Kovalente Nitride*

Das *Bornitrid* BN wird bei hohen Temperaturen aus den Elementen hergestellt. Über eine amorphe BN-Phase entsteht bei Temperung um 2000 °C zunächst eine hexagonale Modifika-

Tabelle 18

Herstellung von Hochtemperaturcarbiden (Einlagerungscarbide)

Einlagerungscarbide	technische Bildungsreaktion	Temperatur in °C	Bemerkungen
TiC	$TiO_2 + 3C \rightarrow TiC + 2CO$	2000 ··· 2200	lückenlose Mischbarkeit TiO_2/TiC/TiN
	$Ti + C \rightarrow TiC$	2000	
	$7 TiCl_4 + C_6H_5CH_3 + 10H_2 \rightarrow 7 TiC + 28HCl$	300 ··· 600	
ZrC	$ZrO_2 + 3C \rightarrow ZrC + 2CO$	1800 ··· 2400	H_2-Atmosphäre
HfC	$HfO_2 + 3C \rightarrow HfC + 2CO$	1500 ··· 2000	H_2-Atmosphäre
VC	$V_2O_3 + 5C \rightarrow 2VC + 3CO$	1400 ··· 1500	H_2-Atmosphäre; lückenlose Mischbarkeit VO/VC/VN
NbC	$Nb_2O_5 + 7C \rightarrow 2NbC + 5CO$	1500 ··· 1600	H_2-Atmosphäre
TaC	$Ta_2O_5 + 7C \rightarrow 2TaC + 5CO$	1500 ··· 1600	H_2-Atmosphäre
	$Ta + C \rightarrow TaC$	1500 ··· 1600	H_2-Atmosphäre
Mo_2C	$2Mo + C \rightarrow Mo_2C$	1400	H_2-Atmosphäre
MoC	$Mo_2C + C \rightarrow MoC$	2800	Schmelze
	$MoO_3 + 4C \rightarrow MoC + 3CO$	1300 ··· 1500	
W_2C	$2W + C \rightarrow W_2C$	2900	Schmelze
	$7WC + WO_3 \rightarrow 4W_2C + 3CO$		
	$2WO_3 + 7C \rightarrow W_2C + 6CO$	1500 ··· 3200	Festphasenreaktion/Schmelze
WC	$W + C \rightarrow WC$	1400 ··· 1600	H_2-Atmosphäre
	$WO_3 + 4C \rightarrow WC + 3CO$	1500	

tion, die auf Grund graphitähnlicher Eigenschaften als hochtemperaturbeständiges Schmiermittel dient. Durch Druckbehandlung ($\sim$ 7000 MPa) bei hohen Temperaturen (1700 °C) bildet sich das kubische Bornitrid, das wegen seiner hohen mechanischen, thermischen und chemischen Stabilität für die Herstellung von Schmelzaggregaten, als Bohr- und Schleifmittel und für Raketendüsen benutzt wird.

Weitere Möglichkeiten der kontinuierlichen BN-Herstellung bestehen in der Umsetzung von Bortrichlorid und Ammoniak unter Temperatursteigerung von 300 auf 2000 °C sowie in der Azotierung von BCl_3 in einer Aluminiumschmelze:

$$BCl_3 + Al + {}^1/_2 N_2 \rightarrow BN + AlCl_3 \qquad (6.21)$$

Durch Warmpressen von BN-Pulver in Graphitformen lassen sich Formkörper herstellen, die neben der hohen mechanischen und thermischen Resistenz eine hohe Temperaturwechselbeständigkeit aufweisen.

Das Siliciumnitrid Si_3N_4 wird hauptsächlich durch direkte Azotierung (N_2) des Metalls bei 1200 bis 1400 °C hergestellt:

$$3Si + 2N_2 \xrightarrow{1400\,^\circ C} Si_3N_4 \qquad (6.22)$$

Analog dem Bornitrid weist das Produkt eine hohe thermische und chemische Beständigkeit auf (besonders gegenüber geschmolzenen Metallen) und wird als Bindemittel hochfeuerfester Kerame (z. B. SiC) verwendet. Reines Si_3N_4 eignet sich zum Einsatz als Weißpigment.

6.5.2. Einlagerungsnitride

Die Einlagerungsnitride mit metallähnlichen Eigenschaften lassen sich in reiner Form nur schwierig herstellen; hierzu müssen sauerstoff- und kohlenstofffreie Ausgangsprodukte verwendet werden, um den Einbau von Fremdkomponenten in die Metallgitter zu vermeiden.

Die technische Herstellung erfolgt nach ähnlichen Verfahren und Reaktionen wie die Darstellung der Einlagerungscarbide, aber im allgemeinen bei niedrigen Temperaturen.

Folgende Möglichkeiten werden genutzt:

— Direkte Azotierung des Metalls (Pulver) mit Stickstoff bei 1200 °C (TiN, ZrN, VN, TaN), z. B.

$$2\,V + N_2 \rightarrow 2\,VN \tag{6.23}$$

— Umsetzung von N_2-resistenten Metallen mit NH_3 bei 700 bis 800 °C (MoN, WN), z. B.

$$Mo + NH_3 \rightarrow MoN + {}^3/_2\,H_2 \tag{6.24}$$

— Reaktion von Metalloxiden mit Kohlenstoff und Stickstoff bei Temperaturen, die wesentlich unter den Carbidbildungstemperaturen liegen (TiN, ZrN, VN, NbN), z. B.

$$2\,ZrO_2 + 4\,C + N_2 \rightarrow 2\,ZrN + 4\,CO \tag{6.25}$$

— Umsetzung von Metallhalogeniden oder -hydriden mit NH_3 und thermische Zersetzung der Ammonolyseprodukte (Amide, Imide) (TiN, ZrN, HfN), z. B.

$$3\,TiCl_4 + 4\,NH_3 \rightarrow 3\,TiN + 12\,HCl + {}^1/_2\,N_2, \tag{6.26}$$

— Gasreaktionen der Metallhalogenide mit N_2/H_2- bzw. NH_3/H_2-Gemischen und Nitridabscheidung an einem Heizelement (Aufwachsverfahren) (TiN, ZrN, HfN, VN, NbN, TaN), z. B.

$$2\,TiCl_4 + 4\,H_2 + N_2 \rightarrow 2\,TiN + 8\,HCl, \tag{6.27}$$

— Zersetzung von stickstoffreichen Nitriden (V_2N, Nb_2N, Ta_2N), z. B.

$$2\,TaN \rightarrow Ta_2N + {}^1/_2\,N_2. \tag{6.28}$$

Häufig werden die Nitrid-Hochtemperaturwerkstoffe in Form von Mischverbindungen (mit Carbiden, seltener mit Oxiden) angewandt.

6.6. *Oxide*

Oxidische Hochtemperaturwerkstoffe finden in Forschung und Technik eine vielseitige Anwendung. So werden oxidische Materialien hauptsächlich für Hochtemperaturreaktoren in der Metallurgie, Silicatindustrie, Elektrothermie und zur Durchführung von Hochtemperatur-Gasreaktionen (z. B. in der Energiewirtschaft und in Plasmareaktoren) eingesetzt. In der Hochtemperaturforschung, Elektroindustrie und in der Raumfahrttechnik existiert eine große Palette spezieller Anwendungsgebiete.

Die Anwendungsmöglichkeiten oxidischer Hochtemperaturwerkstoffe resultieren aus dem relativ geringen Aufwand zur Herstellung dieser Werkstoffe. Die Hauptprobleme liegen in der Herstellung reiner Oxide, die oft komplizierte Aufbereitungstechnologien erfordern (Löse-, Aufschluß-, Fällungs-, Zersetzungs- und Trennungsprozesse).

Die Hochtemperaturoxide lassen sich prinzipiell nach drei Verfahren herstellen:

— Schmelzverfahren,
— Sinterprozesse,
— Festkörperreaktionen.

Im folgenden sollen nur einkomponentige Oxidmaterialien behandelt werden, obwohl auch Mischoxide und besonders silicatische Produkte Hochtemperaturmaterialien mit guter mechanischer, thermischer und chemischer Resistenz bei Temperaturen oberhalb von 1500 °C darstellen.

6.6.1. *Oxide der Erdalkalimetalle*

Sämtliche Oxide der Elemente der II. Hauptgruppe des PSE lassen sich als Hochtemperaturmaterialien anwenden. Allerdings ist das Berylliumoxid sehr teuer und die Oxide des Calciums, Strontiums und Bariums sind chemisch nicht sehr resistent, so daß nur das Magnesiumoxid als alkaliresistenter Werkstoff eine breitere Anwendung findet.

Die Herstellung des MgO kann nach verschiedenen Verfahrensvarianten vorgenommen werden.

Ein billiger Rohstoff sind die Endlösungen der Carnallititverarbeitung, aus denen zunächst die Alkalimetallchloride und das $MgSO_4$ nach Ausfällung abgetrennt werden müssen. Bei Siedetemperatur der hochkonzentrierten $MgCl_2$-Lösungen ($\sim$ 160 °C) werden die Fe^{2+}-Verunreinigungen durch $KClO_3$ oxydiert und als Eisen(III)-hydroxide mit Kalkmilch gefällt und abgetrennt. Mit weiterem $Ca(OH)_2$ erfolgt die Ausfällung von filtrierbarem Magnesiumhydroxid, das nach Abtrennung, Waschen und Trocknen bei etwa 900 °C calciniert werden kann:

$$Mg(OH)_2 \xrightarrow{900\,°C} MgO + H_2O \tag{6.29}$$

Weitere Möglichkeiten zur MgO-Herstellung sind die thermischen Spaltungen von $MgCl_2 \cdot 2H_2O$ im Rohrofen

$$MgCl_2 \cdot 2H_2O \rightarrow MgO + 2HCl + H_2O \tag{6.30}$$

bzw. von $MgCO_3$ bei 600 °C mit anschließender Sinterung der feinkörnigen Produkte bei 1500 °C:

$$MgCO_3 \xrightarrow{600\,°C} MgO + CO_2 \tag{6.31}$$

Für die Herstellung von Formkörpern wird das feinteilige MgO mit 2 ··· 3% Wasser und Sulfitablauge vermengt, in Formen gepreßt und zu sogen. Magnesiateilen (Steine u. ä.) gebrannt.

Ein Mischoxid $MgO \cdot CaO$ wird durch thermische Zersetzung von Dolomit ($MgCO_3 \cdot CaCO_3$) und Sinterung erhalten.

Die durch Carbonatzersetzung gewonnenen Oxide des Strontiums und Bariums dienen zur Herstellung von Hartferriten.

6.6.2. Aluminiumoxid

Das stabile α-Al_2O_3 (Korund) ist in Form des Schmelzkorunds und des Sinterkorunds einer der am häufigsten angewandten Hochtemperaturwerkstoffe.

Als Rohstoff für die Schmelzkorundherstellung dient der Bauxit, der nach der Dehydratisierung zwecks Reduktion der Fremdoxide mit Kohlenstoff (Anthrazit oder Koks) gemischt wird. Die Reduktion und das Schmelzen der Tonerde wird im elektrischen Lichtbogenofen bei 2000 °C vorgenommen. Unter der Al_2O_3-Schmelze scheidet sich die Metallegierung (Fe, Si, Ti) ab. Nach der Zerkleinerung des erhaltenen Schmelzkorunds lassen sich entsprechend den Magnesiasteinen (s. Kap. 6.6.1.) Formkörper herstellen, die eine hohe chemische Beständigkeit und einen niederen thermischen Ausdehnungskoeffizienten aufweisen.

Ausgangsprodukt für die Sinterkorundherstellung ist die calcinierte Tonerde (α-Al_2O_3), die mit wenig Wasser und Bindemittel (z. B. Ton) oder Paraffin zu Formkörpern gepreßt oder gegossen (Spritzgußverfahren) wird. Die Sinterung erfolgt im Elektrowiderstandsofen bei 1700 ··· 1800 °C.

Mit Natriumoxid läßt sich die Tonerde zum β-Al_2O_3 der Zusammensetzung $Na_2O \cdot 11Al_2O_3$ schmelzen, das besonders beständig gegenüber gasförmigen Alkalimetalloxiden ist.

6.6.3. *Siliciumdioxid*

Silikasteine, Kieselgut und Kieselglas weisen als Hochtemperaturwerkstoffe eine besonders hohe Resistenz gegenüber sauren Reaktanten, eine ausgezeichnete Temperaturwechselbeständigkeit und gute optische Eigenschaften auf.

Bei der Herstellung der hochtemperatur- und säurebeständigen Silikasteine wird von zerkleinertem und klassiertem Quarzit ausgegangen, der mit Wasser, Sulfitablauge und Kalkmilch vermengt und zu Formkörpern gepreßt wird. Nach dem Trocknen und Sintern werden die Steine bei 1500 °C gebrannt, wobei eine möglichst vollständige Umwandlung des Quarzes in Cristobalit stattfinden soll.

Kieselgut wird aus geschmolzenem Quarzsand hergestellt. Hierbei findet aus Gründen des zu hohen Energieaufwandes und einer beträchtlichen SiO_2-Verdampfung keine Ausläuterung der Schmelze statt, so daß durch eine Vielzahl kleiner Bläschen das Material nur durchscheinend ist. Kieselgutrohre lassen sich in einer rotierenden Hohlform mit Innenflamme herstellen, in der die geschmolzenen Quarzsandteilchen nach außen geschleudert werden, und das Rohr nach unten abgezogen werden kann. Nach einer anderen Verfahrensvariante wird Quarzsand auf widerstandsbeheizte Kohlestäbe aufgeschmolzen, wobei sich der entstehende Kieselgutrohrmantel durch das Reaktionsgas (CO) vom C-Trägermaterial abhebt. Die weitere Formgebung erfolgt nach Verfahren der Glasindustrie.

Die Herstellung des Kieselglases geht von zerkleinertem, reinem Bergkristall aus. In einer Knallgas- oder Acetylenflamme kann das Bergkristallpulver auf einen rotierenden Kieselglasstab aufgeschmolzen werden. Auch die Zuführung des Rohproduktes durch die Mitteldüse eines Plasmabrenners ist möglich. Die maschinelle Herstellung erfolgt im Hochtemperaturwiderstandsofen bei 2000 ··· 2200 °C unter Inertgasatmosphäre und Abziehen des Kieselglasrohres durch eine Ringdüse. Eine weitere Möglichkeit der Kieselglasherstellung entspricht der Kieselgutproduktion, d. h., in einem als Hohlzylinder gestalteten Ofen wird das durch eine Innenflamme geschmolzene Bergkristallpulver gegen die Wand geschleudert. Von dem erhaltenen Kieselglasschmelzling wird der äußere SiO_2-haltige Mantel abgetrennt. Ein Verstrecken kann in einem widerstandsbeheizten Graphitzylinder bei 1800 °C unter Stickstoffatmosphäre vorgenommen werden.

6.6.4. *Oxide der Seltenen Erdmetalle und Thoriumoxid*

Die Oxide der Seltenen Erdmetalle und das Thoriumoxid sind spezielle Hochtemperaturmaterialien, die nach keramischen Technologien hergestellt werden. Die Anwendung der reinen Oxide ist selten; meist werden Mischoxide angewandt, so z. B. BeO/CeO_2-Keramik als Hochtemperaturmaterial (Tiegel u. ä.), SE-Titanate und -Stannate als keramische Isolierwerkstoffe und Kondensatorelektrika sowie SE-Ferrite als Ferromagnetika und für die Mikrowellentechnik. Die polykristallinen Formkörper werden aus den Oxiden durch Zerkleinern, Hochdruckformen und Sintern bei 1500 °C hergestellt. Die oxidischen Sinterprodukte von Sm, Eu, Gd und Dy finden auf Grund der hohen Einfangquerschnitte für thermische Neutronen als Kontrollstäbe in Kernreaktoren Anwendung.

Das durch Glühen von Thoriumhydroxid oder -nitrat

$$Th(OH)_4 \rightarrow ThO_2 + 2\,H_2O \qquad (6.32)$$

gewonnene ThO_2 ist ein Werkstoff mit besonders hoher thermischer (Schmelztemperatur: 3050 °C) und chemischer Beständigkeit. Als thermisches Isoliermaterial wird das Oxid in Pulverform verwendet, während das Produkt durch Kristallisation und Abtrennung aus einer inerten Schmelzphase eine hohe chemische Resistenz erhält. Das Thoriumoxid ist meist mit den Oxiden der Seltenen Erdmetalle (besonders CeO_2) verunreinigt, wodurch aber die guten Hochtemperatureigenschaften nicht wesentlich beeinträchtigt werden.

6.6.5. *Titaniumdioxid und Zirconiumdioxid*

Die Oxide der 4. Nebengruppe des PSE TiO_2 und ZrO_2 finden in steigendem Maße als Hochtemperaturmaterialien Anwendung (Labor- und Gerätetechnik).

Rohstoffe für die TiO_2-Herstellung sind Ilmenit ($FeTiO_3$), Rutil (TiO_2) sowie TiO_2-haltige, metallurgische Schlacken. Aus den natürlichen Vorkommen werden die silicatischen und eisenhaltigen Verunreinigungen durch Flotation und magnetische Verfahren abgetrennt.

Die TiO_2-Gewinnung erfolgt nach zwei Verfahren. Ilmenit läßt sich durch Schwefelsäure bei 150 ··· 180 °C aufschließen.

Nach Ausfällung (Kühlung der Aufschlußlösung) und Abtrennung von $FeSO_4 \cdot 7H_2O$ erfolgt durch thermische Hydrolyse bei 80 °C in saurem Medium die Fällung von Titaniumoxidhydrat, das nach einem Filtrations- und Reinigungsprozeß im Drehrohrofen zum TiO_2 calciniert wird.

Ausgangsprodukte für ein chlorierendes Aufschlußverfahren sind Ilmenit, Rutil oder Titaniumdioxidschlacken, die einer thermischen Chlorierung unterzogen werden, bei der flüchtiges $TiCl_4$ entsteht. Die $TiCl_4$-Umsetzung zu TiO_2 erfolgt bei höheren Temperaturen (800 ··· 1000 °C) in einer Wasserdampf- oder Methan/Sauerstoff-Atmosphäre:

$$TiCl_4 + 2H_2O \xrightarrow{900\,°C} TiO_2 + 4HCl \qquad (6.33)$$

Für die Herstellung hochtemperaturbeständiger TiO_2-Formkörper wird das TiO_2-Pulver mit geringen Tonanteilen (Bentonit) plastifiziert, gepreßt und bei etwa 1400 °C in oxydierender Atmosphäre (Vermeidung der TiO_2-Reduktion) gebrannt. Zusätze von WO_2 oder ZrO_2 beschleunigen die Ausbildung eines polykristallinen Produktes (Mineralisatorwirkung).

Rohstoffe für die ZrO_2-Herstellung sind die Zirkonerde (ZrO_2) und der Zirkon ($ZrSiO_4$). Der Aufschluß der Mineralien kann mit $KHSO_4$ oder konzentrierter Schwefelsäure vorgenommen werden. Mit Ammoniak erfolgt die Ausfällung von Zirkoniumoxidhydrat aus den sauren Aufschlußlösungen. Nach Abtrennung und Waschen wird das wasserhaltige Produkt calciniert:

$$ZrO(OH)_2 \rightarrow ZrO_2 + H_2O \qquad (6.34)$$

Die Sinterung des ZrO_2 zu Hochtemperaturmaterialien ist problematisch, weil bei 1000 °C eine Umwandlung von monoklinem zu tetragonalem ZrO_2 unter Volumenänderung erfolgt, die während der Sinterung zur Rissebildung des Werkstoffes führt. Zur Umgehung dieser Schwierigkeit werden mindestens 16% CaO dem ZrO_2 zugesetzt. Diese Mischoxidsinterprodukte können noch thermischen Belastungen bis zu 2500 °C ausgesetzt werden und weisen eine hohe chemische Resistenz auf.

7. Technische Anwendungen von Hochtemperaturreaktionen

7.1. *Allgemeines*

Nachdem bereits im Kap. 5. auf die Nutzung von Hochtemperaturreaktionen hingewiesen wurde (chemische Transportreaktionen, Plasmareaktionen, Reaktionen in kondensierten Phasen), sind im Kap. 6. Verfahren zur Herstellung von Hochtemperaturwerkstoffen beschrieben, die ausschließlich auf Hochtemperaturprozessen beruhen. Aber auch Werkstoffe, an deren chemische Resistenz nicht so hohe Anforderungen gestellt werden (z. B. Eisenmetalle, Leichtmetalle) werden — und das in weit größerem Umfang — durch chemische oder elektrochemische Hochtemperaturreaktionen erzeugt. Auch die meisten silicatischen Werkstoffe und viele chemische Zwischenprodukte werden in großen Mengen durch Umsetzung der Ausgangsreaktanten bei hohen Temperaturen erhalten. In Tab. 19 sind Beispiele technisch wichtiger Hochtemperaturreaktionen aufgeführt. Bei der Betrachtung der Reaktoren für die Hochtemperaturprozesse wird deutlich, daß die Temperaturerzeugung hauptsächlich durch die Verbrennung fossiler Brennstoffe oder durch den elektrischen Strom als Widerstandsheizung erfolgt. Durch die Möglichkeit, die Wärme über den elektrischen Strom direkt dem Reaktor zuzuführen, sind die auf dieser Basis entwickelten Verfahren die ökonomisch weitaus günstigsten hinsichtlich der Energiebilanz, und die Entwicklung der Hochtemperaturprozesse tendiert auch eindeutig zu den elektrochemischen und elektrothermischen Verfahren. Die ebenfalls auf dem elektrischen Strom basierenden Plasmaprozesse konnten sich bisher für die technische Herstellung größerer Produktmengen bis auf wenige Ausnahmen (z. B. Acetylenherstellung) nicht durchsetzen.

In diesem Kapitel sollen einige volkswirtschaftlich wichtige Beispiele für großtechnische Hochtemperaturreaktionen kurz beschrieben werden. Hierbei wird hauptsächlich auf die unter Hochtemperaturbedingungen ablaufenden Prozesse und Technologien eingegangen.

Tabelle 19
Beispiele technisch wichtiger Hochtemperaturverfahren

Verfahren/Reaktion	Temperatur in °C	Reaktor
Pyrolyseverfahren		
Mitteltemperaturpyrolyse von Kohlenwasserstoffen	700 ··· 900	Röhrenofen, Wirbelbettreaktor, Regenerativreaktor, Vollraumreaktor, Blasenreaktor
Hochtemperaturpyrolyse von Kohlenwasserstoffen	1300 ··· 2500	Brenner, Tauchflammenreaktor, Lichtbogenreaktor
Thermische Zersetzungen		
Zersetzung von $CaCO_3$	800 ··· 1300	Schachtofen
Calcinierung von $Al(OH)_3$	1200	Drehrohrofen
Thermische Metallgewinnung durch Zersetzung von Halogeniden (Ti, Zr)	800 ··· 1000	Elektroofen
Thermische Spaltung von Metallchloriden zu Oxiden (MgO, Al_2O_3, Fe_2O_3)	600 ··· 1200	Sprühreaktor, Spaltrohr
Röstprozesse		
Oxydierende Röstung von Metallsulfiden	850 ··· 1000	Etagen-, Wirbelschicht-, Schwebeofen
Chlorierende Röstung von Metallsulfiden (Fe, Pb, Zn)	450 ··· 1100	Etagen-, Wirbelschicht-, Schachtofen
Sulfatisierende Röstung von Metallsulfiden	800	Etagenofen
Elektrochemische Prozesse		
Aluminium-Gewinnung	700 ··· 950	Elektrolysewanne
Magnesium-Gewinnung	750	Elektrolysezelle
Elektrochemische Reduktion von Metalloxiden, -fluoriden, -chloriden	400 ··· 1000	Elektrolysator

Tabelle 19 (Fortsetzung)

Verfahren/Reaktion	Temperatur in °C	Reaktor
Elektrothermische Prozesse		
Herstellung von Calciumcarbid	1900 … 2100	elektrischer Widerstandsofen
Reduktion von Calciumphosphaten zu Phosphor	1200 … 1400	elektrischer Widerstandsofen
Herstellung von Kalkstickstoff	1000 … 1100	Azotier-, Kanalofen
Redoxprozesse zur Metallgewinnung		
Reduktion von Metalloxiden mit Kohlenstoff und CO (Fe, Pb, Zn)	1300 … 1600	Schachtofen
Reinigung von Roheisen	1500	Konverter
Reduktion von Metalloxiden mit H_2 (Ferrosilicium)	1000 … 1200	Schachtofen
Reduktion von Metallchloriden mit unedlen Metallen (Na, Mg, Ca)	500 … 900	Rohrreaktor
Herstellung von Silicium aus $SiCl_4$	1000	elektrischer Widerstandsofen
Redox-Prozesse zur Herstellung von Hochtemperaturwerkstoffen		
Herstellung von Elektrographit	2000	elektrischer Widerstandsofen
Herstellung von Siliciumcarbid (SiC)	2300	elektrischer Widerstandsofen
Herstellung von Borcarbid (B_4C)	1900 … 2100	elektrischer Kohle- bzw. Graphitrohrofen
Herstellung von Ferrosilicium (FeSi)	1500 … 1600	Elektroofen
Herstellung von Elektrokorund	2000	elektrischer Lichtbogenofen
Herstellung von Mo- und W-Pulver	800 … 1100	elektrischer Durchsatzofen, Drehrohrofen
Sonstige Redoxprozesse		
SO_2-Gewinnung aus Calciumsulfat	1100 … 1400	Drehrohrofen
Reduktion von $BaSO_4$ zu BaS	800 … 1000	Drehrohrofen

Tabelle 19 (Fortsetzung)

Verfahren/Reaktion	Temperatur in °C	Reaktion
Reaktionen in kondensierten Oxidsystemen		
Herstellung von Zement	1100 ··· 1450	Drehrohrofen
Herstellung keramischer Materialien	900 ··· 1900	Tunnel-, Rund-, Ring-, Haubenofen
Herstellung von Gläsern	700 ··· 1900	Schmelzhäfen und -wannen
Herstellung von Emails	1100 ··· 1300	Drehrohrofen
Plasmachemische Reaktionen		
C_2H_2-Gewinnung	2500 ··· 3000	Plasmareaktor
NO-Gewinnung aus der Luft	3000	Plasmareaktor

7.2. *Hochtemperatur-Gasreaktionen*

Als Beispiele für großtechnische Reaktionen, die bei hohen Temperaturen unter Beteiligung gasförmiger Reaktanten ablaufen, seien die Pyrolyse von Kohlenwasserstoffen, die Synthesegaserzeugung und die Ammoniak-Verbrennung genannt. In diesen Fällen entstehen durch Hochtemperaturreaktionen gasförmige Reaktionsprodukte, die als typische Hochtemperaturgase bei hohen Temperaturen stabil, jedoch unter Normalbedingungen an der Luft metastabil sind (C_2H_2, CO, NO).

7.2.1. *Pyrolyse von Kohlenwasserstoffen*

Pyrolyseverfahren dienen der Spaltung von Erdölkohlenwasserstoffen. Nach den sehr verschiedenen Temperaturbereichen, in denen die thermischen Spaltprozesse ablaufen, unterscheidet man zwischen Mittel- und Hochtemperaturpyrolyseverfahren. Die aus höhermolekularen Kohlenwasserstoffen bei hohen Temperaturen entstehenden Verbindungen sind zum großen Teil Hochtemperaturmoleküle (z. B. C_2H_2, C_2H_4).

Mitteltemperaturpyrolyse

Ausgangsprodukte für die Mitteltemperaturpyrolyse sind wasserstoffreiche Kohlenwasserstoffe, wie Ethan und höhere Alkane, Leicht- und Schwerbenzin sowie Gasöl, die zu Olefinen und Aromaten umgewandelt werden. Die Pyrolysereaktionen verlaufen als endotherme, homogene Gasreaktionen bei Temperaturen oberhalb 700 °C unter praxisrelevanten Ausbeuten ab, wobei neben dem radikalischen Zerfall (Gl. (7.1)) die radikalische Fragmentierung (Gl. (7.2)) die bevorzugten Reaktionen sind:

$$\begin{aligned} &R_1-CH_2-CH_2-CH_2-CH_2-R_2 \\ &\quad\rightarrow R_1-CH_2-CH_2-CH_2\cdot + \cdot CH_2-R_2 \end{aligned} \tag{7.1}$$

$$R_1-CH_2-CH_2-CH_2\cdot \rightarrow R_1-CH_2\cdot + CH_2{=}CH_2 \tag{7.2}$$

Durch Radikalrekombination (Gl. (7.3)) und -disproportionierung (Gl. (7.4)) erfolgt ein Kettenabbruch

$$R_1-CH_2-CH_2\cdot + \cdot CH_2-R_2 \rightarrow R_1-CH_2-CH_2-CH_2-R_2 \tag{7.3}$$

$$\begin{aligned} &R_1-CH_2-CH_2\cdot + \cdot CH_2-CH_2-R_1 \rightarrow R_1-CH{=}CH_2 + \\ &\quad CH_3-CH_2-R_1 \end{aligned} \tag{7.4}$$

Neben der thermischen Crackung finden bei der Mitteltemperaturpyrolyse thermische Dehydrierungen statt:

$$C_nH_{2n+2} \rightarrow C_nH_{2n} + H_2 \quad (7.5)$$

Die Mitteltemperaturpyrolyse wird nach verschiedenen Technologien durchgeführt, die sich hauptsächlich in der Wärmezufuhr und der Entfernung des Pyrolysekokses unterscheiden. In Tab. 19 sind einige Reaktortypen aufgeführt, von denen die Röhrenöfen (> 95% der Anlagen) die größte technische Bedeutung haben. Die in den Strömungsreaktoren (Röhrenöfen) entstandenen heißen Spaltgase werden in Abhitzekesseln abgekühlt, wobei ein Hochdruckdampf von 8 ··· 12 MPa entsteht.

Hochtemperaturpyrolyse

Zur Erzeugung von Acetylen oder Acetylen-Ethylen-Gemischen werden verschiedene Verfahren der Hochtemperaturpyrolyse im Temperaturbereich zwischen 1300 und 2500 °C angewandt.

Acetylen ist als stark endotherme Verbindung ($\Delta H_B{}^0 = 260$ kJ $\cdot$ mol^{-1}) besonders instabil im Temperaturbereich von 200 bis 1200 °C, wobei es sich in exothermer Reaktion in die Elemente zersetzt:

$$C_2H_2 \rightarrow 2C + H_2 \quad (7.6)$$

Deshalb muß die Verbindung nach ihrer Bildung bei hohen Temperaturen sehr schnell abgeschreckt werden. Das direkte, intensive Kühlen (Quenchen) wird ohne Abhitzeverwertung vorgenommen, so daß besonders diese Hochtemperaturpyrolyseprozesse hinsichtlich der Energiebilanz äußerst aufwendig sind. Man unterscheidet zwischen Prozessen, bei denen die Energie durch den elektrischen Strom zugeführt wird (Lichtbogen- bzw. Plasmaprozesse) und Prozessen, bei denen die Energiezufuhr für die Spaltvorgänge aus der partiellen Umsetzung der Kohlenwasserstoffe mit reinem Sauerstoff resultiert (autotherme Prozesse).

Beim *Lichtbogenprozeß* werden CH_4-reiche Kohlenwasserstoffgemische (Erdgas) durch einen Lichtbogen bei 1600 ··· 2500 °C geleitet. Die Verweilzeit des Gases im Lichtbogen beträgt $5 \cdot 10^{-4}$ bis $1 \cdot 10^{-3}$ s. Die Quenchung erfolgt mit Wasser auf eine Temperatur von etwa 150 °C. Als wichtiges Nebenprodukt wird Acetylen erhalten.

Der bekannteste *Plasmaprozeß* zur Acetylenerzeugung ist der HÜLS-Prozeß, bei dem Erdgas in einem Bogenplasma zu einem

Acetylen-Ethylen-Gemisch umgesetzt wird. Während die Bogentemperaturen etwa 18000 °C betragen, verlassen die Crackgase den Reaktor mit Temperaturen um 1500 °C, da nur ein Teil der Reaktanten auf sehr hohe Temperaturen aufgeheizt wird (s. Kap. 5.2.1.2.). In einer ersten Quenchstufe werden flüssige Kohlenwasserstoffe als Quenchmittel zu Ethylen umgesetzt, in einer zweiten Quenchstufe die Pyrolysegase mit Wasser auf 450 °C abgeschreckt.

Bei der autothermen Pyrolyse wird entweder ein Teil der Reaktanten mit Sauerstoff in exothermer Reaktion umgesetzt

$$-CH_2- + {}^1/_2 O_2 \rightarrow CO + H \qquad (7.7)$$

und der verbleibende Teil wird durch die Reaktionswärme aufgeheizt (Einstufenprozeß), oder es werden minderwertige Kohlenwasserstofffraktionen mit Sauerstoff verbrannt und die zu pyrolysierenden Reaktanten dem heißen Randgas zugemischt (Zweistufenprozeß).

Im SACHSSE-WULFF-*Prozeß* werden Sauerstoff und CH_4-reiche Reaktanten getrennt auf 500 °C erhitzt und in einem Spezialbrenner bei 1600 °C umgesetzt, wobei etwa 2/3 der Reaktionsproduktmenge aus Synthesegas ($CO + H_2$) besteht. Die Pyrolysegase werden mit Wasser gequencht und der Acetylen/Ethylen-Anteil durch Druckgaswäsche mit Öl vom Synthesegas abgetrennt.

Beim *Tauchflammprozeß* wird Sauerstoff mit einem Druck von 1 MPa mit Erdöl umgesetzt und die entstehende Flamme von 1500 °C in das zu pyrolysierende Rohöl eingeführt, das gleichzeitig als Quenchmittel (Phasengrenze) fungiert.

Der *Hochtemperaturpyrolyseprozeß* (HTP-Prozeß) ist ein Zweistufenprozeß, bei dem Restgase der Pyrolyseaufbereitung als Brennstoffe genutzt werden. Die als Rohstoffe eingesetzten leichten und mittleren Erdölfraktionen werden zwischen 1300 und 2300 °C umgesetzt.

In Tab. 20 ist der Energiebedarf für die einzelnen Hochtemperaturpyrolyseprozesse zusammengestellt und mit der C_2H_2-Erzeugung aus dem Calciumcarbidprozeß (s. Kap. 7.3.2.) verglichen.

Der SACHSSE-WULFF-Prozeß ist das energetisch günstigste Verfahren, aber eine stabile technische Prozeßführung ist z. Z. noch schwierig. Es ist auch zu erkennen, daß gegenwärtig die C_2H_2-Herstellung über das CaC_2 noch mit den Lichtbogen- und Plasmaverfahren konkurrieren kann.

Tabelle 20

Energiebedarf verschiedener Hochtemperaturverfahren für die Acetylen-Produktion

Verfahren	Rohstoffe	Energiebedarf in MWh/t C_2H_2
SACHSSE-WULFF-Prozeß	Leichtbenzin	0,8 ··· 2,3
Partielle Oxydation	Erdgas, Leichtbenzin	2 ··· 3
HTP-Verfahren	Leichtbenzin	2 ··· 4
Tauchflammverfahren	Heizöl, Rohöl	3 ··· 4
Lichtbogenverfahren	Erdgas, Leichtbenzin	7 ··· 10
Plasmaverfahren	Leichtbenzin, Rohöl	9 ··· 11
Calciumcarbidprozeß	Branntkalk, Koks	10 ··· 10,5

7.2.2. Synthesegaserzeugung

Synthesegase sind Gasgemische aus Stickstoff und Wasserstoff (für die NH_3-Synthese) sowie Kohlenmonoxid und Wasserstoff (für die Methanol- und die Oxosynthese). Zur Gewinnung beider Synthesegasgemische werden zunächst Kohlenstoff oder Kohlenwasserstoffe mit Wasserdampf oder Sauerstoff zu $CO-H_2$-Gemischen umgesetzt, die direkt der Methanol- oder der Oxosynthese dienen, während für die NH_3-Synthese das CO über das CO_2 vom Wasserstoff abgetrennt werden muß.

In Tab. 21 sind Reaktionsbeispiele für die Herstellung von $CO-H_2$-Synthesegas aus gasförmigen, flüssigen und festen C-Verbindungen aufgeführt. Während die Reaktionen mit Sauerstoff exotherm sind, laufen die Reaktionen mit Wasserdampf

Tabelle 21

Reaktionen zur Gewinnung der Synthesegaskomponenten CO und H_2

Ausgangsstoff	Reaktionsbeispiele	Reaktionsenthalpien $\Delta_R H$ in kJ
gasförmige Kohlenwasserstoffe	$CH_4 + {}^1/_2O_2 \rightarrow CO + 2H_2$	−35
	$CH_4 + H_2O \rightarrow CO + 3H_2$	206
flüssige Kohlenwasserstoffe	$-CH_2- + {}^1/_2O_2 \rightarrow CO + H_2$	−90
	$-CH_2- + H_2O \rightarrow CO + 2H_2$	152
fester Kohlenstoff	$C + {}^1/_2O_2 \rightarrow CO$	−113
	$C + H_2O \rightarrow CO + H_2$	128

unter Wärmezufuhr ab (Hochtemperaturreaktionen). Exotherme und endotherme Reaktionen werden miteinander kombiniert.

Ein typischer Hochtemperaturprozeß ist die Öldruckvergasung zur Erzeugung von Synthesegas. Der Reaktor besteht aus einem Stahlzylinder, der mit feuerfesten Material ausgemauert ist. Von oben werden in den senkrecht angeordneten Reaktor über einen Düsenbrenner die Reaktanten (Kohlenwasserstoff, Sauerstoff, Wasserdampf) eingespeist. Die Reaktionen der Synthesegasbildung laufen in einer 1200 ··· 1600 °C heißen Flammenzone unter einem Gasdruck von 3 ··· 6 MPa ab. Neben dem Synthesegas, das nach Zwischenkühlung (Wasserdampferzeugung) von 1200 auf etwa 300 °C, durch Quenchen auf 100 °C abgekühlt wird, entstehen als Abprodukte Ruß und Asche.

7.2.3. *Ammoniak-Verbrennung*

Die Ammoniak-Verbrennung mit Sauerstoff zu nitrosen Gasen ist einer der Hauptprozesse der chemischen Industrie, da besonders in der Landwirtschaft große und zunehmende Mengen an nitrathaltigen Düngemitteln benötigt werden. Die NH_3-Verbrennung ist ein stark exothermer Prozeß; in bezug auf die Elemente sind die entstehenden nitrosen Gase NO_x endotherme Verbindungen.

Die Umsetzung der Reaktanten NH_3 und O_2 erfolgt in einer katalytischen Reaktion an mehreren, übereinander angeordneten Netzen eines PtRh (~ 6% Rh)-Kontaktes. Von der Vielzahl der möglichen Reaktionen ist die N_2-Bildung die thermodynamisch begünstigte Reaktion. Um diese Reaktion weitgehend auszuschließen, sind kurze Verweilzeiten (~ $2 \cdot 10^{-4}$ s) der gasförmigen Reaktanten am Kontakt und eine schnelle Abschreckung der thermodynamisch instabilen, nitrosen Gase erforderlich.

Über die Chemismen der NO_x-Bildung gibt es auf Grund der vielen Reaktionsmöglichkeiten keine vollkommene Klarheit. Mit den praktischen Ergebnissen stimmt die Hydroxylamintheorie am besten überein:

Hauptreaktionen (katalytisch)

$$2NH_3 + O_2 \rightarrow 2NH_2OH \tag{7.8}$$

$$NH_2OH + O_2 \rightarrow HNO_2 + H_2O \tag{7.9}$$

$$4HNO_2 \rightarrow 4NO + 2H_2O + O_2 \tag{7.10}$$

Nebenreaktionen (katalytisch)

$$NH_2OH + HNO_2 \rightarrow N_2O + 2H_2O \quad (7.11)$$

$$HNO_2 + NH_3 \rightarrow N_2 + 2H_2O \quad (7.12)$$

Nebenreaktionen (nicht katalytisch)

$$2NH_3 \rightarrow N_2 + 3H_2 \quad (7.13)$$

$$2NO \rightarrow N_2 + O_2 \quad (7.14)$$

$$4NH_3 + 6NO \rightarrow 5N_2 + 6H_2O \quad (7.15)$$

Die Ausbeuten an NO werden in starkem Maße durch das NH_3–O_2-Verhältnis bestimmt (s. Abb. 54).

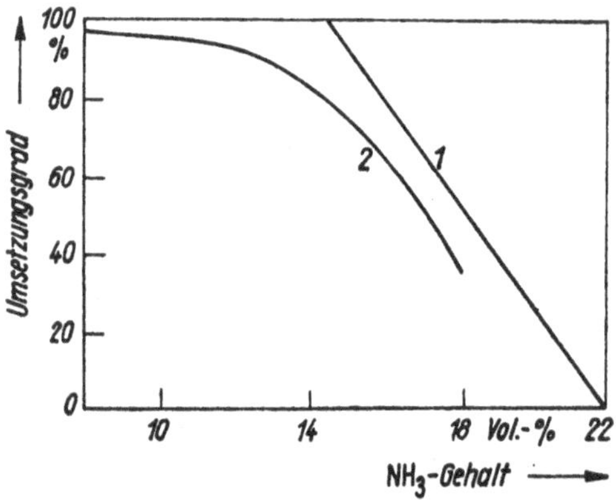

Abb. 54. Abhängigkeit der Umsetzung von Ammoniak zu Stickstoffmonoxid von der NH_3-Konzentration

1 – theoretischer Verlauf; *2* – praktischer Verlauf

Die Reaktion kann unter Druck oder auch drucklos durchgeführt werden. Die höchsten NO-Ausbeuten werden bei druckloser NH_3-Oxydation mit O_2-angereicherter Luft erzielt. Die heißen Reaktionsgase werden bereits im unteren Teil des Reaktors auf $\sim 300\,°C$ zwischengekühlt (Wasserdampfgewinnung) und erfahren in Wärmeaustauschern eine weitere Abkühlung, bevor die Weiteroxydation zu NO_2 und HNO_3 erfolgt.

Eine plasmachemische Variante der NO-Gewinnung, die auch wissenschaftlich gut untersucht ist, besteht in der Synthese aus den Elementen (Birkeland-Eyde-Prozeß). Obwohl das Verfahren schon vor längerer Zeit versuchsweise betrieben wurde, ist es technisch bisher nicht ausgereift.

7.3. *Elektrothermische Verfahren*

Die technische Durchführung endothermer Reaktionen in kondensierter Phase erfordert die Zuführung großer Wärmemengen zu den vergleichsweise kleinen Reaktoren, die sehr unterschiedlich konstruiert sein können. Die effektivste Möglichkeit der Energiezufuhr ist die Umwandlung von elektrischem Strom in Wärmeenergie im Reaktor. Einige prinzipielle Möglichkeiten der Reaktorgestaltung wurden im Kap. 6. bereits erwähnt. Die Rohstoffmischung befindet sich in den elektrothermischen Reaktoren zwischen Kohlenstoffelektroden, und sie wird durch Widerstandsheizung (in untergeordnetem Maße durch Lichtbogenheizung) auf die Reaktionstemperatur gebracht. Die hohen Reaktionstemperaturen von 1500···3000 °C stellen an die Reaktoren und die Prozeßsteuerung enorm hohe Anforderungen. Trotzdem haben sich die elektrothermischen Verfahren für die Umsetzung kondensierter Reaktanten gegenüber den technischen Reaktionsvarianten im Plasma aus ökonomischen Gründen behaupten können. Als Beispiele sollen die Herstellung von Phosphor und Calciumcarbid besprochen werden, die im Produktionsumfang noch weit vor den ebenfalls auf elektrothermischen Wege hergestellten Hochtemperaturwerkstoffe einzuordnen sind.

7.3.1. *Phosphorherstellung*

Die Phosphorherstellung dient hauptsächlich der Gewinnung thermischer Phosphorsäure. Die Reaktoren sind meist als Dreiecköfen, seltener als Rechtecköfen, konstruiert.

In Abb. 55 sind Längs- und Querschnitt eines Dreieckofens dargestellt. Der Reaktor ist im unteren (heißen) Teil mit Kohleblöcken ausgekleidet, die als Elektrode dienen. Von oben sind drei Söderberg-Elektroden (Drehstrom) in die Rohstoffmischung eingeführt, die aus Phosphaten (Phosphorit), Koks (metallurgischer Koks oder BHT-Koks) und Grobkies besteht. Für eine gute

Gasdurchlässigkeit muß eine Körnung der Rohstoffe von 5···60 mm eingehalten werden. Nach Zündung des Ofens (Koksbrücke zwischen den Elektroden) wird die Rohstoffmischung bei Ofenleistungen von 10···50 MW durch Widerstandsheizung auf Reaktionstemperatur gebracht. Bei etwa 1500 °C wird das Phos-

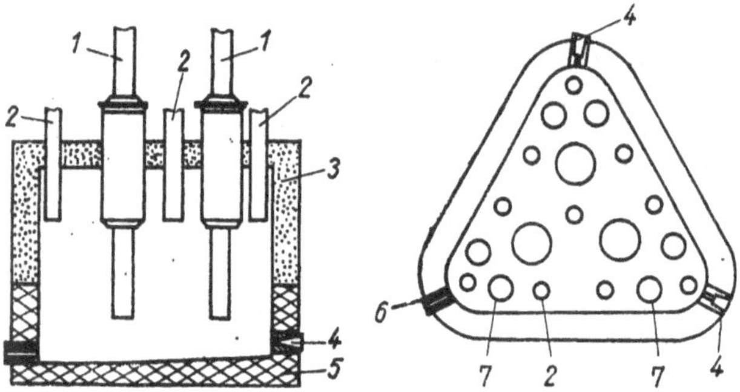

Abb. 55. Schema eines Phosphorofens

1 – Elektrode; *2* – Rohstoffzufuhr; *3* – Betondecke; *4* – Schlackenabstich; *5* – Kohleboden; *6* – Ferrophosphorabstich; *7* – Gasausgang

phat durch den Kohlenstoff – wahrscheinlich über die Stufe des Phosphids – zum Phosphor reduziert:

$$Ca_3(PO_4)_2 + 8C \rightarrow Ca_3P_2 + 8CO \qquad (7.16)$$

$$3Ca_3(PO_4)_2 + 5Ca_3P_2 \rightarrow 4P_4 + 24CaO \qquad (7.17)$$

Das entstehende CaO bildet mit dem SiO_2 eine silicatische Schlacke, die am unteren Teil des Ofens abgestochen wird:

$$CaO + SiO_2 \rightarrow CaSiO_3 \qquad (7.18)$$

Die gasförmigen Reaktionsprodukte Phosphor und Kohlenmonoxid werden durch die Gasausgänge der Ofenhaube abgeführt und der Phosphor als gelbe (energiereiche) Modifikation in Wasservorlagen kondensiert. Der gelbe Phosphor wird anschließend in stark exothermer Reaktion mit Luftsauerstoff zu P_4O_{10} (Absorption in Phosphorsäure) bzw. mit Wasserdampf zu Phosphorsäure umgesetzt. Als Nebenprodukt der Phosphorherstellung bildet sich mit dem aus Fe_2O_3-Verunreinigungen der Rohstoffe entstehenden Eisen und dem Eisen der Elektrodenmäntel Ferrophosphor, der wie die Schlacke durch Abstich aus dem Ofen entfernt und als Legierungskomponente in der Eisenmetallurgie verwendet wird. Die silicatische Phosphorofenschlacke kann als Hauptkomponente für die Herstellung keramischer Erzeugnisse (Mellilith-Keramik) genutzt werden.

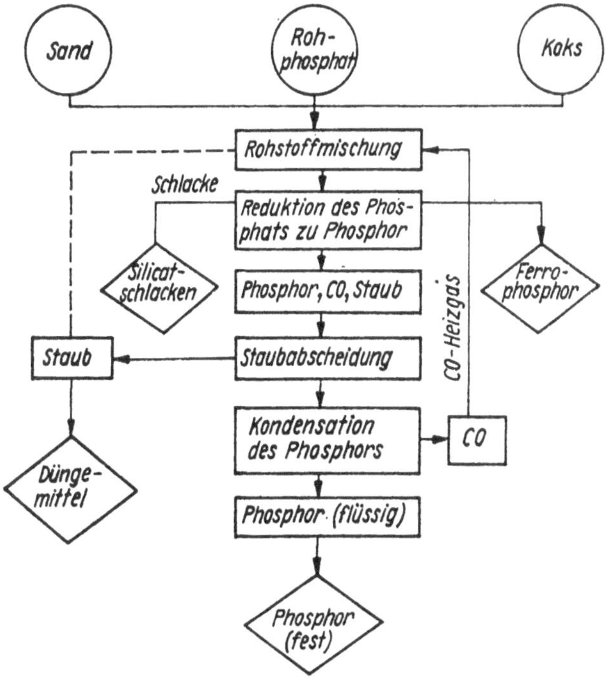

Abb. 56. Schema der Phosphorherstellung

In Abb. 56 ist das Schema der Phosphorherstellung zusammenfassend dargestellt.

In jüngster Zeit wird auch die thermische Phosphorherstellung im Plasma als Verfahrensvariante vorgestellt, die bereits bis zur technischen Reife entwickelt worden ist. Dabei wird das Phosphat in einem $CO-H_2$-Plasma wie folgt umgesetzt:

$$2Ca_3(PO_4)_2 + 10H_2 \rightarrow 6CaO + 10H_2O + P_4 \qquad (7.19)$$

$$2Ca_3(PO_4)_2 + 10CO \rightarrow 6CaO + 10CO_2 + P_4 \qquad (7.20)$$

Aus den Fluoriden des Apatits bildet sich HF. Der Plasmabogen wird in einer Suspension mit hohem Feststoffgehalt aus pulverisierten Phosphat und flüssigen Kohlenwasserstoffen aufrechterhalten.

7.3.2. *Calciumcarbidherstellung*

Calciumcarbid ist einer der Ausgangsstoffe für die Ethingewinnung. Durch die Entwicklung der Energiesituation in der Welt in den letzten fünf Jahren ist der technische Calciumcarbidprozeß gegenüber petrolchemischen Verfahren der Ethingewinnung wieder aufgewertet worden (s. a. Kap. 7.2.1.).

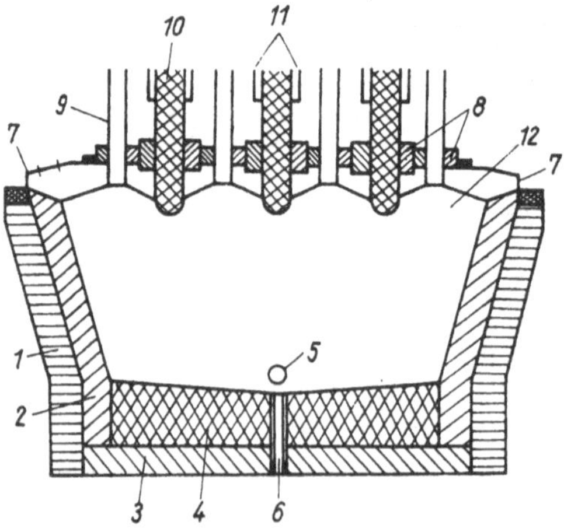

Abb. 57. Schema eines Calciumcarbidreaktors

1 – Ofenwanne; *2* – Schmelzkorund-Ausmauerung; *3* – Schamotte-Ausmauerung; *4* – Kohleboden; *5* – CaC_2-Abstich; *6* – FeSi-Abstich; *7* – Ofenhaube; *8* – Abdichtung; *9* – Rohstoffschurren; *10* – SÖDERBERG-Elektroden; *11* – Strombacken; *12* – Rohstoffmischung

Moderne, geschlossene Carbidreaktoren sind ähnlich konstruiert wie die Phosphoröfen, d. h. in Dreieck- oder in Rechteckbauweise.

In Abb. 57 ist ein Rechteck-Carbidofen im Längsschnitt dargestellt. Als Elektrodenmaterial dienen Kohleblöcke (Ofenboden) und SÖDERBERG-Elektroden. Die Wände des thermisch gut isolierten Reaktors sind mit chemisch und thermisch resistenten Schmelzkorundsteinen ausgekleidet. Die Rohstoffmischung aus Branntkalk und Koks (metallurgischer Koks, BHT-Koks) wird über ein Schurrensystem dem Ofen zugeführt. Das Anfahren der Öfen erfolgt über Zylinder aus Koksschüttungen unter den SÖDERBERG-Elektroden. Die Ofenleistungen liegen bei 30···50 MW, wobei die Umsetzung des elektrischen Stromes in Wärmeenergie hauptsächlich durch Widerstandsheizung über die sich berührenden Kokskörner und nur zum geringen Teil (~ 20%) durch Energieumsetzung in den Lichtbögen (unter den SÖDERBERG-Elektroden und zwischen den Kokskörnern) erfolgt. Die chemische Umsetzung des Branntkalks zum Calciumcarbid in der Schmelzphase bei ~ 2000 °C nach

$$CaO + 3C \rightarrow CaC_2 + CO \tag{7.21}$$

verläuft über die Stufe des elementaren Calciums,

$$CaO + C \rightarrow Ca + CO, \tag{7.22}$$

das bei den Reaktionstemperaturen mit dem Kohlenstoff und dem sich bildenden CaC_2 in einem Gleichgewicht steht

$$Ca + 2C \rightleftharpoons CaC_2, \tag{7.23}$$

dessen Lage bei 2000 °C eine 100%ige CaC_2-Ausbeute aus den Ausgangsstoffen nicht gestattet (s. a. Kap. 5.1.1.).

Die flüssige CaC_2—CaO-Schmelze mit einem CaC_2-Gehalt von 75···80% wird meist diskontinuierlich aus dem Reaktor entfernt (Abstich). Die aus der Reduktion von Fremdoxiden (SiO_2, Fe_2O_3) entstehende niedrigviskose FeSi-Legierung wird aus einer Vertiefung der Ofenwanne (s. Abb. 57) abgestochen.

Das Calciumcarbid wird durch sog. „Trockenvergasung" mit Wasser zu Ethin umgesetzt. Das entstehende feuchte Calciumhydroxid wird als Bau- oder Düngekalk verwendet oder durch thermische Zersetzung in Sinterkalk überführt.

7.4. Metallherstellung durch Reduktion

Auf Grund der hohen Affinität des Sauerstoffs gegenüber fast allen Metallen und der damit verbundenen großen Stabilität der Oxide müssen reduzierende Hochtemperaturreaktionen angewandt werden, um die Metalle zu gewinnen. In Abb. 58 ist die Temperaturabhängigkeit der freien Enthalpien für die

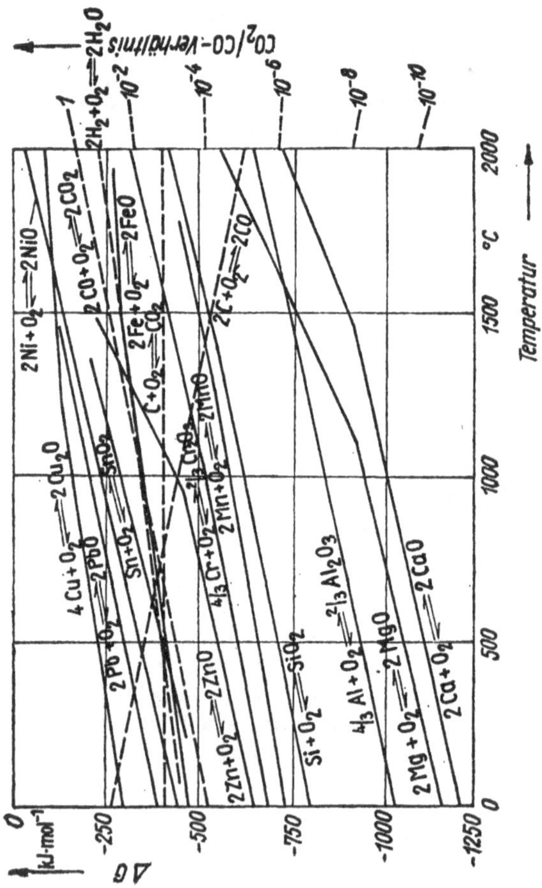

Abb. 58. ELLINGHAM-Diagramm für Oxydationsreaktionen von Metallen und nichtmetallischen Reduktionsmitteln

Oxydationsreaktionen verschiedener Metalle [89] und einiger Reduktionsmittel angegeben.

Aus der Abbildung lassen sich für die Metalldarstellung folgende Schlußfolgerungen ableiten:

— Mit zunehmender Temperatur nimmt die Stabilität der Metalloxide ab (zunehmende $\Delta G°$-Werte), d. h., die Bedingungen für eine Reduktion der Metalloxide sind bei hohen Temperaturen thermodynamisch günstiger.
— Je niedriger die $\Delta G°$-Werte für die Oxidbildungen sind, desto besser eignen sich die entsprechenden Metalle für die Reduktion von Metalloxiden mit höheren $\Delta G°$-Werten (z. B. aluminothermische Reduktion von Eisenoxiden).
— Die Reduktion der Metalloxide durch Kohlenstoff verläuft mit zunehmender Temperatur besser, während bei Anwendung von Wasserstoff oder Kohlenmonoxid die umgekehrte Tendenz zu erwarten ist.

Bei den meisten großtechnischen, metallurgischen Verfahren wird auch der Kohlenstoff als billiges und thermodynamisch günstiges Reduktionsmittel angewandt.

Im folgenden sollen als charakteristische chemische Hochtemperaturtechnologien die Gewinnung von Aluminium und Eisen betrachtet werden, wobei bewußt auf die Darlegung der Gesamttechnologien weitgehend verzichtet wird.

7.4.1. Aluminiumgewinnung

Ausgangsprodukt für die Aluminiumgewinnung ist meist der Bauxit (Hauptkomponente AlOOH), dessen Al_2O_3-Anteil durch Aufschluß- und Fällungsverfahren von den Nebenbestandteilen abgetrennt wird. Das anfallende $Al(OH)_3$ wird durch Calcination (thermische Zersetzung, s. Kap. 5.2.1.3.) in Al_2O_3 (Tonerde) überführt und in einem Schmelzflußelektrolyseverfahren zum Metall reduziert.

In neuerer Zeit werden auch tonhaltige Mineralien für die Tonerdegewinnung verwendet, so z. B. der Nephelin, $KNa_3[AlSiO_4]_4$, oder der Kaolinit, $Al_2O_3 \cdot 2SiO_2 \cdot 2H_2O$, die teilweise durch Hochtemperaturprozesse aufgeschlossen bzw. dehydratisiert werden.

Für die Durchführung der Schmelzflußelektrolyse wird die Tonerde in einer Schmelze aus Kryolith Na_3AlF_6 gelöst. Auf die chemischen Vorgänge im schmelzflüssigen System Na_3AlF_6–Al_2O_3 ist bereits im Kap. 5.1.3. kurz eingegangen worden (s. a. [90]). Die optimalen Elektrolysetemperaturen liegen für eine Schmelze mit etwa 5% Al_2O_3 zwischen 950 und 980 °C.

In Abb. 59 ist ein Querschnitt einer Elektrolysezelle gezeigt. Die trogförmige Zelle ist aus Kohlenstoffblöcken konstruiert und von einer Isolierschicht umgeben.

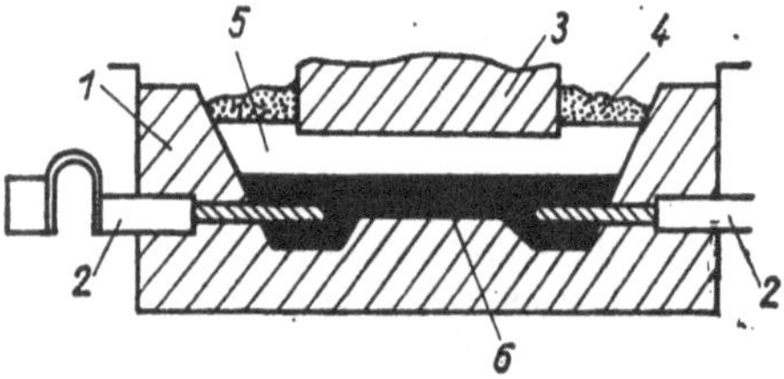

Abb. 59. Schema einer Al-Elektrolysezelle

1 – Elektrolysezelle; *2* – Kathoden; *3* – Anode; *4* – Tonerde; *5* – Elektrolyt; *6* – Aluminium

In den Zellenboden sind Metallkathoden eingeführt, an denen sich während der Elektrolyse flüssiges Aluminium abscheidet. Die als SÖDERBERG- oder Block-Elektroden konstruierten Anoden reagieren mit dem Sauerstoff (elektrolytische Oxydation von O^{2-}) zu CO bzw. CO_2. Das Aluminium kann während des Elektrolysebetriebes durch teilevakuierte Behälter mit Absaugvorrichtung nach oben aus der Zelle abgezogen werden.

In den meisten Fällen werden Elektrolysezellen mit einer Stromstärke von 50000···120000 A betrieben.

In neuerer Zeit sind auch Verfahren für eine $AlCl_3$-Elektrolyse ausgearbeitet worden. Der Elektrolyt setzt sich aus 5% $AlCl_3$, 53% NaCl, 41% LiCl und kleinen Anteilen von KCl, $CaCl_2$ und $MgCl_2$ zusammen. Neben den niedrigeren Arbeitstemperaturen (~ 700 °C) ist die Vermeidung fluorhaltiger Abgase ein wesentlicher Vorteil des neuen Verfahrens.

Prinzipiell läßt sich das Aluminium auch nach nichtelektrolytischen Hochtemperaturverfahren unter Ausnutzung folgender Reaktionen gewinnen:

$$AlCl_3 + Al_2O_3 + 3C \xrightarrow{1200\,°C} 3AlCl + 3CO \qquad (7.24)$$

$$Al_2O_3 + N_2 + 3C \xrightarrow{1700°C} 2AlN + 3CO \qquad (7.25)$$

$$2Al_2O_3 + 9C \xrightarrow{1600°C} Al_4C_3 + 6CO \qquad (7.26)$$

Die Al-Bildung beruht auf der Disproportionierung (AlCl) bei niederen Temperaturen (< 1000 °C) bzw. auf der thermischen Zersetzung von AlN bzw. Al_4C_3 bei Temperaturen > 2000 °C. Auf Grund der extremen Reaktionsbedingungen und aus Werkstoffgründen sind diese Möglichkeiten einer Al-Gewinnung technisch bisher nicht genutzt worden.

7.4.2. *Eisengewinnung*

Für die Eisengewinnung müssen die eisenoxidhaltigen Erze oder Rohstoffe (z. B. aus Röstprozessen) so aufbereitet werden, daß im Hochtemperaturreaktor ein guter Kontakt des Reaktionsgases (CO) mit den Eisenoxiden durch eine optimale Strömung durch die Reaktionsmischung aus Erz, Koks und Zuschlagstoffen gewährleistet ist.

In Abb. 60 ist der Schnitt durch einen Hochofen dargestellt. Der mit feuerfesten Materialien ausgekleidete Reaktor ist bis zu

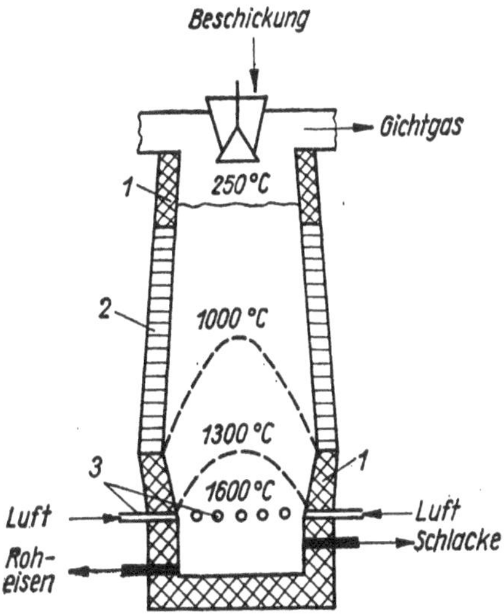

Abb. 60. Schema eines Hochofens

1 – Ausmauerung; *2* – Kühlkästen; *3* – Winddüsen

35 m hoch. Durch Düsen im unteren Reaktorteil wird Luft (evtl. O_2-angereichert), die auf 900···1300 °C vorerhitzt ist, in den Hochofen geblasen. Mit dem Koks erfolgt im heißen Teil des Reaktors die Bildung von CO, durch das der Hauptteil der Eisenoxide (Fe_2O_3, Fe_3O_4) vorwiegend in einer gas—fest-Reaktion zum Metall reduziert wird. In untergeordnetem Maße tritt feinverteilter Kohlenstoff als Reduktionsmittel auf. Die Reaktion des gebildeten Metalls mit dem CO führt unter Cementitbildung zur Aufkohlung des Eisens:

$$3Fe + 2CO \rightarrow Fe_3C + CO_2 \quad (7.27)$$

Die durch Reduktion von Metalloxiden (SiO_2, MnO) sowie Sulfaten und Phosphaten entstehenden Elemente sind weitere erwünschte Legierungsbestandteile des Metalls, das als Roheisen aus dem unteren Teil des Hochofens abgestochen und durch thermische Nachfolgeprozesse zu Stahl veredelt wird. Die aus den basischen Zuschlagstoffen (CaO, MgO) und sauren Alumosilicaten der Erze entstehende Schlacke wird über dem Eisenabstich abgezogen und kann zu Schlackenwerkstoffen (Steine, Schlackenwolle, Schlakkensitalle u. a.) weiterverarbeitet oder als Komponente für die Zementherstellung verwendet werden.

7.5. *Herstellung technischer Silicate*

Die Herstellung silicatischer Werkstoffe erfolgt auf Grund der großen Bindungsstärken zwischen Silicium und Sauerstoff in den SiO_2-haltigen Ausgangsprodukten fast ausschließlich durch Hochtemperaturprozesse, da für eine Stoffumwandlung die starken kovalenten (σ- und d_π—p_π-Bindungsanteile) und elektrovalenten Bindungskräfte überwunden werden müssen. Nur in wenigen Fällen werden technische Silicate bei relativ niedrigen Temperaturen (200···400 °C, aber unter H_2O-Hochdruckbedingungen) hergestellt (z. B. hydrothermale Bindebaustoffe, hydrothermale Mineralsynthese).

Die Silicatwerkstoffe lassen sich in folgende Gruppen einteilen, zwischen denen vielfältige Übergänge bestehen:
Gläser, Kerame, Emails, Bindebaustoffe, Schlackenwerkstoffe und silicatische Adsorbenzien.

Die Rohstoffe und Grundprodukte für die Herstellung technischer Silicate sind in Abhängigkeit von der zu erzeugenden Werkstoffart sehr unterschiedlich. Die Hochtemperaturtechnologien und die Eigenschaften der silicatischen Werkstoffe werden in entscheidendem Maße vom Anteil und von der Art der SiO_2-Komponente in den Ausgangsstoffen bestimmt. Die bei den hohen Temperaturen ablaufenden Silicatbildungs- und -umwandlungsreaktionen sind im wesentlichen Reaktionen in fester (s. Kap. 5.2.3.) und flüssiger (s. Kap. 5.1.2.) Phase, die im allgemeinen thermische Zersetzungsreaktionen und in vielen Fällen Mineralisatorwirkungen voraussetzen (s. Kap. 5.2.1.). Für die thermischen Zersetzungen sind in folgender Reihe zunehmende Temperaturen erforderlich:

$$\text{Hydrate} < \text{Nitrate} < \text{Carbonate} < \text{Sulfate}.$$

Die aus den thermischen Zersetzungsreaktionen entstehenden Oxide dienen der Silicatbildung.

Im folgenden werden als Beispiele für die Herstellung technischer Silicate zwei Hochtemperaturverfahren zur Zementgewinnung behandelt (s. a. Tab. 19).

7.5.1. Zementherstellung

Gegenwärtig werden 3 Verfahren zur Zementherstellung angewandt, das Naßverfahren, das Halbtrockenverfahren und das Trockenverfahren, die sich vor allem im Wassergehalt der Rohstoffmischungen und den daraus resultierenden verschiedenen Technologien unterscheiden. Während das Naßverfahren, das von einem fließ- und sprühfähigen Rohstoffschlicker ausgeht, energetisch sehr unökonomisch ist (hoher Energieaufwand für die Wasserverdampfung), treten beim Trockenverfahren (Wirbelstromverfahren) Schwierigkeiten durch hohe Staubbelastung auf, so daß das Halbtrockenverfahren, bei dem die feingemahlenen Rohstoffe (Kalkgestein, Sandgestein, Ton, metallurgische Abbrände, Flugaschen) mit etwa 15% Wasser granuliert werden, die derzeit beste technologische Variante darstellt. Die Hochtemperaturprozesse werden im allgemeinen in langen Drehrohröfen durchgeführt, wobei nach Vorentwässerung der Granalien durch heiße Ofenabgase die Hauptreaktionen bis zu Maximaltemperaturen von 1450 °C in der heißesten Ofenzone (direkte Gas-, Öl- oder Kohlenstaubbeheizung) ablaufen. Die Stoffumwandlungsvorgänge beginnen bereits bei der Trocknung und Vorwärmung der Rohstoffmischung (Granalien), wie z. B. die Abgabe des Adsorptions- und Zwischenschichtenwassers der Tonkomponente bis 200 °C.

Ab 900 °C setzt die Decarbonisierung des Kalksteins ein (bis 1 100 °C)

$$CaCO_3 \rightarrow CaO + CO_2 \qquad (7.28)$$

und bis 950 °C wird das chemische gebundene Wasser (OH-Gruppen) der Tonminerale abgegeben. Außerdem laufen unterhalb der Sintertemperatur (< 1 300 °C) Modifikationsumwandlungen der Ausgangskomponenten und weitere Festphasenreaktionen ab, z. B.

$$Al_2O_3 + CaO \xrightarrow{700\,°C} CaAl_2O_4 \qquad (7.29)$$

$$CaAl_2O_4 + 2CaO \xrightarrow{1000\,°C} 3CaO \cdot Al_2O_3 \qquad (7.30)$$

$$Fe_2O_3 + CaO \xrightarrow{1000\,°C} CaFe_2O_4 \qquad (7.31)$$

$$SiO_2 + 2CaO \xrightarrow{1100\,°C} Ca_2SiO_4 \qquad (7.32)$$

Die Hauptumsetzungen finden mit relativ hoher Geschwindigkeit im Temperaturbereich zwischen 1300 und 1500 °C statt, wobei 20 bis 30% der Reaktionsmischung als Flüssigphase vorliegt, in der hauptsächlich Tricalciumsilicat gebildet wird

$$Ca_2SiO_4 + CaO \rightarrow 3CaO \cdot SiO_2 \qquad (7.33)$$

das auch den Hauptbestandteil des Zementklinkers darstellt.

Bei etwas niedrigeren Temperaturen am Ende des Drehrohrofens bilden sich in der Reaktionsmischung verschiedene Aluminat- und Ferritphasen. Nach der Abkühlung des heißen Zementklinkers (Kaltluft oder Wasser) wird dieser mit Zuschlagstoffen (Gips) fein zerkleinert, wodurch der Bindebaustoff seine hydraulischen Eigenschaften erhält.

7.5.2. *Zement- und SO_2-Gewinnung nach dem Gips-Schwefelsäure-Verfahren*

Ein typisches Hochtemperaturverfahren ist die Umsetzung von Calciumsulfat mit Kohlenstoff und SiO_2-haltigen Reaktanten zu Zement und SO_2, das der Schwefelsäuregewinnung dient. Das ursprünglich für die Kieserit-Nutzung entwickelte Verfahren (Müller-Kühne-Verfahren) hat sich als Gips-Schwefelsäure-Verfahren besonders in der DDR durchgesetzt (Nutzung einheimischer Rohstoffe). Rohstoffe sind Anhydrit (oder Gips), Sand,

Ton und Kohle, die in Drehrohröfen bei Temperaturen zwischen 900 und 1400 °C umgesetzt werden. Dabei laufen beispielsweise folgende Hochtemperaturreaktionen ab:

$$CaSO_4 + C \xrightarrow{1000\,°C} CaSO_3 + CO \tag{7.34}$$

$$CaSO_3 \xrightarrow{1200\,°C} CaO + SO_2 \tag{7.35}$$

$$2\,CaO + SiO_2 \xrightarrow{1200\,°C} Ca_2SiO_4 \tag{7.36}$$

$$Ca_2SiO_4 + CaO \xrightarrow{1400\,°C} 3\,CaO \cdot SiO_2 \tag{7.37}$$

Für den Ablauf der Hochtemperaturreaktionen ist eine zusätzliche Energiezufuhr notwendig (direkte Flammenbeheizung der Drehrohröfen, s. Kap. 7.5.1.). In neuerer Zeit wird auch die exotherme Reaktion der Schwefel-Verbrennung ausgenutzt, indem stark verunreinigter Elementarschwefel (mit silicatischer Gangart) der Rohstoffmischung zugesetzt wird. Neben dem SO_2-haltigen Gas für die H_2SO_4-Herstellung wird ein hochwertiger Portlandzementklinker erhalten.

8. Literatur

Allgemeine und einführende Literatur

Autorenkollektiv: „*Datčiki dlja Izmerenija Temperatury v Promyšlennosti*“, Izdatjelstvo Naukova Dumka, Kiew 1972

Autorenkollektiv: „*Festkörperanalyse mit Elektronen-, Ionen- und Röntgenstrahlen,*“ VEB Deutscher Verlag der Wissenschaften, Berlin 1979

Autorenkollektiv: „*Lehrbuch der Technischen Chemie*“, VEB Deutscher Verlag für Grundstoffindustrie, Leipzig 1979

Barb, D.: „*Grundlagen und Anwendungen der Mößbauerspektroskopie*“, Akademie-Verlag, Berlin 1980

Bittrich, H.-J.: „*Leitfaden der chemischen Thermodynamik*“, VEB Deutscher Verlag der Wissenschaften, Berlin 1971

Bljumenfeld, L. A., Wojewodski, W. W., Semjonow, A. G.: „*Die Anwendung der paramagnetischen Elektronenresonanz in der Chemie*“, VEB Deutscher Verlag für Grundstoffindustrie, Leipzig 1966

Brümmer, O.: „*Mikroanalyse mit Elektronen- und Ionensonden*“, VEB Deutscher Verlag für Grundstoffindustrie, Leipzig 1978

Delmon, B.: „*Kinetika Geterogennich Reakcij*“, Isdatelstvo MIR, Moskau 1972

DROST, H.: „*Plasmachemie*“, Akademie-Verlag, Berlin 1978

EMONS, H.-H., KEUNE, H., SEYFARTH, H.-H.: „*Chemische Mikroskopie*“, VEB Deutscher Verlag für Grundstoffindustrie, Leipzig 1973

FRENKEL, J. I.: „*Kinetische Theorie der Flüssigkeiten*“, VEB Deutscher Verlag der Wissenschaften, Berlin 1957

GEGUZIN, J. E.: „*Physik des Sinterns*“, VEB Deutscher Verlag für Grundstoffindustrie, Leipzig 1973

HEIDE, K.: „*Dynamische thermische Analysenmethoden*“, VEB Deutscher Verlag für Grundstoffindustrie, Leipzig 1979

HEMMINGER, W., HÖHNE, G.: „*Grundlagen der Kalorimetrie*“, Akademie-Verlag, Berlin 1980

HINZ, W.: „*Silikate — Grundlagen der Silikatwissenschaft und Silikattechnik*“, VEB Verlag für Bauwesen, Berlin 1971

KEHLEN, H., KUSCHEL, F., SACKMANN, H.: „*Grundlagen der chemischen Kinetik*“ (WTB-Reihe), Akademie-Verlag, Berlin 1977

KETELAAR, J. A. A.: „*Chemische Konstitution*“, Friedr. Vieweg & Sohn, Braunschweig 1964

KIRILLINA, V. A., SCHEINDLINA, A. E.: „*Isledovanija pri Vysokich Temperaturax*“, Idatjelstvo „Nauka“, Moskau 1967

KLEBER, W.: „*Einführung in die Kristallographie*“, VEB Verlag Technik, Berlin 1971

KOKURIN, A. D.: „*Chimija Plasmy*“, Obščestvo „Znanije“, Leningrad 1970

LITZOW, M. R., SPALDING, T. R.: „*Mass-Spectrometry of inorganic and organometallic compounds*“, Elsevier, Amsterdam/London/New York 1973

MATTHES, F., WEHNER, G.: „*Anorganisch-technische Verfahren*“, VEB Deutscher Verlag für Grundstoffindustrie, Leipzig 1964

MIERDEL, G.: „*Was ist Plasma*“, VEB Verlag Technik, Berlin 1973

PIRANI, M.: „*Elektrothermie*“, Springer-Verlag, Berlin/Göttingen/Heidelberg 1960

ROSOVSKIJ, A. J.: „*Kinetika Topochimičeskix Reakcij*“, Isdatjelstvo Chimija, Moskau 1974

SAMSONOV, G. V. u. a. : „*Chimičeskije Svoistva i Metody Analisa Tugoplavkix Sojedinenij*“, Isdatjelstvo Naukova Dumka, Kiew 1969

SAMSONOV, G. V.: „*Vysokotemperaturnyje Karbidy*“, Isdatjelstvo Naukova Dumka, Kiew 1975

SCHATT, W.: „*Einführung in die Werkstoffwissenschaft*“, VEB Deutscher Verlag für Grundstoffindustrie, Leipzig 1972

SCHLÄFER, H. L., GLIEMANN, G.: „*Einführung in die Ligandenfeldtheorie*“, Akademische Verlagsgesellschaft Geest & Portig K.-G., Leipzig 1967

SPICE, J. E.: „*Chemische Bindung und Struktur*“, Akademische Verlagsgesellschaft Geest & Portig K.-G., Leipzig 1971

SUTTON, L. E.: „*Chemische Bindung und Molekülstruktur*“, Springer-Verlag, Berlin/Göttingen/Heidelberg 1961

TÖRÖK, T., MIKA, J., GEGUS, E.: „*Emission Spektrochemical Analysis*“, Akadémiai Kiadó, Budapest 1978

TRETJAKOV, J. D.: „*Tverdofasnije Reakcij*", Isdatjelstvo Chimija, Moskau 1978

WAGNER, W.: „*Chemische Thermodynamik*" (WTB-Reihe), Akademie-Verlag, Berlin 1975

ZSCHUNKE, A.: „*Kernmagnetische Resonanzspektroskopie in der organischen Chemie*", (WTB-Reihe), Akademie-Verlag, Berlin 1977

Weiterführende Literatur

Zu Kapitel 2.:

[1] THORN, R. J., WINSLOW, G. H.: „*Advances in High Temperature Chemistry*", Vol. 1, Academic Press, New York/London 1967
[2] GRIFFITH, J. S.: J. Inorg. Nucl. Chem. **3** (1956), 15
[3] SLATER, J. C.: „*Quantum Theory of Atomic Structure*", Vol. I and II, Mc Graw-Hill, New York 1960
[4] GEORGE, P., MC CLURE, D. S.: Prog. Inorg. Chem. **1** (1959), 381
[5] CATALAN, M. A., ROHRLICH, F., SHENSTONE, A. G.: Proc. Roy. Soc. **A 221** (1954), 421
[6] DROWART, J., GOLDFINGER, P.: Z. angew. Chem. **79** (1967), 589
[7] ELLINGHAM, H. J. T.:.J. Soc. Chem. Ind. **63** (1944), 125
[8] KELLEY, K. K.: „*Contributions to the Data on Theoretical Metallurgy*", Vol. I.—X., Washington 1932—45
[9] VERJATIN, U. D. u.a.: „*Thermodynamische Eigenschaften anorganischer Stoffe*", Atomisdat, Moskau 1965
[10] MČEDLOV-PETROSJAN, O. P.: „*Thermodynamik der Silikate*", Verlag für Bauwesen, Berlin 1965
[11] BAUR, E., GLAESSNER, A.: Z. physik. Chem. **43** (1903), 354
[12] FISCHER, G.: Habilitationsschrift, Freiberg 1966
[13] KRONIG, R. DE L.: „*The Optical Basis of the Theory of Valency*", Cambridge Univ. Press, London/New York 1935
[14] GOLDFINGER, P.: „*Advances in High Temperature Chemistry*", Vol. 1, Academic Press, New York/London 1967
[15] VERHAEGEN, G., STAFFORD, F. E., GOLDFINGER, P., ACKERMAN, M.: Trans. Faraday Soc. **58** (1962), 1926
[16] TAMMANN, G.: Z. anorg. allg. Chem. **149** (1925), 21
[17] JANDER, W.: Z. angew. Chem. **44** (1931), 870
[18] JANDER, W., WUHRER, J.: Z. anorg. allg. Chem. **226** (1936), 238

Zu Kapitel 3.:

[19] „Scifax DTA Data Index", Macmillan Co. Ltd., London 1962 und 1964
[20] CHUPKA, W. A., INGRHAM, M. G.: J. chem. Phys. **21** (1953), 1313
[21] DROWART, J., GOLDFINGER, P.: Angew. Chem. **79** (1967), 589
[22] American Standards of Testing Materials

Zu Kapitel 4.:

[23] Brewer, L.: Experimentia, Suppl. *VII* (1957), 227
[24] Drowart, J., Honig, R. E.: J. Phys. Chem. **61** (1957), 980
[25] Pauling, L.: „*Nature of the Chemical Bond*“, Cornell University Press, Ithaca/New York 1960
[26] Coulson, C. A.: „*Valence*“, Clarendon Press, Oxford 1952
[27] Searcy, A. W.: in „*Progress in Inorganic Chemistry*“ Vol. III., Interscience Publishers, New York/London 1962
[28] Pauling, L.: Proc. Nat. Acad. Sci. India **A 25** (1956), 1
[29] Pauling, L.: nach Spice, J. E.: „*Chemische Bindung und Struktur*“, Akademische Verlagsgesellschaft Geest & Portig K.-G., Leipzig 1971
[30] Rittner, E. S.: J. Chem. Phys. **19** (1951), 1030
[31] Klemperer, W., Rice, S. A.: J. Chem. Phys. **26** (1957), 618; **27** (1957), 572
[32] Emons, H.-H., Grothe, W., Seyfarth, H.-H.: Z. anorg. allg. Chem. **363** (1968), 191
[33] Schumb, W. C., Rogers, H. H.: J. Amer. Chem. Soc. **73** (1951), 5806
[34] Gillespie, R. J., Nyholm, R. S.: Quart. Rev. **11** (1957), 339
[35] White, D., Mann, D. E., Wallsh, P. N., Sommer, A.: J. Chem. Phys. **32** (1960), 481
[36] Drowart, J., Dc Maria, G., Burns, R. P., Inghram, J.: J. Chem. Phys. **32** (1960), 1366
[37] Orgel, L. E.: J. Chem. Phys. **23** (1955), 1819
[38] Berg, R. A., Sinanoglu, O.: J. Chem. Phys. **32** (1960), 1082
[39] Spangenberg, H.-J., Schirmer, W.: Z. Chem. **14** (1974), 125
[40] Börger, I., Ortlieb, H.-J., Spangenberg, H.-J., Schirmer, W.: Chem. Techn. **25** (1973), 152
[41] Bronfin, B. R., Freemann, M. P., Di Stefano, V. N., Hazlett, R. N.: 15th Chem. Inst. of Can. Chem. Eng. Conf., Quebec 1965

Zu Kapitel 5.:

[42] Emons, H.-H., Bräutigam, G., Holldorf, H.: in „*Neuere Tendenzen auf dem Gebiet der Chemie und Technologie anorganischer Salze*“, VEB Deutscher Verlag der Wissenschaften, Berlin 1974
[43] Emons, H.-H.: Chemiedozententagung Karl-Marx-Stadt 1980
[44] Grjotheim, K., Holm, J. L., Krohn, D., Thonstad, J.: in „*Selected Topics in High-Temperature Chemistry*“, Universitetsforlaget, Oslo 1966
[45] Sundermeyer, W.: Angew. Chem. **77** (1965), 241
[46] Bunsen, R.: J. prakt. Chem. **56** (1852), 53
[47] Sainte-Claire Deville, H.: Liebigs Ann. Chem. **120** (1961), 176
[48] Troost, L., Hautefeuille, P.: Ann. Chim. Physique 7 (1876) 452; C. R. hebd. Sêances Acad. Sci. **100** (1885), 1220

[49] VAN ARKEL, A. E., DE BOER, J. H.: Z. anorg. allg. Chem. **148** (1925), 345; Metallwirtschaft **13** (1934), 405
[50] SCHÄFER, H.: „*Chemische Transportreaktionen*", Verlag Chemie, Weinheim 1962
[51] SCHÄFER, H., JACOB, H., ETZEL, K.: Z. anorg. allg. Chem. **286** (1956), 27; s. a. [65]
[52] CROWLEY, H. L.: AP 2716601 (1950)
[53] SMITHELLS, C. J.: „*Tungsten*", Chapman u. Hall, London 1952
[54] MÖGEL, G., JEROMIN, J. N.: Ž. fiz. Chimii **44** (1970), 1383
[55] NISHIDA, S., BERKOWITZ, N.: Fuel (1973), 267
[56] MOSSE, A. L., PEČKOVSKIJ, V. V., MENCH, V. A. u. a.: Inž. Fis. Ž. USSR **15** (1968), 1041
[57] SPANGENBERG, H.-J., SCHIRMER, W.: Z. Chem. **14** (1974), 125
[58] PLOOSTER, M. N., REED, T. B.: J. Chem. Phys. **31** (1959), 66
[59] TIMMINS, R. S., AMMANN, P. R.: in „*Applications of Plasmas to Chemical Processes*", M. I. T. Press, Cambridge (Massachusetts) 1964
[60] REED, T. B.: in „*Advances in High Temperature Chemistry*", Vol. 1, Academic Press, New York/London 1967
[61] REED, T. B.: in „*Applications of Plasma to Chemical Processes*", M. I. T. Press, Cambridge (Massachusetts) 1964
[62] KISTIAKOVSKY, G. B., MANGELSDORF, P. C.: J. Chem. Phys. **25** (1956), 516
[63] BOLDYREV, V. V.: in „*Festkörperchemie*", VEB Deutscher Verlag für Grundstoffindustrie, Leipzig 1973
[64] SAKOVIČ, G. V.: Trudy Tomsk. Univ. **157** (1963), 45
[65] BOLDYREV, V. V.: J. Phys. Chem. Solids **30** (1969), 1215
[66] TAGAWA, H., SUGAWARA, H.: Bull. chem. soc. Japan **35** (1962), 1276
[67] JANDER, W.: Z. anorg. allg. Chem. **163** (1927), 1
[68] TAMMANN, G.: Z. anorg. allg. Chem. **160** (1927), 101
[69] HEDVALL, J. A.: „*Reaktionsfähigkeit fester Stoffe*", J. Barth Co., Leipzig 1938
[70] HABER, J.: 9th International Symposium on Reactivity of Solids, Krakow 1980
[71] DELMON, B.: 9th International Symposium on Reactivity of Solids, Krakow 1980
[72] GEGUZIN, J. E.: „*Physik des Sinterns*", VEB Deutscher Verlag für Grundstoffindustrie, Leipzig 1973
[73] WEYL, W. A.: Ceram. Age **60** (1952), 28
[74] JOST, W.: „*Diffusion in Solids, Liquids and Gases*", Academic Press, New York 1952
[75] HEDVALL, J. A.: „*Einführung in die Festkörperchemie*", Friedr. Vieweg & Sohn, Braunschweig 1952
[76] DELMON, B.: „*Kinetika Geterogennich Reakcij*", Izdatjelstvo MIR, Moskau 1972
[77] WAGNER, C.: Z. phys. Chem. **34** (1936), 309

[78] Jander, W., Hoffmann, E.: Z. anorg. allg. Chem. **218** (1934), 211
[79] Hüttig, G.: Mh. Chem. **69** (1936), 42
[80] Jander, W., Weitendorf, E.: Z. Elektrochem. **41** (1935), 435
[81] Ginstling, A. M.: Ž. prikl. Chim. **24** (1951), 566
[82] Schmalzried, H.: Proc. 5th Intern. Symposium on Reactivity of Solids, Elsevier, Amsterdam 1965

Zu Kapitel 6.:

[83] Dawczynski, H.: „*Temperaturbeständige Faserstoffe aus anorganischen Polymeren*" (WTB-Reihe), Akademie-Verlag, Berlin 1974
[84] Fitzer, E.: Angew. Chem. **92** (1980), 375
[85] Fitzer, E., Nowak, W., Mäurer, H.-J.: Arch. Eisenhüttenwes. **49** (1978), 211
[86] Emons, H.-H., Hellmold, P., Möhlhenrich, S.: Z. Chem. **15** (1975), 249
[87] Kulikov, I. S.: „*Termičeskaja Dissociacija Sojedinenij*", Metallurgija, Moskau 1969
[88] Novotny, H.: Angew. Chem. **84** (1972), 973

Zu Kapitel 7.:

[89] Autorenkollektiv: „*Technische anorganische Chemie*", VEB Deutscher Verlag für Grundstoffindustrie, Leipzig 1983
[90] Grjotheim, K., Holm, J. L., Krohn, C., Thonstad, J.: in „*Selected Topics in High-Temperature Chemistry*", Universitetsforlaget, Oslo 1966

8. Sachregister

ISSN 0084-0971

Der Autor

- gibt einen Überblick über wesentliche theoretische, praktische und technische Aspekte der Untersuchung und Anwendung von Hochtemperaturreaktionen

- behandelt allgemeine Grundlagen von Hochtemperaturzuständen sowie physikalisch-chemische Gesichtspunkte der Stoffumwandlungen bei hohen Temperaturen

- gibt wichtige Methoden der Temperaturmessung und -erzeugung sowie zur Charakterisierung von Hochtemperaturreaktionen an

- vermittelt typische Beispiele von Hochtemperaturspezies und -reaktionen in den verschiedenen Aggregatzuständen

- führt Erzeugung und Verwendung gebräuchlicher Hochtemperaturwerkstoffe und Beispiele großtechnisch wichtiger Hochtemperaturreaktionen an

WISSENSCHAFTLICHE TASCHENBÜCHER

FSC
www.fsc.org
MIX
Papier | Fördert gute Waldnutzung
FSC® C083411

Zeitfracht Medien GmbH
Ferdinand-Jühlke-Straße 7
99095 Erfurt, Deutschland
produktsicherheit@kolibri360.de